"十二五"职业教育国家规划教材
经全国职业教育教材审定委员会审定

(第三版)

工程招投标与合同管理

主　编　田恒久
副主编　史莲英　贾幕晟
编　写　赵来彬　王　胜
主　审　张泽平

中国电力出版社
CHINA ELECTRIC POWER PRESS

内 容 提 要

本书为“十二五”职业教育国家规划教材。

本书主要内容包括：工程招标投标与合同管理的基本法律制度，建设工程招标投标概述，国内工程项目施工招标，国内工程项目施工投标，国际工程项目施工招标与投标，建设工程合同概述，建设工程施工合同，FIDIC 工程施工合同条件，建设工程施工合同的策划，工程合同风险管理，建设工程施工合同谈判、签订与审查，建设工程施工合同履约管理，建设工程施工合同的争议处理，工程施工索赔等。本书在编写过程中吸收了国外相关的最新理论和经验，总结了国内工程招标投标与合同管理的实际操作经验和方法。全书具有较强的针对性、实用性和可操作性。

本书可作为高职高专工程管理类、土建施工类、建筑设备类、市政工程类、建筑设计类、房地产类等专业教材，也可作为工程招投标人员、合同管理人员、工程技术人员和管理人员的学习参考书。

图书在版编目（CIP）数据

工程招投标与合同管理/田恒久主编. —3 版. —北京：中国电力出版社，2015.1（2020.2重印）
“十二五”职业教育国家规划教材
ISBN 978-7-5123-6694-7

Ⅰ.①工… Ⅱ.①田… Ⅲ.①建筑工程-招标-高等职业教育-教材②建筑工程-投标-高等职业教育-教材③建筑工程-经济合同-管理-高等职业教育-教材 Ⅳ.①TU723

中国版本图书馆 CIP 数据核字（2014）第 249986 号

中国电力出版社出版、发行
（北京市东城区北京站西街 19 号 100005 http://www.cepp.sgcc.com.cn）
三河市百盛印装有限公司印刷
各地新华书店经售
*
2004 年 4 月第一版
2015 年 1 月第三版 2020 年 2 月北京第二十一次印刷
787 毫米×1092 毫米 16 开本 16.75 印张 402 千字
定价 **34.00** 元

前 言

本书曾被评为"十一五"国家级规划教材。编者于2013年10月开始根据2008年5月1日起在全国范围内开始施行的《标准施工招标资格预审文件》和《标准施工招标文件》，国家住房与城乡建设部2010年发布的《房屋建筑和市政工程标准施工招标资格预审文件》、《房屋建筑和市政工程标准施工招标文件》和2013年发布的《建设工程工程量清单计价规范》(GB 50500—2013)，以及国家住房与城乡建设部和国家工商行政管理总局联合发布的《建设工程施工合同（示范文本）》(GF—2013—0201）等招投标与合同管理方面的文件、规范进行修订。

本书在内容上做了适当的补充和修改，在结构上采用以项目为导向的形式。在编写过程中继续坚持内容简明扼要、分析深入浅出、文字通俗易懂的目标。针对职业岗位或岗位群的需要，融入职业技能培养的内容，采用最新法规政策，力图反映我国最新立法动向，努力做到与当前工程实践相结合。

本书主要适用于高职高专工程造价、建筑工程管理、建筑经济管理、房地产等专业的教学，也可作为从事建筑工程管理、工程监理、工程造价、房地产开发与经营、物业管理等管理人员和工程技术人员的参考书。

全书由山西建筑职业技术学院田恒久任主编，史莲英、贾幕晟任副主编，其中田恒久编写了单元9中项目2～6，史莲英编写了单元2～单元5及单元9中项目1，贾幕晟编写了单元1及本书实例及实训题，赵来彬编写了单元8，王胜编写了单元6和单元7。

本书在编写过程中得到了山西建筑职业技术学院和山西建工集团的大力支持，太原理工大学张泽平对本书进行了认真、细致的审阅，并提出了许多宝贵的意见，在此表示感谢！

本书在编写过程中，查阅和检索了许多工程招标投标与合同管理方面的信息、资料，引用了有关专家著作中的部分内容，参考了大量相关教材，谨在此致以衷心的感谢！

本书虽然是第三版，但限于作者水平，书中仍会有不当之处，再次希望读者和专家们指正！

编 者

2014年5月

※ 第一版前言

随着我国社会主义市场经济体制的建立和完善，工程建设领域的业主责任制、工程招标投标制、工程建设监理制、合同管理制、风险管理制等基本制度的逐步建立和发展，以及我国已加入 WTO 的需要，工程招标投标与合同管理制度已日益发展成为工程建设活动的重要组成部分。面对国内外建筑市场的不断发展和变化的新需要，构建工程项目招标投标与合同管理的理论和方法体系，培养具有较强的合同意识和管理能力的工程项目管理人才成为工程建设领域的一项重要工作。

根据全国高校土建学科教学指导委员会高职教育专业委员会制定的工程造价专业培养方案和课程教学大纲，工程招标投标与合同管理是该专业主干课程，它主要研究工程法律问题和工程项目招标投标以及合同管理问题，要求学生掌握工程招标投标与合同管理的基本原理和方法，具有从事工程项目招标投标和合同文件拟定及管理能力。通过本课程的教学，学生应熟悉工程招标投标制度和方法，掌握《合同法》的要点，掌握工程施工合同的基本内容及国际通用的工程施工合同（FIDIC）的运作与方法，掌握施工合同的索赔理论和具体操作方法。为此，本书在编写过程中吸收了国外有关方面的最新理论和经验，总结了国内工程招标投标与合同管理的实际操作经验和方法。全书具有较强的针对性、实用性和可操作性，可作为高等职业技术专科教育、高等工程专科教育、成人高等教育等房屋建筑工程专业、工程造价专业使用的教材，也可作为工程招投标人员、合同管理人员、工程技术人员和管理人员业务学习的参考用书。

本书由工程招标投标和工程施工合同管理两部分共 13 章构成，即工程招标投标与合同管理的基本法律制度、建筑工程招标投标概述、国内工程项目施工招标、国内工程项目施工投标、国际工程项目施工招标与投标、建设工程合同概述、国内建设工程施工合同、国际工程合同条件、建设工程施工合同管理、建设工程施工合同风险管理、建设工程施工合同签订、建设工程施工合同履约管理、工程施工索赔管理。两部分内容既相对独立，又相互联系，共同构成整个工程招标投标与合同管理的理论和方法体系。

本书由山西建筑职业技术学院田恒久任主编，赵来彬任副主编，其中第一、第二、第六、第十、第十四章由田恒久编写，第三、第四、第五章由王胜编写，第七、第八、第九、第十一、第十二、第十三章由赵来彬编写。

本书由太原理工大学张泽平教授主审，并对书稿提出了许多宝贵意见和建议，在此表示衷心感谢。

本书在编写过程中，查阅和检索了许多工程招标投标与合同管理方面的信息、资料和有关专家的著述，同时，山西省建设厅贾莉芳高级工程师提供了大量资料，给予了大力支持，谨在此表示感谢！

限于编者水平，本书不当和疏漏之处，敬请广大读者、同行和专家批评指正！

编　者

※ 第二版前言

本书第一版自2004年4月出版后，在广大师生和读者的支持下，四年中已印刷7次。在此期间，国内建设业发展和改革进一步深化，有关建筑工程项目管理、工程造价管理等规范与规定相继颁布执行，特别是从2008年5月1日起在全国范围内开始施行的《标准施工招标资格预审文件》和《标准施工招标文件》，将使工程施工招标投标活动进一步规范。

鉴于以上形势，在广大师生及读者的爱护和督促下，编者结合我国建设业新成就、改革新精神，认真学习新文件和规范，以建筑工程施工管理实践为背景，历时6个月，完成了第二版书稿。第二版编写精神和内容与初版相同，即理论与实际密切结合，偏重实用。

本书为普通高等教育"十一五"国家级规划教材。第二版在内容上做了相当程度的补充和修改，在结构上做了较大调整，其目的是为了进一步加强专业技能的培养，特别是招标文件和投标文件的编制、合同的谈判和签订、工程索赔等，增加了案例和实际问题的分析，以便使学生和读者能够达到学以致用的效果。

本书主要适用于高职高专工程造价、建筑工程管理、建筑经济管理、房地产等专业的教学，也可作为从事建筑工程管理、工程监理、工程造价、房地产开发与经营、物业管理等工作的管理人员和工程技术人员的参考书。

全书由山西建筑职业技术学院田恒久任主编，赵来彬、史莲英任副主编，其中田恒久编写了第一、第十、第十四章，赵来彬编写了第九、第十一、第十二章，史莲英编写了第二、第三、第四、第八章，王胜编写了第五、第六章，高玉兰编了第七、第十三章。

本书在编写过程中得到了山西建筑职业技术学院的大力支持，太原理工大学张泽平对本书进行了认真、细致的审阅，并提出了许多宝贵的意见，在此表示感谢。

本书在编写过程中，查阅和检索了许多工程招标投标与合同管理方面的信息、资料，引用了有关专家著作中的部分内容，参考了大量相关教材，李智峰、卫斌同志整理和打印了书稿，谨在此致以衷心的感谢！

本书虽然是再版，但限于作者水平，书中仍会有不当之处，再次希望读者和专家们指正！

编　者

2008年6月

目 录

第二篇　建设工程合同及合同管理

第一篇

工程招标与投标

单元1

绪　论

【知识点】　工程发承包的概念；工程发承包业务的形成与发展；工程发承包内容及其方式；建筑市场的概念及特征；建筑市场的主体与客体；建筑市场的资质管理；建筑工程交易中心的设立、基本功能、运作原则和运作程序。

【教学目标】　了解工程发承包业务的形成与发展；了解建筑市场的概念、特征。熟悉建筑市场交易中心的功能及运作程序。掌握工程发承包的方式；掌握建筑市场主体与客体、资质管理的内容。

项目1　建设工程发承包

1.1.1　工程发承包的概念

发承包是一种交易行为，是指交易的一方负责为交易的另一方完成某项工作或供应一批货物，并按一定的价格取得相应报酬的一种交易。委托任务并负责支付报酬的一方称为发包人，接受任务并负责按时完成而取得报酬的一方称为承包人。

发承包双方通过签订合同或协议，予以明确发包人和承包人之间的经济上的权利与义务等关系，且具有法律效力。

工程发承包是指建筑企业（承包人）作为承包人（称乙方），建设单位（业主）作为发包人（称甲方），由甲方把建筑安装工程任务委托给乙方，且双方在平等互利的基础上签订工程合同，明确各自的经济责任、权利和义务，以保证工作任务在合同造价内按期按量地全面完成。它是一种经营方式。

1.1.2　工程发承包业务的形成与发展

1. 国际工程发承包业务的形成与发展

国际工程建设活动开始于19世纪末20世纪初，在第二次世界大战后，建筑业得到迅猛发展。到了20世纪50年代的中后期，国际资本开始向不发达国家寻求原料资源。20世纪70年代，中东地区成了国际工程承包人竞争角逐的中心场所，出现了国际工程承包史上的黄金时代，中东建筑市场在1981年发展到了顶峰。在中东经济回落的20世纪80年代后期开始，东亚和东南亚地区的建筑业发展迅速，促进了国际建筑市场的发展。

2. 国内工程发承包业务的形成与发展

我国建筑工程发承包业务起步较晚，但发展速度较快，大致可划分为以下四个阶段：

（1）1949年我国建国前发展情况。鸦片战争后，帝国主义妄想瓜分中国，迫使清朝政府开放商埠，割让租界，作为它们搜刮中国人民血汗的根据地。与此同时，外国建筑承包人随之而至，包揽官方及私营土建工程，利用我国廉价劳动力，并与当时腐败的反动政府相勾结，获取了巨额的利润。

1880年上海杨斯盛氏在上海创办了"杨瑞记"营造厂。此后，国人自营或与外资合营的营造厂在各大城市相继成立，逐渐形成了沿袭资本主义国家管理模式的建筑承包业。当时的管理手段可归纳为以下四个方面：①招标投标承包制。②严格管理的合同制。③明确的经济责任制。④推行业主、设计事务所、营造厂和官方有关部门（如上海租界内的公务局等）各派各自的监工人员进行质量监督的“监工制”。

(2) 1949 年建国后至现在的发展情况。新中国成立后我国建筑业蓬勃发展，为社会主义建设作出了巨大贡献。这期间它经历了以下几个发展过程。

1) 1949 年至 1958 年。这期间的经营管理方式主要是推行承发包制，即由基本建设主管部门，按照国家计划把建设单位的工程任务以行政指令方式分配给建筑企业承包。建设单位作为发包一方（甲方），建筑企业作为承包一方（乙方），双方签订承发包合同，合同中明确规定双方的权利、义务与经济责任。

应当指出，承发包制与目前的招投标承包制有共同之处，但也有本质上的区别。区别在于承发包制是以行政手段分配工程施工任务，而不进行招投标择优授标，所采用的合同实质上是同为政府单位的甲、乙双方之间的约定，类似政府给双方下的任务单，其性质、目标和作用与新中国成立前采用的施工承包合同全然不同。

2) 1958 年至 1976 年。1957 年后，由于“左”的思想影响，全国各行各业出现了大干快上、急于求成、盲目提高生产指标等现象。建筑业也不例外，大上大下、先上后下、计划多变等违反基建程序与规律、不搞经济核算而搞平均主义的情况屡见不鲜。结果，大大削弱了建筑业的经营管理，工期拖延，经济效果每况愈下，企业亏损严重，国家经济受到了不应有的损失。

3) 1978 年至今。建筑业在我国改革开放的方针政策指导下，认真总结经验教训，率先实行了体制改革。建立、推行或完善了四项工程建设基本制度：①颁布和实施了建筑法等法律规章，为建筑市场的发展提供了法治基础。②制定和完善建设工程合同示范文本，贯彻合同管理制。③推行招标投标制，把竞争机制引入建筑市场。④创建建设监理制，改革建设工程的管理体制。

1.1.3 工程发承包的内容

工程承发包的内容，就是整个建设过程各个阶段的全部工作，可以分为工程项目的项目建议书、可行性研究、勘察设计、材料及设备的采购供应、建筑安装工程施工、生产准备和竣工验收以及工程监理阶段的工作。

1. 项目建议书

项目建议书是建设单位向国家有关主管部门提出要求建设某一项目的建设性文件。主要内容为项目的性质、用途、基本内容、建设规模及项目的必要性和可行性分析等。

2. 可行性研究

项目建议书经批准后，应进行项目的可行性研究。可行性研究是国内外广泛采用的一种研究工程建设项目的技术先进性、经济合理性和建设可能性的科学方法。

3. 勘察设计

勘察与设计两者之间既有密切联系，又有显著的区别。

(1) 工程勘察。其主要内容为工程测量、水文地质勘察和工程地质勘察。其任务是查明工程项目建设地点的地形地貌、地层土壤岩性、地质构造、水文条件等自然地质条件，作出鉴定和综合评价，为建设项目的选址、工程设计和施工提供科学的依据。

（2）工程设计。工程设计是工程建设的重要环节，它是从技术上和经济上对拟建工程进行全面规划的工作。大中型项目一般采用两阶段设计，即初步设计和施工图设计；重大型项目和特殊项目采用三阶段设计，即初步设计、技术设计和施工图设计。

4. 材料和设备的采购供应

建设项目必需的设备和材料，涉及面广，品种多，数量大。设备和材料采购供应是工程建设过程中的重要环节。

建筑材料的采购供应方式：公开招标、询价报价、直接采购等。

设备供应方式：委托承包、设备包干、招标投标等。

5. 建筑安装工程施工

建筑安装工程施工是工程建设过程中的一个重要环节，是将设计图纸付诸实施的决定性阶段。

6. 生产职工培训

基本建设的最终目的，就是形成新的生产能力。为了使新建项目建成后投入生产、交付使用，在建设期间就要准备合格的生产技术工人和配套的管理人员。

7. 建设工程监理

建设工程监理作为一项新兴的承包业务，是近年逐渐发展起来的。工程管理过去是由建设单位负责管理，但这种机构是临时组成，工程建成后又解散，使工程管理的经验不能积累，管理人员不能稳定，工程投资效益不能提高。

1.1.4　工程承发包方式

1. 工程承发包方式分类

工程承发包方式，是指导发包人与承包人双方之间的经济关系形式，从承发包的范围、承包人所处的地位、合同计价方式、获得任务的途径等不同的角度，可以对工程承发包方式进行不同的分类，其主要分类如图 1-1 所示。

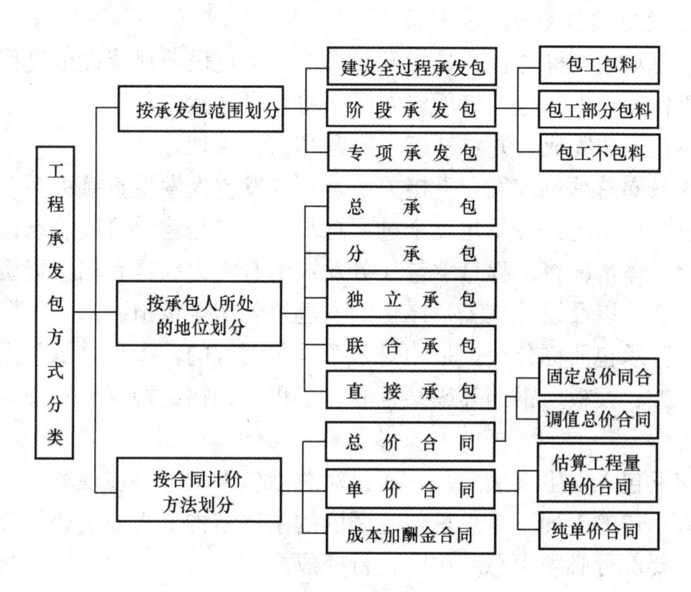

图 1-1　工程承发包方式分类图

2. 按承发包范围划分承发包方式

(1) 建设全过程承发包。建设全过程承发包又叫统包、一揽子承包、交钥匙合同。它是指发包人一般只要提出使用要求、竣工期限或对其他重大决策性问题作出决定，承包人就可对项目建议书、可行性研究、勘察设计、材料设备采购、建筑安装工程施工、职工培训、竣工验收，直到投产使用和建设后评估等全过程全面总承包，并负责对各项分包任务和必要时被吸收参与工程建设有关工作的发包人的部分力量进行统一组织、协调和管理。

建设全过程承发包主要适用于大中型建设项目。

(2) 阶段承发包。阶段承发包是指发包人、承包人就建设过程中某一阶段或某些阶段的工作（如勘察、设计或施工、材料设备供应等）进行发包承包。其中，施工阶段承发包还可依承发包的具体内容，再细分为以下三种方式：

1) 包工包料，即工程施工所用的全部人工和材料由承包人负责。其优点是：便于调剂余缺，合理组织供应，加快建设速度，促进施工企业管理，精打细算，厉行节约，减少损失和浪费；有利于合理使用材料，降低工程造价，减轻建设单位的负担。

2) 包工部分包料，即承包人只负责提供施工的全部人工和一部分材料，其余部分材料由发包人或总承包人负责供应。

3) 包工不包料，又称包清工，实质上是劳务承包，即承包人（大多是分包人）仅提供劳务而不承担任何材料供应的义务。

(3) 专项承包发包。专项承包发包是指发包人、承包人就某建设阶段中的一个或几个专门项目进行发包承包。

专项承发包主要适用于可行性研究阶段的辅助研究项目；勘察设计阶段的工程地质勘察、供水水源勘察、基础或结构工程设计、工艺设计、供电系统、空调系统及防灾系统的设计；施工阶段的深基础施工、金属结构制作和安装、通风设备和电梯安装等建设准备阶段的设备选购和生产技术人员培训等专门项目。

3. 按承包人所处的地位划分承发包方式

(1) 总承包。总承包简称总包，是指发包人将一个建设项目建设全过程或其中某个或某几个阶段的全部工作发包人承包，该承包人可以将在自己承包范围内的若干专业性工作再分包给不同的专业承包人去完成，并对其统一协调和监督管理。

各专业承包人只同总承包人发生直接关系，不与发包人发生直接关系。

总承包主要有两种情况：一是建设全过程总承包，二是建设阶段总承包。采用承包人式时，可以根据工程具体情况将工程总承包任务发包给有实力的具有相应资质的咨询公司、勘察设计单位、施工企业以及设计施工一体化的大建筑公司等承担。

(2) 分承包。分承包简称分包，是相对于总承包而言的，指从总承包人承包范围内分包某一分项工程如土方、模板、钢筋等或某各专业工程（如钢结构制作和安装电梯安装、卫生设备安装等）。

分承包人不与发包人发生直接关系，而只对总承包人负责，在现场由总承包人统筹安排其活动。分承包人承包的工程不是总承包范围内的主体结构工程或主要部分（关键性部分），主体结构工程或主要部分必须由总承包人自行完成。

分承包主要有两种情形：一是总承包合同给定的分包；二是总承包合同未约定的分包，但经过建设单位认可的。

(3) 独立承包。独立承包是指人依靠自身力量自行完成任务的承发包方式。此方式主要适用于技术要求比较简单、规模不大的工程项目。

(4) 联合承包。联合承包是相对于独立承包而言的，指发包人将一项工程任务发包给两个以上承包人，由这些承包人联合共同承包。

联合承包主要适用于大型或结构复杂的工程。参加联营的各方仍都是各自独立经营的企业，只是就共同承包的工程项目必须事先达成联合协议，以明确各个联合承包人的权利和义务，包括投入的资金数额、工人和管理人员的派遣、机械设备种类、临时设施的费用分摊、利润的分享以及风险的分担等。

在市场竞争日趋激烈的形势下，采取联合承包的方式优越性十分明显，具体表现在：①可以有效地减弱多家承包人之间的竞争，化解和防范承包风险；②促进承包人在信息、资金、人员、技术和管理上互相取长补短，有助于充分发挥各自的优势；③增强共同承包大型或结构复杂的工程的能力，增加了中大标、中好标和共同获得更丰厚利润的机会。

(5) 直接承包。直接承包是指不同的承包人在同一工程项目上分别与发包人签订承包合同，各自直接对发包人负责。各承包人之间不存在总承包和分承包的关系，现场上的协调工作由发包人自己去做，或由发包人委托一个承包人牵头去做，也可聘请专门的项目经理（建造师）去做。

4. 按合同计价方法划分承发包方式

(1) 总价合同。所谓总价合同是指支付承包人的款项在合同中是一个“规定的金额”，即总价。

(2) 单价合同。单价合同是在施工图不完整或当准备发包的工程项目内容、技术经济指标暂时还不能明确、具体地予以规定时常采用的一种承发包方式。

(3) 成本加酬金合同。成本加酬金合同又称成本补偿合同，是指按工程实际发生的成本结算外，发包人另加上商定好的一笔酬金（总管理费和利润）支付给承包人的一种承发包方式。

项目2 建 筑 市 场

1.2.1 建筑市场概述

1. 建筑市场的概念

建筑市场是指进行建筑商品及相关要素交换的市场，是市场体系中的重要组成部分，它是以建筑产品的发承包活动为主要内容的市场，是建筑产品和有关服务的交换关系的总和。

建筑市场有广义和狭义之分。狭义的建筑市场是指以建筑产品为交换内容的市场，是建设项目的建设单位和建筑产品的供给者通过招标投标的方式进行发承包的商品交换关系，有固定的交易场所（建设工程交易中心）。广义的建筑市场是指除了以建筑产品为交换内容外，还包括与建筑产品的生产和交换密切相关的勘察设计市场、建筑生产要素市场（劳动力市场、建筑生产资料市场、建筑资金市场和建筑技术服务市场）等。

2. 建筑市场的特征

建筑产品在空间上的固定性、多样性、体积庞大性等特点，导致建筑市场与一般的市场比较，有其相应特征，主要表现在以下几方面：

(1) 建筑产品由需求者向供给者采取预先订货方式进行交易。这一特点是由建筑产品的特点所决定的。在一般工业品的市场中，用于交换的商品具有间接性、可替代性和可移动性，如电视机、洗衣机等，供给者可以预先进行生产，然后通过批发、零售环节进入市场。

建筑产品的固定性和多样性，促使建筑产品一般不具备批量生产的条件，只能按照客户的具体要求，在指定的地点为其建造某种特定的建筑物。每件建筑产品都有专门的用途，都需采用不同的造型、不同的结构、不同的施工方法，使用不同的材料、设备和建筑艺术形式，建筑产品的功能要求、设计者的爱好、科学技术的迅速发展及生产过程的特殊性，使建筑生产从设计到施工具有鲜明突出的单件性和个体性。因此，建筑市场上的交易只能是由需求者向供给者进行预先订货式的交易，先成交，后生产，无法经过中间环节。

(2) 建筑产品的交易持续时间长。一般商品的交易基本上是“一手交钱，一手交货”，除去确定交易条件的时间外，实际交易过程则较短。建筑产品的交易则不然，由于不是以具有实物形态的建筑产品作为交换对象，无法进行“一手交钱，一手交货”。建筑产品生产周期长，少则1～2年，多则3～4年、5～6年，甚至数十年；同时价值巨大，供给者也无法以足够资金投入生产，待交货后再由需求者金额付款。因此，双方在确定交易条件时，重要的是关于分期付款和分期交货的条件。从这点看，建筑产品的交易就表现为一个长期的过程。

(3) 建筑市场显著的地区性。这一特点是建筑产品的固定性特点所决定的。由于建筑产品的固定性，建筑市场中不存在建筑产品的实物流通。对于建筑产品的供给者来说，他无权选择特定建筑产品的具体生产地点，但他可以选择自己的经营在地理上的范围。由于大规模的远距离流动势必增加生产成本，因而建筑产品的生产经营通常总是相对集中于一个相对稳定的地理区域。这就使得供给者和需求者之间的选择存在一定的局限性，通常只能在一定范围内确定相互之间的交易关系；但是，建筑市场的区域特征并非不可改变。当建筑产品的规模增大时，所需技术也复杂，对施工组织、设备等方面的要求也就更高，因而只能由大型建筑企业来承建。这就是说，小型建筑企业受建筑市场区域特征影响更为明显，而大型建筑企业则受其影响较弱。

(4) 建筑市场风险较大。

1) 从建筑产品供给者方面来看，建筑市场的风险主要表现在以下两个方面：

①定价风险：由于建筑市场中的供给方面的可替代性很大，故市场的竞争就主要表现为价格的竞争，定价过高就意味着竞争失败，招揽不到生产任务；定价过低则招致企业亏本，甚至破产。

②生产风险：建筑产品是先定价，后生产，生产周期长，受气候、地质、环境的变化等不确定性因素和需求者的支付能力以及国家的经济形势等影响较大，这些都可能对建筑产品的生产产生不利的甚至是严重的不利影响。

2) 从建筑产品需求者方面看，建筑市场的风险主要表现在：

①价格与质量的矛盾：建筑产品的需求者往往希望在产品功能和质量一定的条件下价格尽可能低。但是，这种“一定”的质量要求和标准是模糊的，难以严格界定，从而有可能使需求者和供给者对最终产品的质量标准产生理解上的分歧，建筑产品越复杂，分歧的可能性越大。

②价格与交货时间的矛盾：建筑产品的需求者往往对建筑产品生产周期的不确定因素估计不足，提出的交货日期有时并不现实。而供给方为达成交易，当然也接受这一不公平的条

件，但却会有相应的对策，如抓住业主未能完全履行合同义务的漏洞进行渲染，从而竭力将合同条件变化得有利于自己。

③预付工程款的风险：由于建筑产品的价值巨大，且多为转移价值部分，供给者一般无力垫付巨额生产资金。所以需求者向供给者预付一笔工程款已形成一种惯例和制度。这可能给那些既无信誉又无经营实力的企业带来可乘之机，甚至卷款而逃，给需求者带来严重的经济损失。

1.2.2　建筑市场主体与客体

建筑市场是由许多基本要素组成的有机整体，这些要素之间相互联系和相互作用，推动市场有效运转。

1. 建筑市场的主体

建筑市场的主体是指参与建筑生产交易的各方。我国建筑市场的主体主要包括发包人（又称为建设单位或业主）、承包人（勘察、设计、施工、材料供应）以及为市场主体服务的中介机构（咨询、监理）等。

（1）发包人。发包人是指具有工程发包主体资格和支付工程价款能力的当事人以及取得该当事人资格的合法继承人。发包人有时称为发包单位、建设单位或业主、项目法人。它是指既有进行某项工程建设的需求，又具有该项工程建设相应的建设资金和各种准建手续，在建筑市场中发包工程项目的咨询、设计、施工监理等建设任务，并最终得到建筑产品、达到其投资目的的法人、其他组织和自然人。发包人可以是各级政府、专业部门、政府委托的资产管理部门，也可以是学校、医院、工厂、房地产开发公司等企事业单位，还可以是个人和个人合伙。

（2）承包人。承包人是指被发包人接受的具有工程施工承包主体资格的当事人以及取得该当事人资格的合法继承人。承包人有时也称承包单位、施工企业（《建筑法》）、施工人（《合同法》）。承包人必须具有企业法人资格，同时持有工商行政管理机关核发的营业执照和建设行政主管部门颁发的资质证书。

按照生产主要形式的不同，承包人可分为勘察、设计单位，建筑安装企业，混凝土预制构件、非标准件制作等生产厂家，商品混凝土供应站，建筑机械租赁单位，以及专门提供劳务的企业等。按其所从事的专业可分为土建、水电、道路、港湾、铁路、市政工程等专业公司。

（3）中介机构。中介机构是指具有一定注册资金和相应的专业服务能力，持有从事相关业务的资质证书和营业执照，能对工程建设提供估算测量、管理咨询、建设监理等智力型服务或代理，并取得服务费用的咨询服务机构和其他为工程建设服务的专业中介组织。国际上一般将中介机构称为咨询公司，咨询任务可以贯穿于从项目立项到竣工验收乃至使用阶段的整个项目建设过程，也可只限于其中某个阶段。

中介机构作为政府、市场、企业之间联系的纽带，具有政府行政管理不可替代的作用。发达市场的中介机构是市场体系成熟和市场经济发达的重要表现。

目前，建筑市场的中介机构主要有以下几种：

1）协调和约束市场主体行为的自律性组织，主要是建筑业协会及其下属的行业分会，包括工程建设质量监督分会、建筑安全分会、建筑机械管理与租赁分会、深基础施工分会、建筑防水分会、材料分会、建筑企业经营管理专业委员会和建筑施工技术开发专业委员会等。

2）保证公平交易、公平竞争的公证机构，如各种专业事务所、资产和资信评估机构、公证机构、合同纠纷的调解仲裁机构等。

3）咨询代理机构，是指为促进建筑市场降低交易成本、提供各种服务的咨询代理机构，如建设工程交易中心、监理公司等。

4）检查认证机构，是监督建筑市场活动，维护市场正常秩序的检查认证机构，如建筑产品质量检测、鉴定机构、ISO 9000 认证机构等。

5）公益机构，包括为保证社会公平、市场竞争秩序正常的以社会福利为目的的基金会、保险机构等。它们既可以为企业意外损失承担风险，又可以为安定职工情绪提供保障。

2. 建筑市场的客体

建筑市场的客体一般称作建筑产品，它包括有形的建筑产品——建筑物、构筑物和无形的产品——咨询、监理等各种智力型服务。建筑产品凝聚着承包人的劳动，发包人（业主）以投入资金的方式取得它的使用价值。在不同的生产交易阶段，建筑产品表现为不同的形态。它可以是中介机构提供的咨询报告、咨询意见或其他服务，可以是勘察设计单位提供的设计方案、设计图纸、勘察报告，可以是生产厂家提供的混凝土构件、非标准预件等产品，也可以是施工企业提供的最终产品——各种各样的建筑物和构筑物。

1.2.3　建筑市场的资质管理

1. 建筑市场从业企业资质管理

资质管理是指对从事建设工程的单位进行审查，以保证建设工程质量和安全符合我国相关法律法规的规定。从事建筑活动的建筑施工企业、勘察单位、设计单位和工程监理单位，按照其拥有的注册资本、专业技术人员、技术装备和已完成的建筑工程业绩等资质条件，划分为不同的资质等级，经资质审查合格、取得相应等级的资质证书后，方可在其资质等级许可的范围内从事建筑活动。

（1）工程勘察、设计企业资质管理。我国建设工程勘察设计资质分为工程勘察资质、工程设计资质。勘察、设计企业的资质及业务范围有关规定见表 1-1。

表 1-1　　我国勘察、设计企业的资质及业务范围

企业类别	资质分类	资质等级	承揽业务范围
工程勘察企业	综合资质	甲级	可在全国范围内承接各专业（海洋工程勘察除外）、各等级工程勘察业务
	专业资质（分专业设置）	甲级	本专业工程勘察业务范围和地区不受限制
		乙级	可承担本专业工程勘察中小型工程项目，承担工程勘察业务的地区不受限制
		丙级	可承担本专业小型项目，承担工程勘察业务限定在省、自治区、直辖市所辖行政区范围内（设置丙级勘察资质的地区经建设部批准后方可设置）
	劳务资质	不分等级	可以承接岩土工程治理、工程钻探、凿井等工程勘察劳务业务，地区不受限制

续表

企业类别	资质分类	资质等级	承揽业务范围
工程设计企业	综合资质	甲级	可承担各行业建设工程项目主体工程及其配套工程的设计，其范围和规模不受限制
	行业资质（分行业设置）	甲级	可承担本行业建设工程项目主体工程及其配套工程的设计，其范围和规模不受限制
		乙级	可承担本行业中小型建设工程项目的主体工程及其配套工程的工程设计业务
		丙级	可承担本行业小型建设项目的工程设计任务
	专业资质（分专业设置）	甲级	可承担本行业相应设计类型建设工程项目主体工程及其配套工程的设计，其范围和规模不受限制（设计施工一体化资质除外）
		乙级	可承担相应行业设计类型中小型建设工程项目的主体工程及其配套工程的工程设计任务
		丙级	可承担相应行业设计类型小型建设项目的工程设计任务
		丁级	个别专业承担本专业的小型建设项目的工程设计任务（边远地区及经济不发达地区经省、自治区、直辖市建设行政主管部门报建设部同意后可批准设置）
	专项资质	甲级	（建筑装饰工程为例）可承担建筑装饰工程项目的主体工程及其配套工程设计，其设计范围和规模不受限制
		乙级	（建筑装饰工程为例）可承担1000万元以下的建筑装饰主体工程和配套工程设计
		丙级	（建筑装饰工程为例）可承担1000万元以下的建筑装饰工程（仅限住宅装饰装修）的设计与咨询

（2）建筑企业资质管理。建筑企业是指从事土木工程、建筑工程、线路管道设备安装工程、装修工程的新建、扩建、改建等活动的企业。建筑企业资质分为施工总承包、专业承包和劳务分包企业。

经审查合格的建筑业企业，由资质管理部门颁发《建筑业企业资质证书》，由国务院建设行政主管部门统一印制，分为正本和副本，具有同等法律效力。我国建筑业企业承包工程范围见表1-2。

表1-2　　我国建筑业企业资质及承包工程范围

企业类别	资质等级	承包工程范围
总承包企业（12类）	特级	可承担本类别个等级工程施工总承包、设计及开展工程总承包和项目管理业务；（房屋建筑工程）限承担施工单位合同额3000万元以上的房屋建筑工程
	一级	（房屋建筑工程）可承担单位建安合同额不超过企业注册资本金5倍的下列房屋建筑工程的施工：①40层及以下、各类跨度的房屋建筑工程；②高度240m及以下的构筑物；③建筑面积20万m^2及以下的住宅小区或建筑群体

续表

企业类别	资质等级	承包工程范围
总承包企业（12类）	二级	（房屋建筑工程）可承担单位建安合同额不超过企业注册资本金5倍的下列房屋建筑工程的施工：①28层及以下、单跨跨度36m及以下的房屋建筑工程；②高度120m及以下的构筑物；③建筑面积12万m^2及以下的住宅小区或建筑群体
	三级	（房屋建筑工程）可承担单位建安合同额不超过企业注册资本金5倍的下列房屋建筑工程的施工：①14层及以下、单跨跨度24m及以下的房屋建筑工程；②高度70m及以下的构筑物；③建筑面积6万m^2及以下的住宅小区或建筑群体
专业承包企业（60类）	一级	（地基与基础工程）可承担各类地基与基础工程的施工
	二级	（地基与基础工程）可承担工程造价1000万元及以下各类地基与基础工程的施工
	三级	（地基与基础工程）可承担工程造价300万元及以下各类地基与基础工程的施工
劳务分包企业（13类）	一级	（木工作业）可承担各类工程的木工作业分包业务，但单项业务合同额不超过企业注册资本金的5倍
	二级	（木工作业）可承担各类工程的木工作业分包业务，但单项业务合同额不超过企业注册资本金的5倍

(3) 工程咨询单位资质管理。为了规范建筑市场，我国对工程咨询单位也实施资质管理。主要实施自治管理的工程咨询单位如下：

1) 工程建设项目招标代理机构。工程建设项目招标代理机构，是指工程招标代理机构接受招标人的委托，从事工程的勘察、设计、施工、监理以及与工程建设有关的重要设备(进口机电设备除外)、材料采购招标的代理业务。工程招标代理机构资格分为甲级、乙级和暂定级3个级别资格。

2) 工程监理企业。工程监理企业资质分为综合资质、专业资质和事务所资质。其中，专业资质按照工程性质和技术特点划分为若干工程类别。专业资质分为甲级、乙级，其中，房屋建筑、水利水电、公路和市政公用专业资质可设立丙级。综合资质和事务所资质不分级别。

3) 工程造价咨询机构。工程造价咨询机构，是指接受委托，对建设项目投资、工程造价的确定与控制提供专业咨询服务的企业。工程造价咨询企业资质等级分为甲级、乙级两级。

工程造价咨询企业可以对建设项目的组织实施进行全过程或者若干阶段的管理和服务。

2. 建筑市场专业人员职业资格管理

专业技术人员职业资格是对从事某一职业所必备的学识、技术和能力的基本要求，职业资格包括从业资格和执业资格。

(1) 从业资格。从业资格是政府规定专业技术人员从事某种专业技术性工作的学识、技术和能力的起点标准，从业资格确认工作由各省、自治区、直辖市人事（职改）部门会同当地业务主管部门组织实施。

(2) 执业资格。执业资格是政府对某些责任较大，社会通用性强，关系公共利益的专业技术工作实行的准入控制，是专业技术人员依法独立开业或独立从事某种专业技术工作学识、技术和能力的必备标准。

在建设行业里，通常把取得执业资格证书的工程师称为专业人士。目前，我国已经确定的专业人士的种类有注册建筑师、注册结构师、勘察设计注册工程师、注册监理工程师、房地产估价师、注册资产评估师、注册造价工程师、注册城市规划师、注册咨询工程师（投资）以及注册建造师等。各专业的资格取得和注册条件基本上都为大专以上学历、参加全国统一考试和注册条件。

1.2.4 建设工程交易中心

1. 建设工程交易中心的设立

建设部（现住房与城乡建设部）《建立建设工程交易中心的指导意见》的通知（建监【1997】24号）中指出：为了深化工程建设管理体制改革，探索适应社会主义市场经济体制的工程建设管理方式，建设部在总结一些地方成功经验的基础上，要求有一定建设规模并具备相应条件的中心城市逐步建立建设工程交易中心（以下简称“中心”），以强化对工程建设的集中统一管理，规范市场主体行为，建立公开、公平、公正的市场竞争环境，促进工程建设水平的提高和建筑业的健康发展。随后在全国各地陆续开始建立，它把管理和服务有效结合起来，初步形成以招标投标为龙头、相关职能部门相互协作的具有“一站式”管理和“一条龙”服务特点的建筑市场监督管理新模式。目前，我国已有97%的地级市建立了建设工程交易中心。

2. 建设工程交易中心的性质和职能

（1）建设工程交易中心的性质。建设工程交易中心是建设工程招标投标管理部门或政府建设行政主管部门授权的其他机构建立的、自收自支的非盈利性事业法人，根据政府建设行政主管部门委托实施对市场主体的服务、监督和管理。

（2）建设工程交易中心的职能。建设工程交易中心的职能是工程建设信息的收集与发布，办理工程报建、承发包、工程合同及委托质量安全监督和建设监理等有关手续，提供政策法规及技术经济等咨询服务。

3. 建设工程交易中心的基本功能

我国建设工程交易中心是按照场所服务、信息服务和集中办公三大功能进行构建的。具体如下：

（1）统一发布工程建设信息。工程发包信息要翔实、准确地反映项目的投资规模、结构特征、工艺技术，以及对质量、工期、承包人的基本要求，并在工程招标发包前提供给有资格的承包单位。中心还应能提供建筑企业和监理、咨询等中介服务单位的资质、业绩和在施工程等资料信息。要逐步建立项目经理、评标专家和其他技术、经济、管理人才以及建筑产品价格、建筑材料、机械设备、新技术、新工艺、新材料和新设备等信息库。要根据实际需要和条件，不断拓展新的信息内容和发布渠道，为市场主体提供全面的信息服务。

（2）为承发包交易活动提供服务。中心应为承发包双方提供组织招标、投标、开标、评标、定标和工程承包合同签署等承发包交易活动的场所和其他相关服务，把管理和服务结合起来。

（3）集中办理工程建设的有关手续。逐步做到将建设行政主管部门在工程实施阶段的管理工作全部进入中心集中办理，做到工程报建、招标投标、合同造价、质量监督、监理委托、施工许可等有关手续集中统一办理，使工程建设管理做到程序化和规范化。

4. 建设工程交易中心运行原则

为了保证建设工程交易中心能够有良好的运行秩序和市场功能的充分发挥，必须坚持市场运行的基本原则。

(1) 信息公开原则。中心必须掌握工程发包、政策法规、招标投标单位资质、造价指数、招标规则、评标标准等各项信息，并保证市场各方主体均能及时获得所需要的信息资料。

(2) 依法管理原则。中心应建立和完善建设单位投资风险责任和约束机制，尊重建设单位按经批准并事先宣布的标准、原则的方法，选择投标单位和选定中标单位的权利。尊重符合资质条件的建筑业企业提出的投标要求和接受邀请参加投标的权利。尊重招标范围之外的工程业主按规定选择承包单位的权利，严格按照法规和政策规定进行管理和监督。

(3) 公平竞争原则。建立公平竞争的市场秩序是中心的一项重要原则，中心应严格监督招标投标单位的市场行为，反对垄断，反对不正当竞争，严格审查标底，监控评标和定标过程，防止不合理的压价和垫资承包工程，充分利用竞争机制、价格机制，保证竞争的公平和有序，保证经营业绩良好的承包人具有相对的竞争优势。

(4) 闭合管理原则。建设单位在工程立项后，应按规定在中心办理工程报建和各项登记、审批手续，接受中心对其工程项目管理资格的审查，招标发包的工程应在中心发布工程信息；工程承包单位和监理、咨询等中介服务单位，均应按照中心的规定承接施工和监理、咨询业务。未按规定办理前一道审批、登记手续的，任何后续管理部门不得给予办理手续，以保证管理的程序化和制度化。

(5) 办事公正原则。中心是政府建设行政主管部门授权的管理机构，也是服务性的事业单位。要转变职能和工作作风，建立约束和监督机制，公开办事规则和程序，提高工作质量和效率，努力为交易双方提供方便。

5. 建设工程交易中心运作的一般程序

根据有关规定，建设工程项目进入建设工程交易中心按下列程序进行（见图 1-2)。

(1) 建设工程项目报建。在建设工程项目的立项批准文件或投资计划下达后，建设单位根据《工程建设项目报建管理办法》规定的要求进行报建。报建内容主要包括：工程名称、建设地点、投资规模、资金来源、当年投资额、工程规模、工程筹建情况、计划开竣工日期等。

(2) 确定招标方式。招标人填写“建设工程招标申请表”，并经上级主管部门批准后，连同“工程建设项目报建审查登记表”报招标管理机构审批。招标管理机构依据《中华人民共和国招标投标法》和有关规定确认招标方式。

(3) 履行招标投标程序。招标人依据《中华人民共和国招标投标法》和有关规定，履行建设项目包括建设项目的勘察、设计、施工、监理以及与工程建设有关的设备材料采购等的招标投标程序。

(4) 发包人与中标单位签订合同。自发出中标通知书之日起 30 天内，发包单位与中标单位签订承包合同。

(5) 按规定进行质量、安全监督登记。

(6) 统一缴纳有关工程前期费用。

(7) 领取建设工程施工许可证。

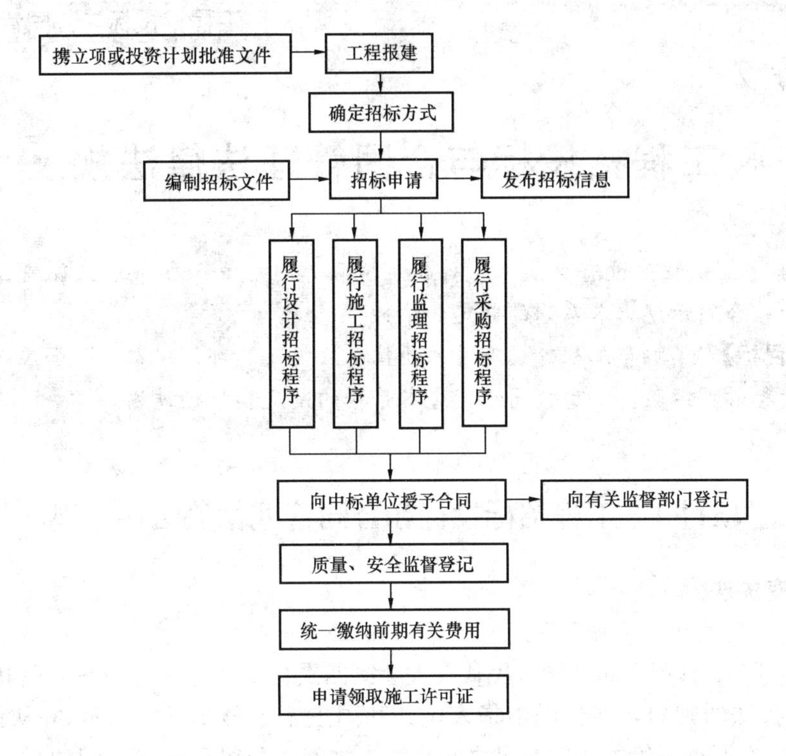

图 1-2　建设工程交易中心运行程序

1. 简述工程承发包的概念。
2. 简述工程承发包的内容
3. 简述工程承发包的方式。
4. 目前与建设工程有关的执业资格制度有哪些?
5. 建筑施工企业的资质如何划分?
6. 简述建设工程市场的组成。
7. 简述建设工程交易中心的基本功能。
8. 简述建设工程交易中心运作的一般程序。

单元 2

工程招投标与合同管理法律法规

【知识点】 工程建设有关法律、行政法规和部门规章；鲁布革工程项目的招标投标管理经验；合同示范文本系列的制定和推行。

【教学目标】 了解与工程建设有关的法律、法规及其部门规章；了解鲁布革工程项目的招标投标管理经验。熟悉合同示范文本系列的制定和推行过程。

项目 1　工程招标投标和合同管理相关法律法规

2.1.1　有关法律

1.《中华人民共和国民法通则》

1986 年 4 月 12 日第六届全国人民代表大会第四次会议通过了《中华人民共和国民法通则》（简称《民法通则》），同日以中华人民共和国主席令第 37 号公布，并从该日起施行。《民法通则》旨在调整平等主体的公民之间、法人之间、公民和法人之间的财产关系和人身关系。它是订立和履行合同以及处理合同纠纷的法律基础。

2.《中华人民共和国环境保护法》

1989 年 12 月 26 日第七届全国人民代表大会常务委员会第十一次会议通过了《中华人民共和国环境保护法》，自 1989 年 12 月 26 日起施行。该法旨在保护和改善生活环境与生态环境，防止污染和其他公害，保障人体健康，促进社会主义现代化的发展。建设项目的选址、规划、勘察、设计、施工、使用和维修均应遵循该法。

3.《中华人民共和国民事诉讼法》

1991 年 4 月 9 日第七届全国人民代表大会第四次会议通过了《中华人民共和国民事诉讼法》（简称《民事诉讼法》），同日以中华人民共和国主席令第 44 号公布，并从该日起施行。《民事诉讼法》的任务是：保证当事人行使诉讼权利，保证人民法院查明事实，正确运用法律，及时审理民事案件，确认民事权利义务关系，制裁民事违法行为，保护当事人的合法利益，维护社会和经济秩序，保障社会主义建设事业顺利进行。

4.《中华人民共和国劳动法》

1994 年 7 月 5 日第八届全国人民代表大会常务委员会第八次会议通过了《中华人民共和国劳动法》，自 1995 年 1 月 1 日起施行。该法旨在保护劳动者的利益，调整劳动关系，建立和维护适应社会主义市场经济的劳动制度，促进经济发展和社会进步。建设工程中有关订立劳动合同和集体合同、工作时间和工资、劳动安全、女职工和未成年工的特殊保护、职业培训、社会保险和福利及劳动争议解决等事项均应遵循该法。

5.《中华人民共和国仲裁法》

1994 年 8 月 31 日第八届全国人民代表大会常务委员会第九次会议通过了《中华人民共和国仲裁法》（简称《仲裁法》），自 1995 年 9 月 1 日起施行。该法旨在保证公正、及时地仲裁经济纠纷，保护当事人的合法权益及保障社会主义市场经济健康发展。《仲裁法》的主要内容包括关于仲裁协会及仲裁委员会的规定，仲裁协议，仲裁程序，仲裁庭的组成、开庭和裁决，申请撤销裁决，裁决的执行以及涉外仲裁的特殊规定等。

6.《中华人民共和国担保法》

1995年6月30日第八届全国人民代表大会常务委员会第十四次会议通过了《中华人民共和国担保法》，自1995年10月1日起施行。该法旨在促进资金融通和商品流通，保障债权的实现，以发展社会主义市场经济，并规定了保证、抵押、质押、留置和定金等担保方式。建设工程合同管理中的有关各种担保基金及争端的处理均应依据该法。

7.《中华人民共和国保险法》

1995年6月30日第八届全国人民代表大会常务委员会第十四次会议通过了《中华人民共和国保险法》，自1995年10月1日起施行。该法旨在规范保险活动，保护保险活动当事人的合法权益，加强对保险业的监督管理，促进保险业的健康发展，并对保险合同，包括财产保险合同和人身保险合同做了规定。

8.《中华人民共和国建筑法》

1997年11月1日第八届全国人民代表大会常委会第二十八次会议通过了《中华人民共和国建筑法》(简称《建筑法》)，自1998年3月1日起施行。《建筑法》是建筑业的基本法律，其制定的主要目的在于：加强对建筑业活动的监督管理，维护建筑市场秩序，保障建筑工程的质量和安全，促进建筑业健康发展等。

9.《中华人民共和国合同法》

1999年3月15日第九届全国人民代表大会第二次会议通过了《中华人民共和国合同法》(简称《合同法》)，自1999年10月1日起施行。从该日起，《中华人民共和国经济合同法》、《中华人民共和国涉外经济合同法》、《中华人民共和国技术合同法》同时废止。《合同法》中除对合同的订立、效力、履行、变更和转让、合同的权利义务终止、违约责任等有规定外，还载有关于买卖合同，供用电、水、气、热力合同，赠与合同，信贷合同，租赁合同，融资租赁合同，承揽合同，建设工程合同，运输合同，技术合同，保管合同，仓储合同，委托合同，行纪合同和居间合同等的具体规定。

10.《中华人民共和国招标投标法》

1999年8月30日第九届全国人民代表大会常务委员会第十一次会议通过了《中华人民共和国招标投标法》(简称《招标投标法》)，自2000年1月1日施行。该法包括招标、投标、开标、评标和中标等内容，其制定目的在于规范招标投标活动，保护国家利益、社会公共利益和招标投标活动当事人的合法权益，提高经济效益及保证工程项目质量等。

11.《中华人民共和国安全生产法》

2002年6月29日第九届全国人民代表大会常务委员会第二十八次会议通过了《中华人民共和国安全生产法》，自2002年11月1日起施行。该法旨在加强安全生产监督管理，防止和减少生产安全事故，保障人民群众生命和财产安全，促进经济发展。对生产经营单位的安全生产保障，从业人员的权利和义务，安全生产的监督管理，生产安全事故的应急救援与调查处理以及相关的法律责任做了规定。

12.《中华人民共和国环境影响评价法》

2002年10月28日第九届全国人民代表大会常务委员会第三十次会议通过了《中华人民共和国

民共和国环境影响评价法》，自2002年11月1日起施行。该法旨在实施可持续发展战略，预防因规划和建设项目实施后对环境造成不良影响，以促进经济、社会和环境的协调发展。内容包括规划的环境影响评价，建设项目的环境影响评价及相关的法律责任。

2.1.2 有关行政法规

除全国人民代表大会通过和颁布施行的上述法律外，国务院还发布施行了若干行政法规，其中与建设业有关的法规（条例）简述如下：

1.《建设工程质量管理条例》

2000年1月10日国务院第二十五次常务会议通过了《建设工程质量管理条例》，自2000年1月30日起施行。该条例旨在加强对建设工程质量的管理，保证建设工程质量，保护人民生命和财产安全。内容包括建设单位、勘察设计单位、施工单位及工程监理单位的质量责任和义务、建设工程质量保修和监督管理、罚则等。

2.《建设工程勘察设计管理条例》

2000年9月20日国务院第三十一次常务会议通过了《建设工程勘察设计管理条例》，自2000年9月25日起施行。该条例旨在加强对建设工程勘察、设计活动的管理，保证建设工程勘察、设计质量，保护人民生命和财产安全。内容包括资质资格管理、建设工程勘察设计发包与承包、建设工程勘察设计文件的编制与实施、建设工程勘察设计活动的监督管理、罚则等。

3.《建设工程安全生产管理条例》

2003年11月12日国务院第二十八次常务会议通过了《建设工程安全生产管理条例》，自2004年2月1日起施行。该条例旨在加强建设工程安全生产监督管理，保障人民群众生命和财产安全。内容包括建设单位的安全责任，勘察、设计、工程监理及其他有关单位的安全责任，施工单位的安全责任，建设工程安全生产的监督管理，生产安全事故的应急救援和调查处理，法律责任等。

4.《建设工程环境保护管理条例》

1998年11月18日国务院第十次常务会议通过了《建设工程环境保护管理条例》，自1998年11月29日起施行。该条例旨在防止建设项目产生新的污染，破坏生态环境。内容包括环境影响评价、环境保护设施建设、法律责任等。

5.《建设工程招标投标法实施条例》

2011年11月30日审查通过了《中华人民共和国招标投标法实施条例》(以下简称《招标投标法》)，自2012年12月1日施行。该条例是为了有效贯彻《招标投标法》，细化行为规范，统一交易规则，总结经验教训，针对目前虚假招标、串标围标、违法交易等突出问题，完善相应的行政监管和法律惩罚措施，并为招投标体制机制的创新和持久健康发展提供相应的法律依据。内容包括总则，招标，投标，开标、评标和中标，投诉与处理，法律责任，附则等。

2.1.3 有关部门规章

为了贯彻上述法律和行政法规，国务院下属各部委通过并发布了与建设工程有关的部门规章，读者可参阅表2-1。

从2001年起，为了深化建筑业的改革及与国际惯例接轨，建设部及有关部门制定颁发了一系列的规范及文件，例如建设部2004年8月6日颁发《关于在房地产开发项目中推行工程建设合同担保的若干规定（试行）》【2004】137号文件、《建设工程工程量清单计价规范》（GB 50500—2003）等。

表2-1　部门规章

名　称	发布部委	发布或施行日期
合同签证办法	国家工商行政管理局	1997年11月3日第80号令公布
工程建设项目招标范围和规模标准规定	国家发展计划委员会	2000年5月1日第3号令公布
评标委员会和评标办法暂行规定	建设部	2000年6月30日第79号令公布
工程建设项目招标代理机构资格认定办法	建设部	2000年6月30日第79号令公布
工程建设项目自行招标试行办法	国家发展计划委员会	2000年7月1日第5号令公布
实施工程建设强制性标准监督规定	建设部	2000年8月25日第81号令发布
房屋建筑和市政基础设施工程施工招标投标办法	建设部	2001年6月1日第89号令公布
评标委员会和评标办法暂行规定	国家发展计划委员会、建设部、铁道部、交通部、信息产业部、水利部、民用航空总局	2001年7月5日第12号令公布
建筑工程施工发包与承包计价管理办法	建设部	2001年12月1日第107号令公布
评标专家和评标专家库管理办法	国家发展计划委员会	2003年2月22日第29号令公布
工程建设项目施工招标投标办法	国家发展计划委员会、建设部、铁道部、交通部、信息产业部、水利部、民用航空总局	2003年3月8日第30号令公布
《标准施工招标资格预审文件》和《标准施工招标文件》试行规定	国家发展和改革委员会、财政部、建设部、铁道部、交通部、信息产业部、水利部、民用航空总局、广播电影电视总局	2007年11月1日第56号令公布

项目2　工程招标投标制和合同示范文本的推行

随着经济的发展，我国建筑业企业开始走向世界，进入国际工程项目承包市场，在激烈的国际招投标竞争中积累了不少经验和教训。1980年在上海、广东、福建、吉林等省市开始试行建设工程项目的招标投标。1982年开始的鲁布革引水工程国际招投标的冲击，促使我国从1992年通过试点后大力推行招标投标制。1992年至今，立法建制逐步完善，特别在1999年8月30日颁布了《中华人民共和国招标投标法》，并于2000年1月1日起施行后，我国招标投标活动从此走上了法制化的轨道，标志着我国招标投标制进入了全面实施的新阶段。下面就鲁布革引水工程采取国际招投标的经验做简要介绍，供读者参考。

2.2.1 鲁布革工程项目的招标投标管理经验

1. 鲁布革引水工程招标投标情况简介

鲁布革水电站位于云南罗平和贵州兴义交界的黄泥河下游，整个工程由首部枢纽拦河大坝、引水系统和厂房枢纽三部分组成。

(1) 首部枢纽拦河大坝，最大坝高 103.5m。

(2) 引水系统，由电站进水口、引水隧洞、调压井、高压钢管四部分组成，引水隧洞总长 9.38km，开挖直径 8.8m，调压井内径 13m，井深 63m，两条长 469m、内径 4.6m、倾角 48°的高压钢管。

(3) 厂房枢纽，包括地下厂房及其配套的 40 个地下洞室群。厂房总长 125m，宽 18m，最大高度 39.4m，安装 15 万 kW 的水轮发电机四台，总容量 60kW，年发电量 28.2 亿 kW·h。

1981 年 6 月经国家批准，鲁布革电站列为重点建设工程，总投资 8.9 亿美元，总工期 53 个月，要求 1990 年全部建成。1982 年 7 月国家决定将鲁布革水电站的引水工程作为水利电力部第一个对外开放、利用世界银行贷款的工程，使工程出现转机。引水系统工程的施工，按世界银行规定，实行新中国成立以来第一次按照 FIDIC（国际咨询工程师联合会的法文名称的缩写）推荐的程序进行的国际公开（竞争性）招标。首部枢纽拦河大坝和厂房枢纽部分的施工由水电十四局承担。

项目建设多渠道利用外资，包括：世界银行贷款 1.454 亿美元（信贷期 20 年），挪威政府赠款 9000 万挪威克郎，澳大利亚政府赠款 790 万澳元。

为了适应外资项目管理的需要，经贸部与水电部组成协调小组作为项目的决策单位，下设水电总局为工作机构，水电部组建了鲁布革工程管理局承担项目业主代表和工程师（监理）的建设管理职能。昆明水电勘测设计院承担项目的设计。

招标工作由水电部委托中国进出口公司进行。此外由世界银行推荐澳大利亚 SMEC 公司和挪威 AGN 公司作为咨询单位，分别对首部枢纽工程、引水系统工程和厂房工程提供咨询服务。咨询费用由澳大利亚开发援助局和挪威政府赠款资助。

1982 年 9 月，刊登招标公告，编制招标文件，编制标底。根据世界银行规定，采用了国际咨询工程师联合会（FIDIC）的《土木工程施工国际通用合同条件》（1977 年第三版）。引水系统工程原设计概算为 1.8 亿元，评标标底为 14 958 万元。

1982 年 9 月～1983 年 6 月，资格预审。本工程的资格预审分两阶段进行。招标公告发布之后，13 个国家 32 家承包人提出了投标意向，争先介绍自己的优势和履历。第一阶段资格预审（1982 年 9 月～12 月），招标人经过对承包人的施工经历、财务实力、法律地位、施工设备、技术水平和人才实力的初步审查，淘汰了其中的 12 家。其余 20 家（包括我国公司 3 家）取得了投标资格。第二阶段资格预审（1983 年 2 月～6 月），与世界银行磋商第一阶段预审结果，中外公司为组成联合投标公司进行谈判。各承包人分别根据各自特长和劣势进一步寻找联营伙伴，中国 3 家公司分别与 14 家外商进行联营会谈，最后闽昆公司和挪威 FHS 公司联营，贵华公司和前联邦德国霍兹曼公司联营，江南公司不联营。这次国际竞争性招标，按照世界银行的有关规定，我国公司享受 7.5%的国内优惠。

1983 年 6 月 15 日，发售招标文件。15 家取得投标资格的中外承包人购买了招标文件，8 家投了标。

经过5个月的投标准备，1983年11月8日，开标大会在北京正式举行。开标仪式按国际惯例，公开当众开标。开标时对各投标人的投标文件进行开封和宣读。共8家公司投标，其中前联邦德国霍克蒂夫公司未按照招标文件要求投送投标文件，而成为废标。从投标报价（根据当日的官方汇率，将外币换算成人民币）可以看出，最高价法国SBTP公司（1.79亿元）与最低价日本大成公司（8463万元）相比，报价竟相差1倍之多，可见竞争之激烈。前几标的标价之低，使中外厂商大吃一惊，在国内外引起震动不小。各投标人的折算报价见表2-2。

表2-2 鲁布革水电站引水工程国际公开招标评标折算报价一览表

公司	折算报价（元）	公司	折算报价（元）
日本大成公司	84 630 590.97	中国闽昆与挪威FHS联合公司	121 327 425.30
日本前田公司	87 964 864.29	南斯拉夫能源工程公司	132 234 146.30
英波吉洛公司（意美联合）	92 820 660.50	法国SBTP联合公司	179 393 719.20
中国贵华与前西德霍兹曼联合公司	119 947 489.60	前联邦德国霍克蒂夫公司	废标

1983年11月～1984年4月，评标、定标。按照国际惯例，只有报价最低的前三标能进入最终评标阶段，因此确定大成、前田和英波吉洛公司3家为评标对象。评标工作由鲁布革工程局、昆明水电勘测设计院、水电总局及澳大利亚等中外专家组成的评标小组负责，按照规定的评标办法进行，并互相监督、严格保密，禁止评标人同外界接触。在评标过程中评标小组还分别与三家承包人进行了澄清会谈。4月13日评标工作结束。

经各方专家多次评议讨论，最后确定标价最低的日本大成公司中标，并与之签订合同，合同价8463万元，合同工期1597天。4月17日，我国有关部门正式将定标结果通知世界银行。世界银行于6月9日回复无异议。

部分投标人的主要指标比较见表2-3。

表2-3 部分投标人的主要指标对比

项目	单位	大成公司	前田公司	意美联合公司	闽挪联合公司	标底
隧洞开挖	元/m^3	37	35	26	56	79
隧洞衬砌	元/m^3	200	218	269	291	444
混凝土衬砌水泥单方用量	元/m^3	270	308		360	320～350
水泥总用量	t	52 500	65 500	64 000	92 400	77 890
月劳动量	工日/月	22 490	19 250	19 520	28 970	
隧洞超挖（截面）	cm	12～15（圆形）	12～15（圆形）	10（圆形）	20（马蹄形）	20（马蹄形）
隧洞开挖月进尺	m/月	190	220	140	180	

引水工程于1984年6月15日发出中标通知书，7月14日签订合同。1984年7月31日发布开工令，1984年11月24日，正式开工。1988年8月13日正式竣工，工程师签署了工程竣工移交证书。合同工期为1597天，实际工期为1475天，提前122天。

大成公司采用施工总承包制，在现场日本的管理及技术人员仅 30 人左右，雇用我国的公司分包，雇用的 400 多人都是我国水电十四局的职工，中国工人在中国工长的带领下，创造了 968.8m 隧洞独头月进尺 373.5m 的优异成绩，超过了日本大成公司历史的最高纪录，达到世界先进水平。工程质量综合评价为优良。包括除汇率风险以外的设计变更、物价涨落、索赔及附加工程量等增加费用在内的工程结算为 9100 万元，仅为标底 14 958 万元的 60.8%，比合同价仅增加了 7.53%。

2. 鲁布革工程项目的管理经验

早在 20 世纪 50 年代，国家有关部门就开始安排了对黄泥河的踏勘。水电部在 1977 年着手进行鲁布革电站的建设，水电十四局开始修路，进行施工准备。但由于资金缺乏，准备工程进展缓慢，前后拖延 7 年之久。20 世纪 80 年代初，水电部决定利用世界银行贷款，使工程出现转机。鲁布革引水系统原为水电十四局承担的工程，且已经做了大量施工准备，但是在投标竞争中，以最低评标价中标的日本大成公司投标价为 8463 万元，十四局和闽江局及挪威联合的公司投标价为 12 132.7 万元，比大成公司投标价高 30%（这次国际竞争性招标，我国公司还享受 7.5%的国内优惠）。

鲁布革引水系统工程进行国际招标和实行国际合同管理，在当时具有很大的超前性。鲁布革工程管理局作为既是“代理业主”又是“监理工程师”的机构设置，按合同进行项目管理的实践，使人耳目一新。所以当时到鲁布革参观考察被称为“不出国的出国考察”。这是在 20 世纪 80 年代初我国计划经济体制还没有根本改变、建筑市场还没形成、外部条件尚未充分具备的情况下进行的，而且只是电站引水系统进行国际招标，首部大坝枢纽和地下厂房工程以及机电安装仍由水电十四局负责施工，因此形成了一个工程两种管理体制并存的状况。这正好给了人们一个充分比较、研究、分析两种管理体制差异的极好机会。鲁布革的国际招标实践和一个工程两种体制的鲜明对比，在中国工程界引起了强烈的反响。到鲁布革参观考察的人几乎遍及全国各省市，鲁布革的实践激发了人们对基本建设管理体制改革的强烈愿望。

鲁布革工程的管理经验主要有以下几点：

（1）最核心的经验是把竞争机制引入工程建设领域，实行铁面无私的招标投标制，评标工作认真细致。

（2）实行国际评标低价中标惯例，评标时标底只起参考作用，不考虑投标报价金额高于或低于标底的百分率超过规定幅度时即作为废标的国内评标规定。

（3）工程施工采用全过程承包式和科学的项目管理。

（4）严格的合同管理和工程监理制，实施费用调整、工程变更及索赔，谋求综合经济效益。

在中国工程建设发展和改革过程中，鲁布革水电站的建设都占有一定的历史地位，发挥了极其重要的历史作用。通过以中外合作方式建设鲁布革水电站，中国建设者学会了国际合同编标、招标、评标的程序和方法；运用了 FIDIC 合同管理；引进了处理变更、索赔等合同管理业务知识；还引进了先进的国外技术规范和施工控制方法。可以说，这是一次共享经验、完成大型水电工程项目的成功实践。在总结鲁布革工程管理经验的基础上，中国建设系统结合中国国情，逐步推行了建设体制的三项改革，即项目建设的业主责任制、工程建设监理制和招标投标制。

2.2.2　合同示范文本系列的制定和推行

目前住房和城乡建设部与国家工商行政管理总局联合发布了《建设工程施工合同（示范文本）》（GF－2013－0201）、《建设工程勘察合同（示范文本）》（GF－2000－0203/0204）、《建设工程设计合同（示范文本）》（GF－2000－0209/0210）、《建设监理合同（示范文本）》（GF－2012－0202）、《建设工程施工专业分包合同（示范文本）》（GF－2003－0213）以及《建设工程施工劳务分包合同（示范文本）》（GF－2003－0214）。

《建设工程施工合同（示范文本）》在1991年3月颁行。1999年12月，建设部和国家工商行政管理总局，依据《中华人民共和国建筑法》、《中华人民共和国合同法》等有关法律和应用实践，对《建设工程施工合同（示范文本）》（GF－1991－0201）又作了重大修订，并发布了《建设工程施工合同（示范文本）》（GF－1999－0201）。1999版《建设工程施工合同（示范文本）》颁布实施以来，对于规范建筑市场主体的交易行为、维护参建各方的合法权益起到了重要的作用。但是，随着我国建设工程法律体系的日臻完善、项目管理模式的日益丰富、造价体制改革的日趋深入，1999版施工合同越发不能适应工程市场环境的变化，具体表现为该版合同条件不能够满足工程量清单计价的需要、合同内容与新近法律规范存在冲突、当事人双方权利义务不尽公平以及合同风险分配不尽公平等几个方面的问题。《建设工程施工合同（示范文本）》修订工作显得尤为迫切和必要。因此，2013年4月，住房和城乡建设部和国家工商行政管理总局联合发布了《建设工程施工合同（示范文本）》（GF－2013－0201）。2013版《示范文本》为非强制性使用文本，合同当事人可结合建设工程具体情况，根据《示范文本》订立合同，并按照法律法规规定和合同约定承担相应的法律责任及合同权利义务。

1. 工程项目招标投标和合同管理的相关法规主要有哪些？
2. 你是如何认识鲁布革引水工程招标投标活动的？
3. 简述合同示范文本系列的制定和推行过程。

单元3

建设工程招标与投标

【知识点】 建设工程招投标的目的和原则；建设工程招投标的范围、类型与方式；建设工程招投标的主要参与者。

【教学目标】 了解建设工程招投标的概念、目的和原则。熟悉建设工程招投标的类型。掌握建设工程招投标的范围与方式；掌握建设工程招投标的主要参与者的含义及需具备的条件。

项目1 建设工程招投标的目的和原则

招标投标是市场经济的一种竞争方式，实质上它是订立合同的一个特殊程序，主要适用于大宗商品购销、承揽加工、财产租赁、技术攻关等，工程建设采购则已普遍地采用这种形式。严格地讲，“招标”与“投标”是买方与卖方两个方面的工作。从买方角度看，招标是一项有组织的采购活动，作为购买方的业主，应着重分析招标的程序与组织方法，以及法律、国际惯例与规则；从卖方的角度看，投标是利用商业机会进行竞卖的活动，卖方应侧重于投标的竞争手段和策略的研究。

3.1.1 建设工程招标投标的概念

所谓建设工程招标，是指招标人（业主）为购买物资、发包工程或进行其他活动，根据公布的标准和条件，公开或书面邀请投标人前来投标，以便从中择优选定中标人的单方行为。

实行建设工程招标，业主要根据它的建设目标，对特定工程项目的建设地点、投资目的、人物数量、质量标准及工程进度等予以明确，通过发布公告或发出邀请函的形式，使自愿参加投标的承包人按业主的要求投标，业主根据其投标报价的高低、技术水平、人员素质、施工能力、工程经验、财务状况及企业信誉等方面进行综合评价和全面分析，择优选择中标者并与之签订合同。工程项目招标是工程项目招标投标的一个方面，它是从工程项目投资者及业主的角度所揭示的招标投标过程，也可理解为业主采取竞争手段从自愿参加的投标者中选择承包人的市场交易行为。

所谓建设工程投标，是指符合招标文件规定资格的投标人按照招标文件的要求，提出自己的报价及相应条件的书面问答行为。

建设工程招标投标作为建筑市场最为普遍的交易方式，招标投标活动是始终联系在一起的，因而招标投标应作为一个整体概念来理解，即建设工程招标投标是在市场经济条件下进行的工程项目、货物买卖的发包与承包，以及服务项目的采购与提供时，愿意成为买方者提出自己的条件，采购方选择条件最优者成为卖方的一种交易方式。招标与投标是相对应的一对概念，是一个问题的两个方面。具体地说，招标是指招标人对工程、货物和服务事先公布采购的条件和要求，以一定的方式邀请不特定或者一定数量的自然人、法人或者其他组织投标，并按照公开的程序和条件确定中标人的行为；而投标则是投标人响应招标人的要求参加投标竞争的行为。

招标投标是一种法律行为。招标投标的过程是要约和承诺的实现过程，是当事人双方合同法律关系产生的过程。

从法律上讲，由于招标缺少合同成立的重要条件——价格，所以，它不构成合同签订程序中的要约，而只是一种要约邀请。但这并不意味着招标人可以不受其招标行为的约束，根据《合同法》的规定，招标人一旦进入招标程序，就应承担缔约责任，同时，他还要受建筑市场管理的相关法规的约束。

在招标投标过程中，招标是一种要约邀请，投标是一种要约行为，签发中标通知书是一种承诺行为。

3.1.2　建设工程招标投标的目的

进行建设项目招标投标是将建筑市场引入竞争机制，用以体现价值规律的一种方式，是实现科学化、现代化项目管理，推进管理创新的重要环节。建设工程招标投标的目的，是以《中华人民共和国招标投标法》及其配套的各项法律、法规为依据，在工程建设中引进竞争机制，择优选定勘察、设计、工程施工、设备安装、装饰装修、材料设备供应、工程监理和工程总承包等单位，以确保工程质量、缩短建设工期、节约建设资金、提高投资效益。

3.1.3　建设工程招标投标的基本原则

1. 公开原则

招标投标法的公开原则主要是要求招标活动的信息要公开。采用公开招标方式，应当发布招标公告，依法必须进行招标的项目的招标公告，必须通过国家指定的报刊、信息网络或者其他公共媒体发布。无论是资格预审公告、招标公告，还是招标邀请书，都应当载明能大体满足潜在投标人决定是否参加投标竞争所需要的信息。另外开标的程序、评标的标准和程序、中标的结果等应当公开。

2. 公平原则

招标投标法的公平原则主要是要求招标人严格按照规定的条件和程序办事，同等地对待每一个投标竞争者，不得对不同的投标竞争者采取不同的标准，招标人不得以任何方式限制或者排斥本地区、本系统以外的法人或者其他组织参加投标。

3. 公正原则

在招标投标过程中，招标人应对所有的投标竞争者平等对待，不能有特殊。特别是在评标时，评标标准应当明确、程序应当严格，对所有在投标截止日期以后送达的投标书都应拒收，与投标人有利害关系的人员都不得作为评标委员会的成员，招标投标双方在招标投标过程中的地位平等，任何一方不得向另一方提出不合理的要求，不得将自己的意志强加给对方。

4. 诚实信用原则

诚实信用原则是市场经济的前提，也是订立合同的基本原则之一，并有“帝王条款”之称，违反诚实信用原则的行为是无效的，且应对由此造成的损失和损害承担责任。招标投标是以订立合同为最终目的，诚实信用是订立合同的前提和保证。

项目2　建设工程招标投标的范围、类型及方式

3.2.1　建设工程招标的范围

1. 强制招标的范围

我国《招标投标法》规定，凡在中华人民共和国境内进行下列工程建设项目，包括项目的勘察、设计、施工、监理以及与工程建设有关的重要设备、材料等的采购，必须进行招标：

(1) 大型基础设施、公用事业等关系社会公共利益、公共安全的项目；

(2) 全部或者部分使用国有资金投资或国家融资的项目；

(3) 使用国际组织或者外国政府贷款、援助资金的项目。

国家发展计划委员会于2000年5月1日3号令发布并实施的《工程建设项目招标范围和规模标准规定》(以下简称《规定》)，明确指出了关系社会公共利益、公众安全的基础设施项目的范围；关系社会公共利益、公众安全的公用事业项目的范围；使用国有资金投资项目的范围；国家融资项目的范围；使用国际组织或者外国政府资金的项目的范围。具体范围见表3-1。

表3-1　工程建设招标范围

序号	范　　围	具 体 内 容
1	关系社会公共利益、公众安全的基础设施项目的范围	①煤炭、石油、天然气、电力、新能源项目； ②铁路、公路、管道，水运、航空以及其他交通运输业等交通运输项目； ③邮政、电信枢纽、通信、信息网络等邮电通信项目； ④防洪、灌溉、排涝、引(供)水、滩涂治理、水土保持、水利枢纽等水利项目； ⑤道路、桥梁、地铁和轻轨交通、污水排放及处理、垃圾处理、地下管道、公共停车场等城市设施项目； ⑥生态环境保护项目； ⑦其他基础设施项目
2	关系社会公共利益、公众安全的公用事业项目的范围	①供水、供电、供气、供热等市政工程项目； ②科技、教育、文化等项目； ③体育、旅游等项目； ④卫生、社会福利等项目； ⑤商品住宅，包括经济适用住房； ⑥其他公用事业项目
3	使用国有资金投资项目的范围	①使用各级财政预算资金的项目； ②使用纳入财政管理的各种政府性专项建设基金的项目； ③使用国有企业事业单位自有资金，并且国有资产投资者实际拥有控制权的项目
4	国家融资项目的范围	①使用国家发行债券所筹资金的项目； ②使用国家对外借款或者担保所筹资金的项目； ③使用国家政策性贷款的项目； ④国家授权投资主体融资的项目； ⑤国家特许的融资项目
5	使用国际组织或者外国政府资金的项目	①使用世界银行、亚洲开发银行等国际组织贷款资金的项目； ②使用外国政府及其机构贷款资金的项目； ③使用国际组织或者外国政府援助资金的项目

对以上 1～5 项规定范围内的各类工程建设项目，包括项目的勘察、设计、施工、监理以及与工程建设有关的重要设备、材料等的采购，达到下列标准之一的，必须进行招标：

1）施工单项合同估算价在 200 万元人民币以上的；

2）重要设备、材料等货物的采购，单项合同估算价在 100 万元人民币以上的；

3）勘察、设计、监理等服务的采购，单项合同估算价在 50 万元人民币以上的；

4）单项合同估算价低于第 1）、2）、3）项规定的标准，但项目总投资额在 3000 万元人民币以上的。

2. 应当采用公开招标的工程范围

国务院发展计划部门确定的国家重点建设项目和各省、自治区、直辖市人民政府确定的地方重点建设项目，以及全部使用国有资金投资或者国有资金投资占控股或者主导地位的工程建设项目，应当公开招标。

3. 可以采用邀请招标的工程范围

(1) 项目技术复杂或有特殊要求，只有少量几家潜在投标人可供选择的；

(2) 受自然地域环境限制的；

(3) 涉及国家安全、国家秘密或者抢险救灾，适宜招标但不宜公开招标的；

(4) 拟公开招标的费用与项目的价值相比，不值得的；

(5) 法律、法规规定不宜公开招标的。

国家重点建设项目的邀请招标，应当经国务院发展计划部门批准；地方重点建设项目的邀请招标，应当经各省、自治区、直辖市人民政府批准。

4. 可以不进行招标的工程范围

(1) 涉及国家安全、国家秘密或者抢险救灾而不适宜招标的；

(2) 属于利用扶贫资金实行以工代赈需要使用农民工的；

(3) 施工主要技术采用特定的专利或者专有技术的；

(4) 施工企业自建自用的工程，且该施工企业资质等级符合工程要求的；

(5) 在建工程追加的附属小型工程或者主体加层工程，原中标人仍具备承包能力的；

(6) 法律、行政法规规定的其他情形。

3.2.2　建设工程招标的类型

1. 建设工程项目总承包招标

建设工程项目总承包招标又叫建设项目全过程招标，在国外称之为“交钥匙”承包方式。它是指从项目建议书开始，包括可行性研究报告、勘察设计、设备材料询价与采购、工程施工、生产准备、投料试车，直到竣工投产、交付使用全面实行招标；工程总承包企业根据建设单位提出的工程使用要求，对项目建设书、可行性研究、勘察设计、设备询价与选购、材料订货、工程施工、职工培训、试生产、竣工投产等实行全面报价投标。

2. 建设工程勘察招标

建设工程勘察招标是指招标人就拟建工程的勘察任务发布公告，以法定方式吸引勘察单位参加竞争，经招标人审查获得投标资格的勘察单位按照招标文件的要求，在规定的时间内向招标人填报标书，招标人从中选择条件优越者完成勘察任务。

3. 建设工程设计招标

建设工程设计招标是指招标人就拟建工程的设计任务发布公告，以吸引设计单位参加竞争，经招标人审查获得投标资格的设计单位按照招标文件的要求，在规定的时间内向招标人填报投标书，招标人从中择优确定中标单位来完成工程设计任务。

4. 建设工程施工招标

建设工程施工招标，是指招标人就拟建的工程发布公告或者邀请，以法定方式吸引建筑业企业参加竞争，招标人从中选择条件优越者完成工程建设任务的行为。

5. 建设工程监理招标

建设工程监理招标，是指招标人为了委托监理任务的完成，以法定方式吸引监理单位参加竞争，招标人从中选择条件优越者的行为。

6. 建设工程材料设备招标

建设工程材料设备招标，是指招标人就拟购买的材料设备发布公告或者邀请，以法定方式吸引建设工程材料设备供应商参加竞争，招标人从中选择条件优越者购买其材料设备的行为。

3.2.3 建设工程招标方式

我国《招标投标法》规定，招标分为公开招标与邀请招标两种方式。

1. 公开招标

(1) 公开招标的含义。公开招标，是指招标人以资格预审公告（代招标公告）的方式邀请不特定的法人或者其他组织投标。它是一种由招标人按照法定程序，在公开出版物上发布或者以其他公开方式发布资格预审公告（代招标公告），所有符合条件的承包人都可以平等参加投标竞争，从中择优选择中标者的招标方式。由于这种招标方式对竞争没有限制，因此，又被称为无限竞争性招标。公开招标最基本的含义是：

1) 招标人以资格预审公告（代招标公告）的方式邀请投标。

2) 可以参加投标的法人或者其他组织是不特定的。从招标的本质来讲，这种招标方式是最符合招标宗旨的，因此，应当尽量采用公开招标方式进行招标。

(2) 公开招标的优点。

1) 有效地防止腐败。我国的招标投标市场存在着严重的腐败问题，其根源在于招标过程的暗箱操作。而公开招标要求招标的过程应当公开、公正、公平，并且在“三公”的程度上要求很高，因此，与邀请招标相比，能更有效地防止腐败。当然，为了达到这一目的，需要有其他制度的配合，也需要完善公开招标的一些具体程序。

2) 能够达到最好的经济性的目的。达到经济性的目的是招标制度最原始的目的。因为公开招标允许所有合格的投标人参加投标，它能够让最有竞争力、条件最优厚的潜在投标人参加投标，因此，公开招标能够达到最好的经济性的目的。

3) 能够为潜在的投标人提供均等的机会。邀请招标只有接到投标邀请书的潜在投标人才有资格参加投标，这对于招标人不了解的潜在投标人或者新产生、新发展起来的潜在投标人是不公平的，特别是对于政府投资的项目，这种公平性是十分重要的。

(3) 公开招标的缺点。

1) 完全以书面材料决定中标人本身的缺陷。公开招标只能以书面材料决定中标人，这本身就有一定缺陷。撇开有些投标人有弄虚作假的特殊情况，有时书面材料并不能反映投标人真实的水平和情况。

2) 招标成本较高。公开招标对招标文件的发布有一定要求，一般也会导致投标人较多。

这样，从招标的总成本（包括招标人的成本和投标人的成本）看，必然是比较高的，招标人的评标成本也较高。

3）招标周期较长。从理论上说，公开招标应当要求招标信息能够流到所有的潜在投标人处，这就导致其时间必然长于由招标人直接向潜在投标人发出投标邀请书的邀请招标，所以相对于邀请招标，公开招标的周期较长。

2. 邀请招标

（1）邀请招标的含义。邀请招标，是指招标人以投标邀请书的方式邀请特定的法人或者其他组织投标。邀请招标是由接到投标邀请书的法人或者其他组织才能参加投标的一种招标方式，其他潜在的投标人则被排除在投标竞争之外，因此，也被称为有限竞争性招标。邀请招标必须向三个以上的潜在投标人发出邀请，并且被邀请的法人或者其他组织必须具备以下条件：①具备承担招标项目的能力，如施工招标，被邀请的施工企业必须具备与招标项目相应的施工资质等级；②资信良好。

（2）邀请招标的范围。以下项目可以考虑采用邀请招标：

1）技术要求较高、专业性较强的招标项目。对于这类项目而言，由于能够承担招标任务的单位较少，且由于专业性较强，招标人对潜在的投标人都较为了解，新进入本领域的单位也很难较快具有较高的技术水平，因此，这类项目可以考虑采用邀请招标。

2）合同金额较小的招标项目。由于公开招标的成本较高，如果招标项目的合同金额较小，则不宜采用。

3）工期要求较为紧迫的招标项目。公开招标周期较长，这也决定了工期要求较为紧迫的招标项目不宜采用。

由于邀请招标是特殊情况下才能采用的招标方式，因此，《招标投标法》规定，国务院发展计划部门确定的国家重点项目和省、自治区、直辖市人民政府确定的地方重点项目不适宜公开招标的，经国务院或者省、自治区、直辖市人民政府批准，才可以进行邀请招标。

3. 公开招标与邀请招标的主要区别

公开招标与邀请招标是最常用的招标方式，它们的区别主要在于：

（1）发布信息的方式不同。公开招标采用公告的形式发布，邀请招标采用投标邀请书的形式发布。

（2）选择的范围不同。公开招标因使用资格预审公告（代招标公告）的形式，针对的是一切潜在的对招标项目感兴趣的法人或其他组织，招标人事先不知道投标人的数量；邀请招标则针对的是已经了解的法人或其他组织，而且事先已经知道投标人的数量。

（3）竞争的范围不同。公开招标针对所有符合条件的法人或其他组织都有机会参加投标，竞争的范围较广，竞争性体现得也比较充分，招标人拥有绝对的选择余地，容易获得最佳招标效果；邀请招标中投标人的数目有限，竞争的范围有限，招标人拥有的选择余地相对较小，有可能提高中标的合同价，也有可能将某些在技术上或报价上更有竞争力的承包人遗漏。

（4）公开的程度不同。公开招标中，所有的活动都必须严格按照预先确定并为大家所知的程序标准公开进行，大大减少了作弊的可能；相对而言，邀请招标的公开程度逊色一些，产生不法行为的机会也就多一些。

（5）时间和费用不同。公开招标的程序比较复杂，因而耗时较长，费用也较高；邀请招标不发公告，招标文件只送几家，使整个招标投标的时间大大缩短，招标费用也相应减少。

由此可见，两种招标方式各有千秋，从不同的角度比较，会得出不同的结论。在实践中，各国或国际组织的做法也不尽一致。有的未给出倾向性的意见，而是把自由裁量权交给了招标人，由招标人根据项目的特点自主采用公开或邀请方式，只要不违反法律规定，最大限度地实现了“公开、公平、公正”。例如，《欧盟采购指令》规定，如果采购金额达到法定招标限额，采购单位有权在公开和邀请招标中自由选择。实际上，邀请招标在欧盟各国运用得非常广。世界贸易组织《政府采购协议》也对这两种方式孰优孰劣采取了未置可否的态度。但是，《世行采购指南》却把国际竞争性招标（公开招标）作为最能充分实现资金的经济和效率要求的方式，要求借款国以此作为最基本的采购方式。只有在国际竞争性招标不是最经济和有效的情况下，才可采用其他方式。

项目3　建设工程招标投标的主要参与者

3.3.1　建设工程招标投标活动中的主要参与者

工程建设招标投标活动中的主要参与者包括招标人、投标人、招标代理机构和政府监督部门。招标投标活动的每一个阶段，一般既要涉及招标人和投标人，也需要监督管理部门的参与。

1. 招标人

招标人是指依照法律规定提出招标项目进行工程建设的勘察、设计、施工、监理以及与工程建设有关的重要设备、材料等招标的法人或者其他组织。

正确理解招标人定义，应当把握以下两点：

第一，招标人应当是法人或者其他组织，而自然人则不能成为招标人。根据我国《民法通则》规定，法人是指具有民事权利能力和民事行为能力，并依法享有民事权利和承担民事义务的组织，包括企业法人、机关法人、事业单位法人和社会团体法人。法人必须具备以下条件：必须依法成立；必须有必要的财产或经费；有自己的名称、组织机构和场所；能够独立承担民事责任。其他组织是指除法人以外的不具备法人条件的其他实体，如法人的分支机构、合伙组织等。

第二，法人或者其他组织必须依照法律规定提出招标项目、进行招标。所谓“提出招标项目”，是指根据实际情况和《招标投标法》的有关规定，提出和确定拟招标的项目、办理有关审批手续、落实项目的资金来源等。“进行招标”，是指根据《招标投标法》的规定提出招标方案，拟定或决定招标方式，编制招标文件，发布资格预审公告或招标公告，审查潜在投标人资格，主持开标、评标，确定中标人，签订书面合同等。

招标人具有编制招标文件和组织评标能力的，可以自行办理招标事宜。也就是说，招标人自行办理招标必须具备两个条件，一是有编制招标文件的能力，二是有组织评标的能力。具体包括：

(1) 具有项目法人资格（或者法人资格）；

(2) 具有与招标项目规模和复杂程度相适应的工程技术、概预算、财务和工程管理等方面的专业技术力量；

(3) 有从事同类工程建设项目招标的经验；

(4) 设有专门的招标机构或者拥有3名以上专职招标业务人员；

(5) 熟悉和掌握招标投标法及有关法规、规章。

对于工程项目招标，建设部第29号令《房屋建筑和市政基础设施工程施工招标投标管理办法》中，对招标人自行办理施工招标事宜的，需具备如下条件：

1) 有专门的施工组织机构；

2) 有与工程规模、复杂程度相适应并具有同类工程施工招标经验、熟悉有关工程施工招标法律法规的工程技术、概预算及工程管理的专业人员。

不具备上述条件的，须委托具有相应资格的工程招标代理机构代理施工招标。

2. 招标代理机构

招标代理机构是依法设立、从事招标代理业务并提供相关服务的社会中介组织。招标代理机构受招标人委托，代为办理有关招标事宜，如编制招标方案、招标文件及工程标底，组织评标，协调合同的签订等。招标代理机构在招标人委托的范围内办理招标事宜，并遵守法律关于招标人的规定。

(1) 招标代理机构应具备的条件。根据《招标投标法》的规定，招标代理机构应当具备下列条件：

1) 有从事招标代理业务的营业场所和相应资金；

2) 有能够编制招标文件和组织评标的相应专业力量；

3) 有符合规定条件、可以作为评标委员会成员人选的技术、经济等方面的专家库。

招标代理机构在招标人委托的权限范围内，以招标人名义办理招标事宜，为招标人取得权利、设定义务。因此，在招标投标活动中，尽管招标人与招标代理机构有联系，但其代表的是招标人的利益，行为后果也由招标人承担。

(2) 工程建设项目招标代理机构。

1) 工程建设项目与工程招标代理。根据工程建设项目招标代理机构资格认定办法规定，工程建设项目（以下简称工程）是指土木工程、建筑工程、线路管道和设备安装工程及装修工程项目。

工程招标代理，是指对工程的勘察、设计、施工、监理以及与工程建设有关的重要设备(进口机电设备除外)、材料采购招标的代理。

2) 申请工程招标代理机构应具备的条件：①是依法设立的中介组织；②与行政机关和其他国家机关没有行政隶属关系或者其他利益关系；③有固定的营业场所和开展工程招标代理业务所需设施及办公条件；④有健全的组织机构和内部管理的规章制度；⑤具备编制招标文件和组织评标的相应专业力量；⑥具有可以作为评标委员会成员人选的技术、经济等方面的专家库。

从事工程建设项目招标代理业务的招标代理机构，其资格由国务院或者省、自治区、直辖市人民政府的建设行政主管部门认定。招标代理机构与国家行政机关和其他国家机关不得存在隶属关系或者其他利益关系。工程招标代理机构资格分为甲、乙两级。甲级工程招标代理机构资格按行政区划，由省、自治区、直辖市人民政府建设行政主管部门初审，报国务院建设行政主管部门认定；乙级工程招标代理机构资格由省、自治区、直辖市人民政府建设行政主管部门认定，报国务院建设行政主管部门备案。

3. 投标人

投标人是响应招标、参加投标竞争的法人或者其他组织。

资格预审公告或招标公告发出后，所有对资格预审公告或招标公告感兴趣的并有可能参加投标的人，称为潜在投标人。那些响应招标并购买招标文件，参加投标的潜在投标人称为投标人。

所谓响应招标，是指潜在投标人获得了招标信息之后，接受并通过资格审查，购买招标文件并编制投标文件，按照招标人的要求参加投标的活动。参加投标竞争是指按照招标文件的要求并在规定的时间内提交投标文件的活动。

投标人应当具备承担招标项目的能力，并且符合招标文件规定的资格条件。也就是说，参加投标活动必须具备一定的条件，不是所有感兴趣的法人或经济组织都可以参加投标。投标人通常应当具备下列条件：

(1) 与招标文件要求相适应的人力、物力和财力；

(2) 招标文件要求的资质证书和相应的工作经验与业绩证明；

(3) 法律、法规规定的其他条件。

两个以上的法人或者其他组织可以组成一个联合体，以一个投标人的身份共同投标。联合体各方均应当具备承担招标项目的相应能力及规定的资格条件。由同一专业的单位组成的联合体，按照资质等级较低的单位确定资质等级。联合体各方必须按资格预审文件（招标文件）提供的格式签订联合体协议书，明确联合体牵头人和各方的权利义务；联合体中标的，联合体各方应当共同与招标人签订合同，就中标项目向招标人承担连带责任。

4. 政府监督部门

在我国，由于实行招标投标的领域较广，有的专业性较强、涉及部门较多，目前还不可能由一个部门统一进行监督，只能根据不同项目的特点，由有关部门在各自的职权范围内分别负责监督。国务院办公厅印发的《国务院有关部门实施招标投标活动行政监督的职责分工意见》(国办发 [2000] 34 号) 中规定：

(1) 国家发展计划委员会指导和协调全国招标投标工作，并组织国家重大建设项目稽查特派员，对国家重大建设项目建设过程中的工程招标投标进行监督检查。

(2) 工业（含内贸)、水利、交通、铁道、民航、信息产业等行业和产业项目的招标投标活动的监督执法，分别由经贸、水利、交通、铁道、民航、信息产业等行政主管部门负责；各类房屋建筑及其附属设施的建造和与其配套的线路、管道、设备的安装项目和市政工程项目的招标投标活动的监督执法，由建设行政主管部门负责；进口机电设备采购项目的招标投标活动的监督执法，由外经贸行政主管部门负责。

(3) 从事各类工程建设项目招标代理业务的招标代理机构的资格，由建设行政主管部门认定；从事与工程建设有关的进口机电设备采购招标代理业务的招标代理机构的资格，由外经贸行政主管部门认定；从事其他招标代理业务的招标代理机构的资格，按现行职责分工，分别由有关行政主管部门认定。

(4) 各省、自治区、直辖市人民政府可根据《招标投标法》的规定，从本地实际出发，制定招标投标管理办法。

3.3.2 违反招标投标法法律责任

在招标投标的全过程中应遵守招标投标法的规范，按照《招标投标法》的规定依法进行招标投标，如果违反《招标投标法》的规定要受到经济、行政处罚以至追究刑事责任。

1. 招标投标过程

在招标投标过程中招标方和投标方如有下列行为将承担法律责任。

（1）依法必须进行招标的项目而不招标的，将必须进行招标的项目化整为零或者以其他任何方式规避招标的，有关行政监督部门责令限期改正，可以处项目合同金额5‰以上10‰以下的罚款；对全部或者部分使用国有资金的项目，项目审批部门可以暂停项目执行或者暂停资金拨付；对单位直接负责的主管人员和其他直接负责人员依法给予处分。

（2）招标代理机构非法泄漏应当保密且与招标投标活动有关的情况资料的，或者与招标人、投标人串通损害国家利益、社会公共利益或者他人合法权益的，由有关行政监督部门处5万元以上25万元以下罚款，对单位直接负责的主管人员和其他直接负责人员处单位罚款数额5%以上10%以下的罚款；有违法所得的，并处没收违法所得；情节严重的，有关行政监督部门可停止其一定时期内参与相关领域的招标代理业务，资格认定部门可暂停直至取消招标代理资格；构成犯罪的，由司法部门依法追究刑事责任。给他人造成损失的，依法承担赔偿责任。

（3）招标人有依法应当公开招标的项目不按照规定在指定媒介发布资格预审公告或者招标公告；或者在不同媒介发布的同一招标项目的资格预审公告或者招标公告的内容不一致，影响潜在投标人申请资格预审或者投标的不合理的条件限制或者排斥潜在投标人的，对潜在投标人实行歧视待遇的，强制要求投标人组成联合体共同投标的，或者限制投标人之间竞争的，有关行政监督部门责令改正，可处1万元以上5万元以下的罚款。

（4）依法必须进行招标项目的招标人向他人透露以获取招标文件的潜在投标人的名称、数量或者可能影响公平竞争的有关招标投标的其他情况的，或者泄露标底的，有关行政监督部门给予警告，可以并处1万元以上10万元以下的罚款；对单位直接负责的主管人员和其他直接责任人员依法给予处分；构成犯罪的，依法追究刑事责任。影响中标结果的，中标无效。

（5）招标人在发布招标公告、发出投标邀请书或者售出招标文件或资格预审文件后终止招标的，除有正当理由外，有关行政监督部门给予警告，根据情节可处3万元以下的罚款；给潜在投标人或者投标人造成损失的，并应当赔偿损失。

（6）招标人或者招标代理机构有下列情形之一的，有关行政监督部门责令其限期改正，根据情节可处3万元以下的罚款；情节严重的，招标无效。

1）未在指定的媒介发布招标公告的；

2）邀请招标不依法发出投标邀请书的；

3）自招标文件或资格预审文件出售之日起至停止出售之日止，少于5个工作日的；

4）依法必须招标的项目，自招标文件开始发出之日起至提交投标文件截止之日止，少于20日的；

5）应当公开招标而不公开招标的；

6）不具备招标条件而进行招标的；

7）应当履行核准手续而未履行的；

8）不按项目审批部门核准内容进行招标的；

9）在提交投标文件截止时间后接受投标文件的；

10）投标人数量不符合法定要求不重新招标的。

被认定为招标无效的，应当重新招标。

(7) 投标人相互串通投标或者与招标人串通投标的，投标人以向招标人或者评标委员会成员行贿的手段谋取中标的，中标无效，由有关行政监督部门处中标项目金额5‰以上10‰以下的罚款，对单位直接负责的主管人员和其他直接责任人员处单位罚款数额5%以上10%以下的罚款；有违法所得的，并处没收违法所得；情节严重的，取消其1～2年内的投标资格，并予以公告，直至由工商行政管理机关吊销营业执照；构成犯罪的，依法追究刑事责任。给他人造成损失的，依法承担赔偿责任。

(8) 投标人以他人名义投标或者以其他方式弄虚作假，骗取中标的，中标无效；给招标人造成损失的，依法承担赔偿责任；构成犯罪的，依法追究刑事责任。

依法必须进行招标项目的投标人有前款所列行为尚未构成犯罪的，有关行政监督部门处中标项目金额5‰以上10‰以下的罚款，对单位直接负责的主管人员和其他直接责任人员处单位罚款数额5%以上10%以下的罚款；有违法所得的，并处没收违法所得；情节严重的，取消其1～3年内的投标资格，并予以公告，直至由工商行政管理机构吊销营业执照。

(9) 依法必须进行招标的项目，招标人违法与投标人就投标价格、投标方案等实质性内容进行谈判的，有关行政监督部门给予警告，对单位直接负责的主管人员和其他直接责任人员依法给予处分。

2. 评标过程

评标过程中，标书的评审对招标人和投标人都有着巨大的经济利益，对评标人员也提出了新的要求。客观、公正、具备良好的职业素质是必不可少的，招标投标法对评标过程中的法律责任也进行了明确的规定。

(1) 评标委员会成员收受投标人的财物或者其他好处的，评标委员会成员或者参加评标的有关工作人员向他人透露对投标文件的评审和比较、中标候选人的推荐以及与评标有关的其他情况的，有关行政监督部门给予警告，没收收受的财物，并处以3千元以上5万元以下的罚款，对有所列违法行为的评标委员会成员取消担任评标委员会成员的资格并予以公告，不得再参加任何招标项目的评标；构成犯罪的，依法追究刑事责任。

(2) 评标委员会成员在评标过程中擅离职守，影响评标程序正常进行，或者在评标过程中不能客观公正地履行职责的，有关行政监督部门给予警告；情节严重的，取消担任评标委员会成员的资格，不得再参加任何招标项目的评标，并处1万元以下的罚款。

(3) 评标过程有下列情况之一的，评标无效，应当依法重新进行评标或者重新进行招标，有关行政监督部门可处3万元以下的罚款：

1）使用招标文件没有确定的评标标准和方法的；

2）评标标准和方法含有倾向或者排斥投标人的内容，妨碍或者限制投标人之间竞争，且影响评标结果的；

3）应当回避担任评标委员会成员的人参与评标的；

4）评标委员会的组建及人员组成不符合法定要求的；

5）评标委员会及其成员在评标过程中有违法行为，且影响评标结果的。

(4) 招标人在评标委员会依法推荐的中标候选人以外确定中标人的，依法必须进行招标的项目在所有投标被评标委员会否决后自行确定中标人的，中标无效。有关行政监督部门责令改正，可以处中标项目金额5‰以上10‰以下的罚款；对单位直接责任的主管人员和其他直接责任人员依法给予处分。

3. 合同签订过程

招标投标活动的最终目的是招标人和投标人签订合同，在合同签订过程中要受到《合同法》和《招标投标法》的规范，如有下列行为承担一定的经济责任或行政处罚。

(1) 招标人不按规定期限确定中标人的，或者中标通知书发出后改变中标结果的，无正当理由不与中标人签订合同的，或者在签订合同时向中标人提出附加条件或者更改合同实质性内容的，有关行政监督部门给予警告，责令改正，根据情节可处3万元以下的罚款；造成中标人损失的，并应当赔偿损失。中标通知书发出后，中标人放弃中标项目的，无正当理由不与招标人签订合同的，在签订合同时向招标人提出附加条件或者更改合同实质性内容的，或者拒不提交所要求的履约保证金的，招标人可取消其中标资格，并没收其投标保证金；给招标人的损失超过投标保证金数额的，中标人应当对超过部分予以赔偿；没有提交投标保证金的，应当对招标人的损失承担赔偿责任。

(2) 中标人将中标项目转让给他人的，将中标项目肢解后分别转让给他人的，违法将中标项目的部分主体、关键性工作分包给他人的，或者分包人再次分包的，转让、分包无效，有关行政监督部门处转让、分包项目金额5‰以上10‰以下的罚款；有违法所得的，并处没收违法所得；可以责令停业整顿；情节严重的，由工商行政管理机关吊销营业执照。

(3) 招标人与中标人不按照招标文件和中标人的投标文件订立合同的，招标人、中标人订立背离合同实质性内容的协议的，或者招标人擅自提高履约保证金的，有关行政监督部门责令改正；可以处中标项目金额5‰以上10‰以下的罚款。

(4) 中标人不履行与招标人订立的合同的，履约保证金不予退还，给招标人造成的损失超过履约保证金数额的，还应当对超过部分予以赔偿；没有提交履约保证金的，应当对招标人的损失承担赔偿责任。中标人不按照与招标人订立的合同履行义务，情节严重的，有关行政监督部门取消其2～5年参加招标项目的投标资格并予以公告，直至由工商行政管理机关吊销营业执照。

(5) 招标人不履行与中标人订立的合同的，应当双倍返还中标人的履约保证金；给中标人造成的损失超过返还的履约保证金的，还应当对超过部分予以赔偿；没有提交履约保证金的，应当对中标人的损失承担赔偿责任。

4. 在招标投标过程中的其他法律责任

(1) 依法必须进行施工招标的项目违反法律规定，中标无效的，应当依照法律规定的中标条件从其余投标人中重新确定中标人或者依法重新进行招标。中标无效的，发出的中标通知书和签订的合同自始没有法律约束力，但不影响合同中独立存在的有关解决争议方法的条款的效力。

(2) 任何单位违法限制或者排斥本地区、本系统以外的法人或者其他组织参加投标的，为招标人指定招标代理机构的，强制招标人委托招标代理机构办理招标事宜的，或者以其他方式干涉招标投标活动的，有关行政监督部门责令改正；对单位直接责任的主管人员和其他直接责任人员依法给予警告、记过、记大过的处分，情节较重的，依法给予降级、撤职、开除的处分。

(3) 对招标投标活动依法负有行政监督职责的国家机关工作人员徇私舞弊、滥用职权或者玩忽职守，构成犯罪的，依法追究刑事责任；不构成犯罪的，依法给予行政处分。

(4) 任何单位和个人对工程建设项目施工招标投标过程中发生的违法行为，有权向项目审批部门或者有关行政监督部门投诉或举报。

习 题

1. 解释工程招标、工程投标、招标人、投标人、招标代理机构的概念。
2. 简述强制招标的范围。
3. 简述建设工程招标的类型及各自的特点。
4. 简述公开招标及公开招标的优缺点。
5. 简述邀请招标、邀请招标的范围及与公开招标的区别。
6. 简述招标代理机构应具备的条件。

实 训 题

某大学（以下称招标人）拟对其在建工程追加附属小型工程，决定公开招标。原中标人仍具备承包能力，参与投标，但被招标人无故拒绝。

2006 年 9 月 3 日，招标人在国家指定的报刊和信息网络上发布了招标公告。

2006 年 9 月 15 日，招标人开始出售资格预审文件。2006 年 9 月 18 日，外省市两家施工单位前来购买资格预审文件，被告知资格预审文件已经停止出售。

问 题

1. 我国《招标投标法》规定的招标方式有哪些？
2. 简述公开招标与邀请招标的适用条件。
3. 可以不进行施工招标的情形有哪些？
4. 本案有哪些不妥之处？

单元 4

工程项目施工招标

【知识点】 工程项目施工招标条件及工作程序；工程项目施工招标的主要工作；资格预审文件的编制；招标公告、投标邀请书的编制；工程施工招标文件的编制。

【教学目标】 熟悉工程项目施工公开招标程序；熟悉工程项目施工招标资格预审文件的编制；熟悉招标公告的内容。掌握工程项目施工招标需具备的条件；结合具体工程项目，掌握工程施工招标文件编制的格式及内容。

项目 1 工程项目施工招标及工作程序

4.1.1 工程项目施工招标条件

2003 年 5 月 1 日开始实施的《工程建设项目施工招标投标办法》对建设单位及工程项目施工招标条件作了明确规定，即依法必须招标的工程建设项目，应当具备下列条件才能进行施工招标：

（1）招标人已经依法成立；

（2）初步设计及概算应当履行审批手续的，已经批准；

（3）招标范围、招标方式和招标组织形式等应当履行核准手续的，已经核准；

（4）有相应的资金且资金来源已经落实；

（5）有招标所需的设计图纸及技术资料。

上述规定的主要目的在于促使建设单位严格按基本建设程序办事，防止"三边"工程的现象发生，并确保工程项目施工招标工作的顺利进行。

4.1.2 工程项目施工招标程序

招投标是一个整体活动，涉及业主和承包商两个方面，招标作为整体活动的一部分主要是从业主的角度揭示其工作内容，但同时又须注意到招标与投标活动的关联性，不能将两者割裂开来。所谓招标程序是指工程建设活动按照一定的时间、空间顺序运作的顺序、步骤和方式。按照招标过程中投标人参与程度，可以将招标过程粗略分为招标准备阶段、招标实施阶段和决标成交阶段。

1. 工程项目施工公开招标程序

工程项目公开招标的程序如图 4-1 所示。

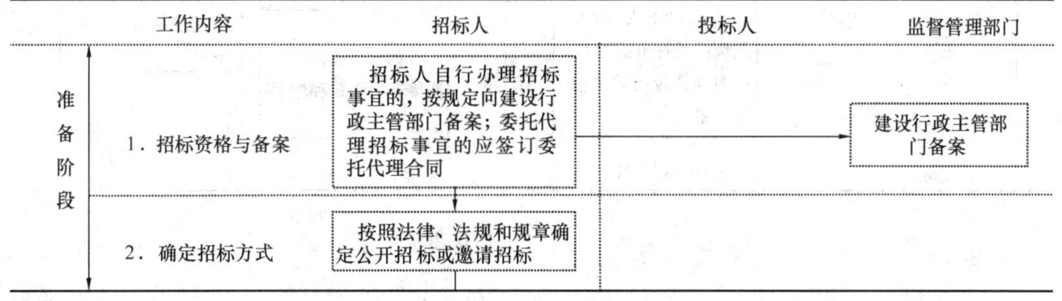

图 4-1 工程项目施工公开招标投标程序（一）

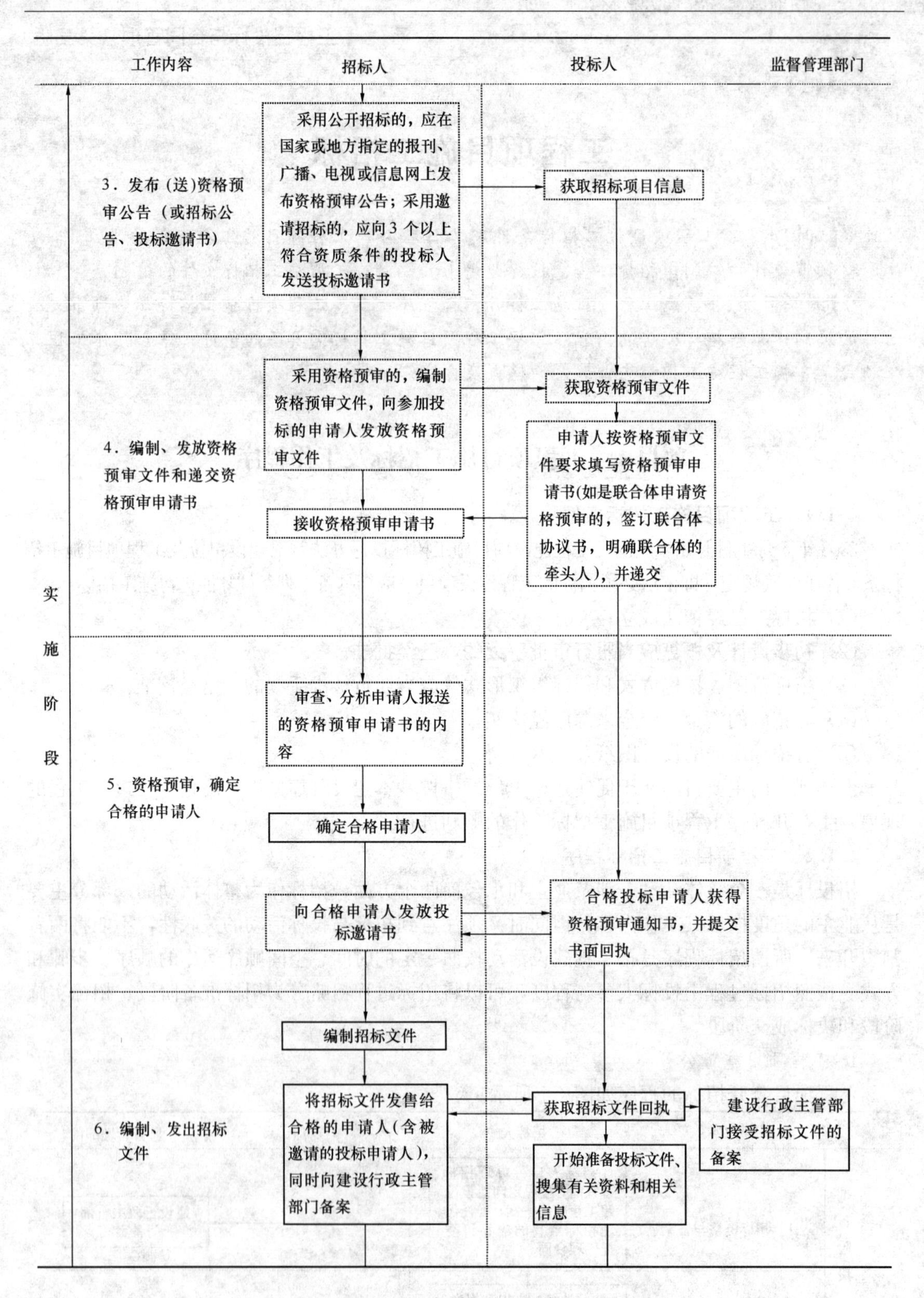

图 4-1　工程项目施工公开招标投标程序（二）

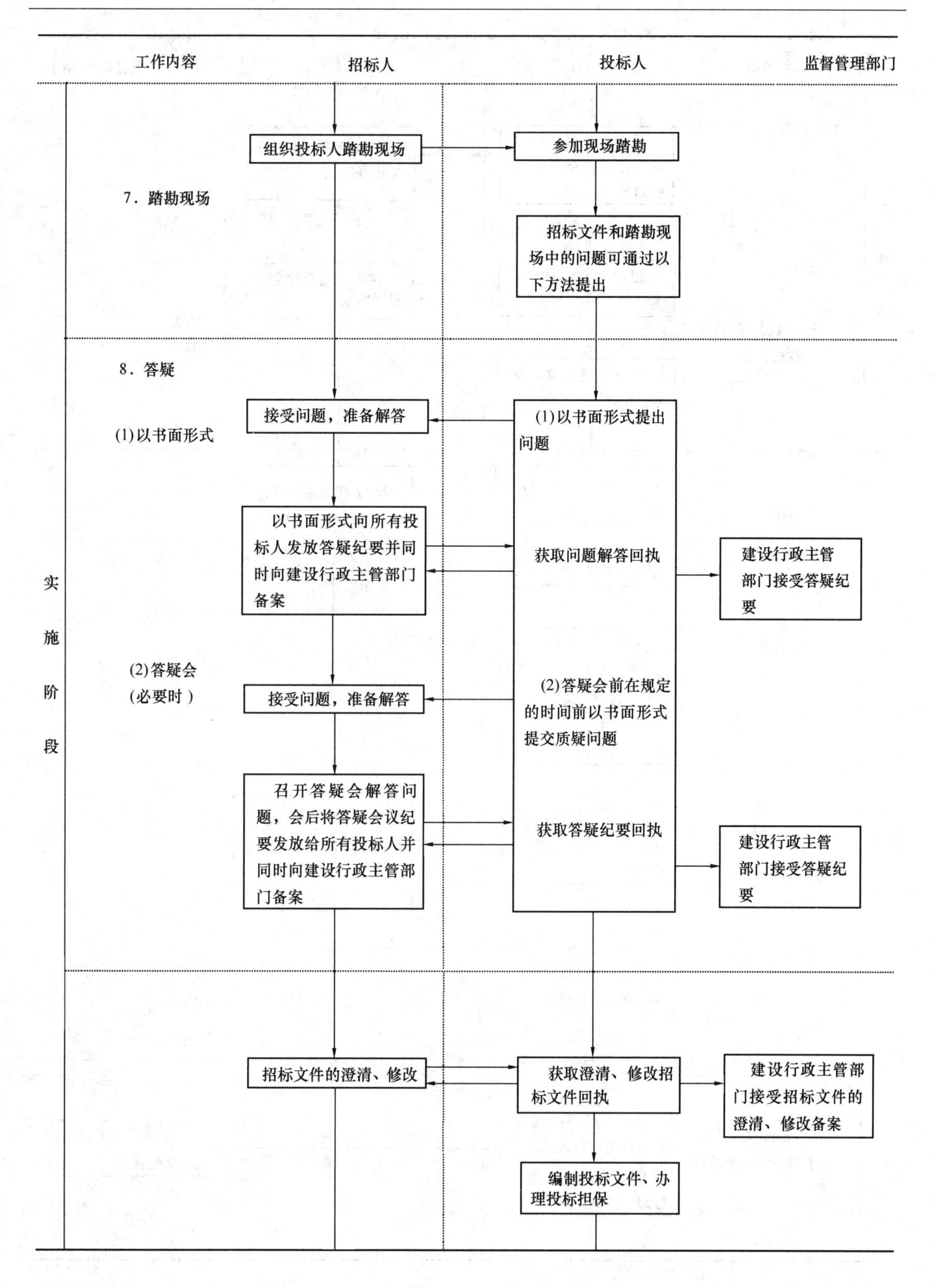

图 4-1　工程项目施工公开招标投标程序（三）

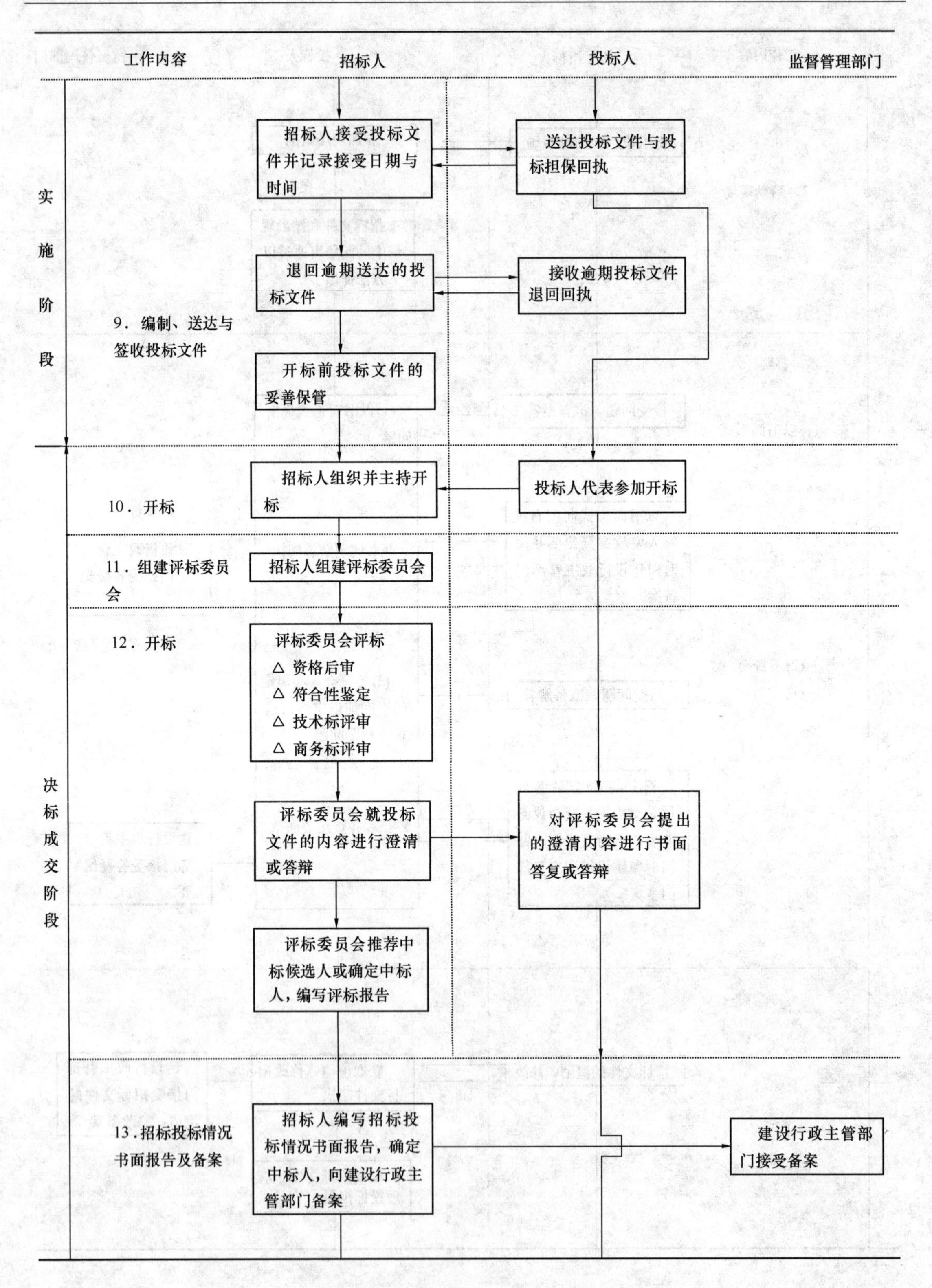

图 4-1 工程项目施工公开招标投标程序（四）

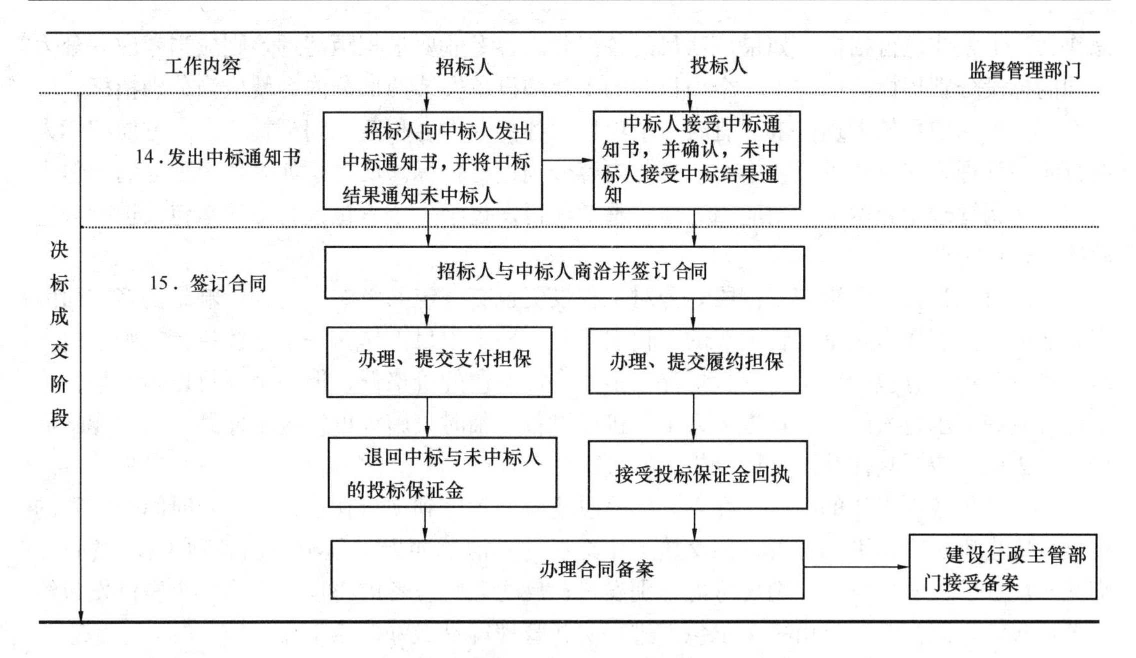

图 4-1　工程项目施工公开招标投标程序（五）

2. 工程项目施工邀请招标程序

邀请招标程序是直接向适于本工程施工的单位发出邀请，其程序与公开招标基本相同。二者在程序上的主要区别是前者设有资格预审的环节，后者没有资格预审的环节，但增加了发出投标邀请书的环节。

项目 2　工程项目施工招标的主要工作

4.2.1　工程项目施工招标准备阶段的主要工作

招标准备阶段的主要工作由招标人单独完成，投标人不参与，主要工作包括以下几个方面。

1. 确定招标方式

招标人应根据工程特点、工程建设总进度计划、招标前准备工作的完成情况、合同类型和招标人的管理能力等因素的影响程度，确定招标方式。

2. 标段的划分

招标项目需要划分标段的，招标人应当合理划分标段（也可称为合同数量的划分）。在一般情况下，一个项目应作为一个整体进行招标。但是，对于大型的项目，作为一个整体进行招标将大大降低招标的竞争性，因为符合招标条件的潜在投标人数量太少。这样就应当将招标项目划分成若干个标段分别进行招标。但也不能将标段划分得太小，太小的标段将失去对实力雄厚的潜在投标人的吸引力。如工程项目的施工招标，一般可以将一个项目分解为单位工程及特殊专业工程分别招标，但不允许将单位工程肢解为分部、分项工程进行招标。标段的划分是招标活动中较为复杂的一项工作，应当综合考虑各方面的因素。

在划分标段时主要应考虑以下因素：

（1）招标项目的专业要求。如果招标项目的各部分内容专业要求接近，则该项目可以考虑作为一个整体进行招标。如果该项目的各部分内容专业要求相距甚远，则应当考虑划分为不同的标段分别招标。如对于一个项目中的土建和设备安装两部分内容就应当分别招标。

(2) 招标项目的管理要求。有时一个项目的各部分内容相互之间干扰不大，方便招标人进行统一管理，这时就可以考虑对各部分内容分别进行招标。反之，如果各个独立的承包人之间的协调管理十分困难，则应当考虑将整个项目发包给一个承包人，由该承包人进行分包后统一进行协调管理。

(3) 对工程投资的影响。标段划分对工程投资也有一定的影响。这种影响是由多方面因素造成的，但直接影响是由管理费的变化引起的。一个项目不作为一个整体招标，则承包人需要进行分包，分包的价格在一般情况下不如直接发包的价格低；但一个项目作为一个整体招标，有利于承包人的统一管理，人工、机械设备、临时设施等可以统一使用，又可能降低费用。因此，应当具体情况具体分析。

(4) 工程各项工作的衔接。在划分标段时还应当考虑到项目在建设过程中时间和空间的衔接，应当避免产生平面或者立面交接工作责任的不清。如果工程项目的各项工作的衔接、交叉和配合少，责任清楚，则可考虑分别发包；反之，则应考虑将项目作为一个整体发包给一个承包人，因为，此时由一个承包人进行协调管理容易做好衔接工作。

3. 办理招标备案

招标人向建设行政主管部门办理申请招标手续。招标备案文件应说明：招标工作范围、招标方式、计划工期、对投标人的资质要求、招标项目前期准备工作的完成情况、自行招标还是委托代理招标等内容。经认可后才能开展招标工作。

4.2.2 工程项目施工招标实施阶段的主要工作

从发布资格预审公告、招标公告或发出投标邀请函开始，到投标截止日期为止的期间称为招标投标阶段。在此阶段，招标人应做好招标的组织工作，投标人则按招标文件的规定和要求进行投标报价竞争。

1. 发布资格预审公告（或招标公告、投标邀请书）

(1) 采用公开招标方式。资格预审公告（代招标公告）就是招标人在报刊，杂志、广播、电视等大众传媒或工程交易中心公告栏上发布的资格预审（招标）信息。

资格预审公告（代招标公告）的主要目的是发布资格预审（招标）信息，使那些感兴趣的申请人知悉，前来购买资格预审文件并参加资格预审，资格预审合格后，申请人编制投标文件并参加投标。因此，资格预审公告（代招标公告）应包括哪些内容，或者至少应包括哪些内容，对潜在的申请人来说是至关重要的。一般而言，在资格预审公告（代招标公告）中，主要内容应为对招标人和招标项目的描述，一般包括：招标条件、项目概况与招标范围、申请人的资格要求、资格预审方法、资格预审文件的获取、资格预审申请文件的递交、发布公告的媒介和联系方式等有关事项。使潜在的申请人在掌握这些信息的基础上，根据自身情况，作出是否投标或购买招标文件并投标的决定。

资格预审的时限要求：①资格预审文件或者招标文件的发售期不得少于5日；②依法必须进行招标的项目提交资格预审申请文件的时间，自资格预审文件停止发售之日起不得少于5日。上述时限要求可理解为依法必须进行招标的项目提交资格预审申请文件的时间相当于自发售资格预审文件之日起至少10个日历天。

在国际上，对公开招标发布招标公告有两种做法：

一是实行资格预审（即在投标前进行资格审查）的，用资格预审公告代替招标公告，即只发布资格预审公告即可。通过发布资格预审公告，招请一切愿意参加工程投标的潜在投标人申请投标资格审查。

二是实行资格后审（即在开标后进行资格审查）的，不发资格审查公告，而只发布招标公告。通过发布招标公告，招请一切愿意参加工程投标的承包商申请投标。

根据2007年11月1日国家发展和改革委员会、财政部、建设部、铁道部、交通部、信息产业部、水利部、民用航空总局、广播电影电视总局联合颁布的56号令的规定（简称“国家九部委56号令”），目前通常采用投标前对投标人进行资格审查的做法。其资格预审公告（代招标公告）格式见本单元项目4的相关内容。

（2）采用邀请招标方式。招标人需向3个以上具备承担招标项目的能力、资信良好的潜在投标人发出邀请，邀请他们接受投标资格审查，参加投标。

需要指出的是：邀请招标的投标邀请书和公开招标的资格预审公告（代招标公告），在形式上不尽相同，但内容基本相同。

2. 投标人资格预审

（1）资格预审的目的。对潜在投标人进行资格审查，主要考察该企业总体能力是否具备完成招标工作所要求的条件。公开招标时设置资格预审程序，一是保证参与投标的法人或其他组织在资质和能力等方面能够满足完成招标工作的要求；二是通过评审优选出综合实力较强的一批申请投标人，再请他们参加投标竞争，以减小评标的工作量。

（2）资格预审方法。一般先检查申请书的内容是否完整、是否具备必要的合格条件（营业执照、资质等级、财务状况、流动资金、分包计划、履约情况等）和附加合格条件（针对大型复杂工程或有特殊专业技术要求的工程设置的特别条件）。在此基础上，采用加权打分法进行量化评定和比较。权重的分配依据招标工程特点和对投标人的要求配设。打分过程中应注意对投标人报送资料的分析。

资格审查办法分为合格制和有限数量制两种。招标人可以结合项目特点和市场情况选择其中一种方法进行。如无特殊情况，鼓励招标人采用合格制。

（3）资格预审的主要内容。对投标人进行资格预审，主要按《行业标准资格预审文件》中规定的有关内容，审查投标申请人是否符合投标条件。具体内容详见本单元项目3。

经资格审查合格后，由招标人或招标代理人通知合格者，购买招标文件，参加投标。通过资格预审的申请人少于3个的，应当重新招标。

3. 编制、发售招标文件

（1）招标文件的编制。招标文件是招标人根据招标项目特点和需要表明招标项目情况、技术要求、招标程序和规则、投标要求、评标办法以及拟签订合同的书面文书。根据国家九部委56号令的规定，招标文件通常包括：招标公告（或投标邀请书）、投标人须知、评标办法、合同条款及格式、工程量清单、图纸、技术标准和要求、投标文件格式、投标人须知前附表规定的其他材料。具体内容详见本单元项目3。

（2）招标文件的发售与确认。招标人将向通过资格预审后合格的投标人发售招标文件。投标人在收到招标文件后应认真核对，核对无误后应以书面形式予以确认。招标文件一般按照套数发售。向投标人供应招标文件套数的多少可以根据招标项目的复杂程度等来确定，一般都是一个投标人一套。对于大型或者结构复杂的建设工程，招标文件篇幅较大，招标人根据文件的不同性质，可分为若干卷次。招标文件的价格一般等于编制、印刷这些招标文件的成本，招标活动中的其他费用（如发布招标公告）不能打入该成本。招标文件的定价应当合理，目的是为了避免阻碍有资格的供应商或者承包商参与投标。当然，投标人应当负担自己投标的所有费用，购买招标文件及其他有关文件的费用不论中标与否都不予退还。

(3) 招标文件的澄清和修改。招标人可以对已发出的资格预审文件或者招标文件进行必要的澄清或者修改。澄清或者修改的内容可能影响资格预审申请文件或者投标文件编制的，招标人应当在提交资格预审申请文件截止时间至少 3 日前，或者投标截止时间至少 15 日前，以书面形式通知所有获取资格预审文件或者招标文件的潜在投标人；不足 3 日或者 15 日的，招标人应当顺延提交资格预审申请文件或者投标文件的截止时间。

对于招标文件修改内容涉及投标资格条件和招标范围变更，原则上应该重新发布招标公告。

4. 组织现场考察

招标人在投标须知前附表规定的时间组织投标人自费进行现场考察。组织踏勘项目现场应当注意保密各潜在投标人身份。现场考察的目的是：一方面让投标人了解工程项目现场情况以及周围环境条件，以便于编制投标书；另一方面也是要求投标人通过自己的实地考察确定投标的原则和策略，避免合同履行过程中投标人以不了解现场情况为由推卸应承担的合同责任。

招标人应向投标人介绍有关现场的下列情况：

(1) 施工现场是否达到招标文件规定的条件；

(2) 施工现场的地理位置和地形、地貌及管线设置情况；

(3) 施工现场的水文、地质、土质、地下水位等情况；

(4) 施工现场的气候条件，如气温、湿度、风力、年降雨雪量等；

(5) 施工现场的环境，如交通、供水、污水排放、供电、通信等；

(6) 工程在施工现场中的位置；

(7) 可提供的施工临时用地、临时设施等。

5. 投标预备会

投标人研究招标文件和现场考察后会以书面形式提出某些质疑问题，招标人应及时给予书面解答。因此，投标预备会（也称答疑会、标前会议）是指招标人为澄清或解答招标文件或现场踏勘中的问题，同时借此对图纸进行交底和解释，并以会议纪要形式同时将解答内容送达所有获得招标文件的投标人，以便投标人更好地编制投标文件而组织召开的会议。投标预备会一般安排在招标文件发出后的 7～28 天内举行。参加会议的人员包括招标人、投标人、代理人、招标文件编制单位的人员、招标投标管理机构的人员等。会议由招标人主持。

(1) 投标预备会的内容。投标预备会内容一般包括两个方面：一是介绍招标文件和现场情况，对招标文件进行交底和解释；二是解答投标人以书面或口头形式，对招标文件和在现场踏勘中提出的各种问题或疑问。

(2) 投标预备会的程序。①投标人和其他与会人员签到，以示出席。②主持人宣布投标预备会开始。③介绍出席会议人员。④介绍解答人，宣布记录人员。⑤解答投标人的各种问题和对招标文件进行交底。⑥通知有关事项，如为使投标人在编制投标文件时，有足够的时间充分考虑招标人对招标文件的修改或补充内容，以及投标预备会议记录内容，招标人可根据情况决定适当延长投标书递交截止时间，并作通知等。⑦整理解答内容，形成会议纪要，并由招标人、投标人签字确认后宣布会议结束。会后，招标人将会议纪要报招标投标管理机构核准，并将经核准后的会议纪要送达所有获得招标文件的投标人。

招标人对任何一位投标人所提问题的回答，必须发送给每一位投标人，保证招标的公开和公平，但不必说明问题的来源。回答函件作为招标文件的组成部分，如果书面解答的问题与招标文件中的规定不一致，以函件的解答为准。

4.2.3　工程项目招标决标成交阶段的主要工作

从开标日到签订合同这一期间称为决标成交阶段，是对各投标书进行评审比较，最终确定中标人的过程。

1. 开标

（1）开标的时间与组织。我国《招标投标法》规定，开标应当在招标文件确定的提交投标文件截止时间的同一时间公开进行，并邀请所有投标人参加。开标地点应当为招标文件中预先确定的地点。按照我国目前各地的实践，招标文件中预先确定的开标地点一般为建设工程交易中心。

开标由招标人主持。在招标人委托招标代理人代理招标时，开标也可以由招标代理人主持，主持人按照规定的程序负责开标的全过程，并在招标投标管理机构的监督下进行。

开标人员由主持人、开标人、唱标人、记录人和监标人组成，该组成人员对开标负责。

（2）开标会议的程序。开标会议程序见本单元项目 4 相关内容。

需要指出的是在开标时，投标文件出现下列情形之一的，应当作为无效投标文件，不得进入评标：①投标文件未按照招标文件的要求予以密封的；②投标文件中的投标函未加盖投标人的企业及企业法定代表人印章的，或者企业法定代表人委托代理人没有合法、有效的委托书（原件）及委托代理人印章的；③投标文件的关键内容字迹模糊、无法辨认的；④投标人未按照招标文件的要求提供投标保函或者投标保证金的；⑤组成联合体投标的，投标文件未附联合体各方共同投标协议的。

2. 评标

评标必须一般在招标投标管理机构的监督下，由招标人依法组建的评标委员会进行。组建评标委员会是评标前的一项重要工作。评标委员会由招标人或其委托的招标代理机构熟悉相关业务的代表，以及有关技术、经济等方面的专家组成，成员人数为 5 人以上单数，其中技术、经济等方面的专家不得少于成员总数的三分之二。评标委员会成员的名单在中标结果确定前应当保密。

评标一般采用评标会的形式进行。参加评标会的人员为招标人或其代表人、招标代理人、评标委员会成员、招标投标管理机构的监管人员等。评标会由招标人或其委托的代理人召集，由评标委员会负责人主持。

（1）评标程序。

1）招标人宣布评标委员会成员名单并确定主任委员。

2）评标委员会成员审阅各个投标文件，主要检查确认投标文件是否实质上响应招标文件的要求；投标文件正副本之间的内容是否一致；投标文件是否有重大漏项、缺项；是否提出了招标人不能接受的保留条件等。

3）评标委员会按照评标办法规定的方法、评审因素、标准和程序对投标文件进行评审。评标只对未被宣布无效的投标文件进行评议，并对评标结果签字确认。如果评标办法没有规定的方法、评审因素和标准，不作为评标依据。

4）如有必要，评标期间，评标委员会可以要求投标人对投标文件中不清楚的问题作必要的澄清或者说明，但是，澄清或者说明不得超出投标文件的范围或改变投标文件的实质性内容。所澄清和确认的问题，应当采取书面形式，经招标人和投标人双方签字后，作为投标文件的组成部分，列入评标依据范围。在澄清会谈中，不允许招标人和投标人变更或寻求变更价格、工期、质量等级等实质性内容。开标后，投标人对价格、工期、质量等级等实质性内容提出的任何修正声明或者附加优惠条件，一律不得作为评标委员会评标的依据。对不符合招标条件的，评标委员会应当否决其投标。

5）评标委员会按照优劣或得分高低排出投标人顺序，推荐中标候选人（排名1至3名）或确定中标人，并形成评标报告，经招标投标管理机构审查，确认无误后，评标工作结束。

（2）评标方法。评标方法是运用评标标准评审、比较投标的具体方法。一般包括经评审的最低投标价法、综合评估法或者法律、行政法规允许的其他评标方法。

1）经评审的最低投标价法。经评审的最低投标价法，一般适用于具有通用技术、性能标准或者招标人对其技术、性能没有特殊要求的招标项目。根据经评审的最低投标价法，能够满足招标文件的实质性要求，并且经评审的最低投标价的投标，应当推荐为中标候选人。采用这一方法，评标委员会应当根据招标文件规定的评标价格的调整方法，对所有投标人的投标报价以及投标文件的商务部分作必要的价格调整，中标人的投标应当符合招标文件规定的技术要求和标准，但评标委员会无需对投标文件的技术部分进行价格折算。

采用经评审的最低投标价法，必须对报价进行严格评审，特别是对报价明显较低的或者在设有标底时明显低于标底的，必须经过质疑、答辩的程序，或要求投标人提出相关说明资料，以证明具有实现低标价的有力措施，其保证方案合理可行，且不低于投标人的个别成本。

2）综合评估法。综合评估法，是最大限度地满足招标文件中规定的各项综合评价标准的投标，应当推荐为中标候选人的评标方法。这种方法一般在不宜采用经评审的最低投标价法评标时采用。

衡量投标文件是否最大限度地满足招标文件中规定的各项评价标准，需要将报价、施工组织设计（施工方案）、质量保证、工期保证、业绩与信誉等赋予不同的权重，用打分的方法或折算货币的方法，评出中标人。需要量化的因素及其权重应当在招标文件中明确规定。评标委员会对各个评审因素进行量化时，应当将量化指标建立在同一基础或者同一标准上，使各投标文件具有可比性。对技术部分和商务部分进行量化后，评标委员会应当对这两部分的量化结果进行加权，计算出每一投标的综合评估价或者综合评估分。

3. 定标

（1）中标候选人的确定。对使用国有资金投资或者国家融资的项目，招标人应当确定排名第一的中标候选人为中标人。排名第一的中标候选人放弃中标、因不可抗力提出不能履行合同，或者招标文件规定应当提交履约保证金而在规定的时期限内未能提交的，招标人可以确定排名第二的中标候选人为中标人，依此类推。

这里需要说明的是：招标人可以授权评标委员会直接确定中标人。

在确定中标人之前，招标人不得与投标人就投标价格、投标方案等实质性内容进行谈判。招标人一般应当在评标委员会提出书面评标报告后的15日内确定中标人，但最迟应当在投标有效期结束日30个工作日前确定。招标人也可以授权评标委员会直接确定中标人。依法必须进行施工招标的工程，招标人应当自确定中标人之日起15日内，向工程所在地的县级以上地方人民政府建设行政主管部门提交施工招标投标情况的书面报告。建设行政主管部门自收到书面报告之日起15日内未通知招标人在招标投标活动中有违法行为的，招标人可以向中标人发出中标通知书，并将中标结果通知所有未中标的投标人。

依法必须进行招标的项目，招标人应当自收到评标报告之日起3日内公示中标候选人，公示期不得少于3日。

(2) 发出中标通知书并签订合同。中标人确定后，招标人应当向中标人发出中标通知书。中标通知书对招标人和中标人具有法律效力。中标通知书发出后，招标人改变中标结果，或者中标人放弃中标项目的，应当依法承担法律责任。

根据规定，招标人和中标人应当自中标通知书发出之日起30日内，按照招标文件和中标人的投标文件订立书面合同；招标人和中标人不得另行订立背离合同实质性内容的其他协议。订立书面合同后7日内，中标人应当将合同送县级以上工程所在地的建设行政主管部门备案。中标人不与招标人订立合同的，投标保证金不予退还并取消其中标资格，给招标人造成的损失超过投标保证金额的，应当对超过部分予以赔偿；没有提交投标保证金的，应当对招标人的损失承担赔偿责任。招标人无正当理由不与中标人签订合同，给中标人造成损失的，招标人应当给予赔偿。招标文件要求中标人提交履约保证金的，中标人应当提交。招标人应当同时向中标人提供工程款支付担保。

招标人与中标人签订合同后5个工作日内，应当向中标人和未中标的投标人退还投标保证金。

项目3　编制资格预审文件

根据中华人民共和国住房和城乡建设部《房屋建筑和市政工程标准施工招标资格预审文件》(2010年版)(以下简称《行业标准施工招标资格预审文件》)及相关附件的规定，《行业标准施工招标资格预审文件》包括资格预审公告、申请人须知、资格审查办法(合格制或有限数量制)、资格预审申请文件格式和项目建设概况等五章。现结合具体工程项目就《行业标准施工招标资格预审文件》的编制具体内容叙述如下。

第一章　资格预审公告

资格预审公告(代招标公告)的具体格式如下：

资格预审公告

××建筑职业技术学院学生食堂工程(项目名称)建筑工程标段施工招标

资格预审公告(代招标公告)

1. 招标条件

本招标项目××建筑职业技术学院学生食堂工程(项目名称)已由××省发展和改革委

员会（项目审批、核准或备案机关名称）以××计投资发［2003］286号、1121号文（批文名称及编号）批准建设，项目业主为××建筑职业技术学院，建设资金来自单位自筹资金（资金来源），项目出资比例为100%，招标人为××建筑职业技术学院，招标代理机构为××招标代理有限公司。项目已具备招标条件，现进行公开招标，特邀请有兴趣的潜在投标人（以下简称申请人）提出资格预审申请。

2. 项目概况与招标范围

工程项目概况：该工程位于该学院北校区西侧，建筑为地上五层，局部六层，地下一层，框架结构，建筑面积17961.3m²。

计划工期：开工日期为2004年3月20日计划开工，计划竣工日期为2005年1月30日，施工总工期314日历天。

本工程项目合同估算价约为4400.52万元。

工程项目的招标范围：施工图纸范围内的全部建筑工程的施工，包括提供劳务、材料、施工机械及服务。

［说明本次招标项目的建设地点、规模、计划工期、合同估算价、招标范围、标段划分（如果有）等］。

3. 申请人的资格要求

3.1 本次资格预审要求申请人具备房屋建筑工程施工总承包一级以上（含一级）资质，近三年承担过同类型工程［即5层以上（含5层）框架结构建筑工程］业绩，并在人员、设备、资金等方面具备相应的施工能力。其中，申请人拟派项目经理须具备房屋建筑工程专业一级注册建造师执业资格和有效的安全生产考核合格证书，且未担任其他在施建设工程项目的项目经理。

3.2 本次资格预审不接受（接受或不接受）联合体资格预审申请。联合体申请资格预审的，应满足下列要求： / 。

3.3 各申请人可就上述标段中的建筑工程（具体数量）个标段提出资格预审申请。但最多允许中标1（具体数量）个标段（适用于分标段的招标项目）。

4. 资格预审方法

本次资格预审采用合格制（合格制/有限数量制）。采用有限数量制的，当通过详细审查的申请人多于 / 家时，通过资格预审的申请人限定为 / 家。

5. 申请报名

凡有意申请资格预审者，请于2004年1月2日至2004年1月6日（法定公休日、法定节假日除外），每日上午8时至12时，下午14时至17时（北京时间，下同），在××市建设工程交易中心（××市××路29号）（有形建筑市场/交易中心名称及地址）报名。

6. 资格预审文件的获取

6.1 请申请人于2004年1月6日至2004年1月13日（法定公休日、法定节假日除外）每日上午8时至12时，下午14时至17时（北京时间，下同），在××市建设工程交易中心（××市××路29号）（详细地址）持单位介绍信购买资格预审文件。

6.2 资格预审文件每套售价500元，售后不退。

6.3 邮购买资格预审文件的，需另加手续费（含邮费）50元。招标人在收到单位介绍信和邮购款（含手续费）后2日内寄送。

7. 资格预审申请文件的递交

7.1　递交资格预审申请文件的截止时间（申请截止时间，下同）为2004年1月25日9时00分，地点为××市建设工程交易中心（××市××路29号）。

7.2　逾期送达或者未送达指定地点的资格预审申请文件，招标人不予受理。

8. 发布公告的媒介

本次资格预审公告同时在××市建设工程交易中心电子屏幕（发布公告的媒介名称）上发布。

9. 联系方式

招标人：××建筑职业技术学院	招标代理机构：××工程招标代理有限公司
地　　址：××市学府街107号	地　　址：××市亲贤北街94号
邮　　编：××××××	邮　　编：××××××
联 系 人：×××	联 系 人：×××
电　　话：××××-7763888	电　　话：××××-7536582（3）
传　　真：：×××-7763888	传　　真：××××-7536582（3）
电子邮件：××××××	电子邮件：××××××
网　　址：××××××	网　　址：××××××
开户银行：××××××	开户银行：××××××
账　　号：××××××	账　　号：××××××

2004年1月4日

第二章　申请人须知

表4-1　申请人须知前附表

条款号	条款名称	编列内容
1.1.2	招标人	名称：××建筑职业技术学院 地址：××市学府街107号 联系人：××× 电话：××××-7763888 电子邮件：×××@163.com
1.1.3	招标代理机构	名称：××工程招标代理有限公司 地址：××市亲贤北街94号 联系人：××× 电话：××××-7536582（3） 电子邮件：×××@sina.com
1.1.4	项目名称	××建筑职业技术学院学生食堂工程
1.1.5	建设地点	学院北校区西侧
1.2.1	资金来源	单位自筹资金
1.2.2	出资比例	100%
1.2.3	资金落实情况	已经落实

续表

条款号	条 款 名 称	编 列 内 容
1.3.1	招标范围	施工图纸范围内的全部建筑工程的施工，包括提供劳务、材料、施工机械及服务
1.3.3	质量要求	市优
1.4.1	投标人资质条件、能力和信誉	资质条件：①中华人民共和国境内的独立法人；②具备房屋建筑工程施工总承包壹级及以上资质 财务要求：近三年度（2001年、2002年、2003年）财务无亏损（以审计报告为准）。 业绩要求：近三年完成的类似项目3项。 信誉要求：近六个月无建筑市场违规行为，以行政主管部门通报为准（××省外企业须出具注册所在地行政主管部门的证明）。 项目经理资格：建筑工程或房屋建筑工程专业级壹级（含以上级）注册建造师执业资格，具备有效的安全生产考核合格证书，且不得担任其他在施建设工程项目的项目经理。 其他要求：①具有有效的安全生产许可证；②具有有效的××省建筑施工企业工程规费计取标准；③具有有效的可进入当地施工的备案手续（××省外企业提供）；④有无处于被责令停业，财产被接管、冻结，破产企业情况说明；⑤技术负责人须为中级职称
1.4.2	是否接受联合体资格预审申请	☑不接受 □接受，应满足下列要求： 其中，联合体资质按照联合体协议约定的分工认定，其他审查标准按联合体协议中约定的各成员分工所占合同工作量的比例，进行加权折算
2.2.1	申请人要求澄清资格预审文件的截止时间	2004年1月12日17时00分
2.2.2	招标人澄清资格预审文件的截止时间	2004年1月15日17时00分
2.2.3	申请人确认收到资格预审文件澄清的时间	2004年1月18日17时00分
2.3.1	招标人修改资格预审文件的截止时间	2004年1月15日17时00分
2.3.2	申请人确认收到资格预审文件修改的时间	2004年1月18日17时00分
3.1.1	申请人需补充的其他材料	/
3.2.4	近年财务状况的年份要求	3年
3.2.5	近年完成的类似项目的年份要求	3年
3.2.7	近年发生的诉讼及仲裁情况的年份要求	3年

续表

条款号	条款名称	编列内容
3.3.1	签字或盖章要求	需盖法人章和法定代表人印章
3.3.2	资格预审申请文件副本份数	3份
3.3.3	资格预审申请文件的装订要求	正本与副本应分别装订成册，并编制目录
4.1.2	封套上写明	招标人的地址：××市学府街107号 招标人全称：××建筑职业技术学院 ××建筑职业技术学院学生食堂工程（项目名称）标段施工招标资格预审申请文件在2004年1月25日9时00分前不得开启
4.2.1	申请截止时间	2004年1月25日9时00分
4.2.2	递交资格预审申请文件的地点	××市建设工程交易中心（××市××路29号）
4.2.3	是否退还资格预审申请文件	否
5.1.2	审查委员会人数	7人
5.2	资格审查方法	申请人名称须与营业执照、资质证书、安全生产许可证一致；须有法定代表人或其委托代理人签字或加盖单位章；须符合“资格预审申请文件格式”的要求；具备有效的营业执照；具备有效的安全生产许可证；符合1.4.1的要求。
6.1	资格预审结果的通知时间	2004年1月28日17时00分
6.3	资格预审结果的确认时间	2004年1月30日17时00分
9	需要补充的其他内容	
9.1	词语定义	
9.1.1	类似项目	
	类似项目是指：食堂工程施工	
9.1.2	不良行为记录	
	不良行为记录是指：已经住房和城乡建设行政主管部门文件通报或网络公告的建设市场主体在本省从事工程建设活动中，违反国家和省颁布的有关建设工程的法律、法规、规章、规范、标准和规范性文件的行为，其他证明材料不作为依据	
9.2	资格预审申请文件编制的补充要求	
9.2.1	“其他企业信誉情况表”应说明企业不良行为记录、履约率等相关情况，并附相关证明材料，年份同第3.2.7项的年份要求	
9.2.2	“拟投入主要施工机械设备情况”应说明设备来源（包括租赁意向）、目前状况、停放地点等情况，并附相关证明材料	
9.2.3	“拟投入项目管理人员情况”应说明项目管理人员的学历、职称、注册执业资格、拟任岗位等基本情况，项目经理和主要项目管理人员应附简历，并附相关证明材料	
9.3	通过资格预审的申请人（适用于有限数量制）	

续表

条款号	条款名称	编列内容
9.3.1	通过资格预审申请人分为“正选”和“候补”两类。资格审查委员会应当根据第三章“资格审查办法（有限数量制）”第3.4.2项的排序，对通过详细审查的情况人按得分由高到低顺序，将不超过第三章“资格审查办法（有限数量制）”第1条规定数量的申请人列为通过资格预审申请人（正选），其余的申请人依次列为通过资格预审的申请人（候补）	
9.3.2	根据本章第6.1款的规定，招标人应当首先向通过资格预审申请人（正选）发出投标邀请书	
9.3.3	根据本章第6.3款、通过资格预审申请人项目经理不能到位或者利益冲突等原因导致潜在投标人数量少于第三章“资格审查办法（有限数量制）”第1条规定的数量的，招标人应当按照通过资格预审申请人（候补）的排名次序，由高到低依次递补	
9.4	监督	
	本项目资格预审活动及其相关当事人应当接受有管辖权的建设工程招标投标行政监督部门依法实施的监督	
9.5	解释权	
	本资格预审文件由招标人负责解释	
9.6	招标人补充的内容	
……	……	

1. 总则

1.1 项目概况

1.1.1 根据《中华人民共和国招标投标法》等有关法律、法规和规章的规定，本招标项目已具备招标条件，现进行公开招标，特邀请有兴趣承担本标段的申请人提出资格预审申请。

1.1.2 本招标项目招标人：见“申请人须知”前附表。

1.1.3 本标段招标代理机构：见“申请人须知”前附表。

1.1.4 本招标项目名称：见“申请人须知”前附表。

1.1.5 本标段建设地点：见“申请人须知”前附表。

1.2 资金来源和落实情况

1.2.1 本招标项目的资金来源：见“申请人须知”前附表。

1.2.2 本招标项目的出资比例：见“申请人须知”前附表。

1.2.3 本招标项目的资金落实情况：见“申请人须知”前附表。

1.3 招标范围、计划工期和质量要求

1.3.1 本次招标范围：见“申请人须知”前附表。

1.3.2 本标段的计划工期：见“申请人须知”前附表。

1.3.3 本标段的质量要求：见“申请人须知”前附表。

1.4 申请人资格要求

1.4.1 申请人应具备承担本标段施工的资质条件、能力和信誉。

(1) 资质条件：见“申请人须知”前附表；

(2) 财务要求：见“申请人须知”前附表；

(3) 业绩要求：见“申请人须知”前附表；

(4) 信誉要求：见“申请人须知”前附表；

(5) 项目经理资格：见“申请人须知”前附表；

(6) 其他要求：见“申请人须知”前附表。

1.4.2 “申请人须知”前附表规定接受联合体申请资格预审的，联合体申请人除应符合本章第1.4.1项和“申请人须知”前附表的要求外，还应遵守以下规定：

(1) 联合体各方必须按资格预审文件提供的格式签订联合体协议书，明确联合体牵头人和各方的权利义务；

(2) 由同一专业的单位组成的联合体，按照资质等级较低的单位确定资质等级；

(3) 通过资格预审的联合体，其各方组成结构或职责，以及财务能力、信誉情况等资格条件不得改变；

(4) 联合体各方不得再以自己名义单独或加入其他联合体在同一标段中参加资格预审。

1.4.3 申请人不得存在下列情形之一：

(1) 为招标人不具有独立法人资格的附属机构（单位）；

(2) 为本标段前期准备提供设计或咨询服务的，但设计施工总承包的除外；

(3) 为本标段的监理人；

(4) 为本标段的代建人；

(5) 为本标段提供招标代理服务的；

(6) 与本标段的监理人或代建人或招标代理机构同为一个法定代表人的；

(7) 与本标段的监理人或代建人或招标代理机构相互控股或参股的；

(8) 与本标段的监理人或代建人或招标代理机构相互任职或工作的；

(9) 被责令停业的；

(10) 被暂停或取消投标资格的；

(11) 财产被接管或冻结的；

(12) 在最近三年内有骗取中标或严重违约或重大工程质量问题的。

1.5 语言文字

除专用术语外，来往文件均使用中文。必要时专用术语应附有中文注释。

1.6 费用承担

申请人准备和参加资格预审发生的费用自理。

2. 资格预审文件

2.1 资格预审文件的组成

2.1.1 本次资格预审文件包括资格预审公告、申请人须知、资格审查办法、资格预审申请文件格式、项目建设概况，以及根据本章第2.2款对资格预审文件的澄清和第2.3款对资格预审文件的修改。

2.1.2 当资格预审文件、资格预审文件的澄清或修改等在同一内容的表述上不一致时，以最后发出的书面文件为准。

2.2 资格预审文件的澄清

2.2.1 申请人应仔细阅读和检查资格预审文件的全部内容。如有疑问，应在“申请人须知”前附表规定的时间前以书面形式（包括信函、电报、传真等可以有形表现所载内容的形式，下同），要求招标人对资格预审文件进行澄清。

2.2.2 招标人应在“申请人须知”前附表规定的时间前，以书面形式将澄清内容发给所有购买资格预审文件的申请人，但不指明澄清问题的来源。

2.2.3 申请人收到澄清后，应在“申请人须知”前附表规定的时间内以书面形式通知招标人，确认已收到该澄清。

2.3 资格预审文件的修改

2.3.1 在“申请人须知”前附表规定的时间前，招标人可以书面形式通知申请人修改资格预审文件。在“申请人须知”前附表规定的时间后修改资格预审文件的，招标人应相应顺延申请截止时间。

2.3.2 申请人收到修改的内容后，应在“申请人须知”前附表规定的时间内以书面形式通知招标人，确认已收到该修改。

3. 资格预审申请文件的编制

3.1 资格预审申请文件的组成

3.1.1 资格预审申请文件应包括下列内容：

(1) 资格预审申请函；

(2) 法定代表人身份证明或附有法定代表人身份证明的授权委托书；

(3) 联合体协议书；

(4) 申请人基本情况表；

(5) 近年财务状况表；

(6) 近年完成的类似项目情况表；

(7) 正在施工和新承接的项目情况表；

(8) 近年发生的诉讼及仲裁情况；

(9) 其他材料：见“申请人须知”前附表。

3.1.2 申请人须知前附表规定不接受联合体资格预审申请的或申请人没有组成联合体的，资格预审申请文件不包括本章第3.1.1(3)目所指的联合体协议书。

3.2 资格预审申请文件的编制要求

3.2.1 资格预审申请文件应按第四章“资格预审申请文件格式”进行编写，如有必要，可以增加附页，并作为资格预审申请文件的组成部分。“申请人须知”前附表规定接受联合体资格预审申请的，本章第3.2.3项至第3.2.7项规定的表格和资料应包括联合体各方相关情况。

3.2.2 法定代表人授权委托书必须由法定代表人签署。

3.2.3 “申请人基本情况表”应附申请人营业执照副本及其年检合格的证明材料、资质证书副本和安全生产许可证等材料的复印件。

3.2.4 “近年财务状况表”应附经会计师事务所或审计机构审计的财务会计报表，包括资产负债表、现金流量表、利润表和财务情况说明书的复印件，具体年份要求见“申请人须知”前附表。

3.2.5 “近年完成的类似项目情况表”应附中标通知书和（或）合同协议书、工程接收证书（工程竣工验收证书）的复印件，具体年份要求见“申请人须知”前附表。每张表格只填写一个项目，并标明序号。

3.2.6 “正在施工和新承接的项目情况表”应附中标通知书和（或）合同协议书复印

件。每张表格只填写一个项目，并标明序号。

3.2.7 “近年发生的诉讼及仲裁情况”应说明相关情况，并附法院或仲裁机构作出的判决、裁决等有关法律文书复印件，具体年份要求见“申请人须知”前附表。

3.3 资格预审申请文件的装订、签字

3.3.1 申请人应按本章第3.1款和第3.2款的要求，编制完整的资格预审申请文件，用不褪色的材料书写或打印，并由申请人的法定代表人或其委托代理人签字或盖单位章。资格预审申请文件中的任何改动之处应加盖单位章或由申请人的法定代表人或其委托代理人签字确认。签字或盖章的具体要求见“申请人须知”前附表。

3.3.2 资格预审申请文件正本一份，副本份数见“申请人须知”前附表。正本和副本的封面上应清楚地标记“正本”或“副本”字样。当正本和副本不一致时，以正本为准。

3.3.3 资格预审申请文件正本与副本应分别装订成册，并编制目录，具体装订要求见“申请人须知”前附表。

4. 资格预审申请文件的递交

4.1 资格预审申请文件的密封和标志

4.1.1 资格预审申请文件的正本与副本应分开包装，加贴封条，并在封套的封口处加盖申请人单位章。

4.1.2 在资格预审申请文件的封套上应清楚地标记“正本”或“副本”字样，封套还应写明的其他内容见“申请人须知”前附表。

4.1.3 未按本章第4.1.1项或第4.1.2项要求密封和加写标记的资格预审申请文件，招标人不予受理。

4.2 资格预审申请文件的递交

4.2.1 申请截止时间：见“申请人须知”前附表。

4.2.2 申请人递交资格预审申请文件的地点：见“申请人须知”前附表。

4.2.3 除“申请人须知”前附表另有规定的外，申请人所递交的资格预审申请文件不予退还。

4.2.4 逾期送达或者未送达指定地点的资格预审申请文件，招标人不予受理。

5. 资格预审申请文件的审查

5.1 审查委员会

5.1.1 资格预审申请文件由招标人组建的审查委员会负责审查。审查委员会参照《中华人民共和国招标投标法》第三十七条规定组建。

5.1.2 审查委员会人数：见“申请人须知”前附表。

5.2 资格审查

审查委员会根据“申请人须知”前附表规定的方法和第三章“资格审查办法”中规定的审查标准，对所有已受理的资格预审申请文件进行审查。没有规定的方法和标准不得作为审查依据。

6. 通知和确认

6.1 通知

招标人在“申请人须知”前附表规定的时间内以书面形式将资格预审结果通知申请人，并向通过资格预审的申请人发出投标邀请书。

6.2 解释

应申请人书面要求，招标人应对资格预审结果作出解释，但不保证申请人对解释内容满意。

6.3 确认

通过资格预审的申请人收到投标邀请书后，应在申请人须知前附表规定的时间内以书面形式明确表示是否参加投标。在“申请人须知”前附表规定时间内未表示是否参加投标或明确表示不参加投标的，不得再参加投标。因此造成潜在投标人数量不足3个的，招标人重新组织资格预审或不再组织资格预审而直接招标。

7. 申请人的资格改变

通过资格预审的申请人组织机构、财务能力、信誉情况等资格条件发生变化，使其不再实质上满足第三章“资格审查办法”规定标准的，其投标不被接受。

8. 纪律与监督

8.1 严禁贿赂

严禁申请人向招标人、审查委员会成员和与审查活动有关的其他工作人员行贿。在资格预审期间，不得邀请招标人、审查委员会成员以及与审查活动有关的其他工作人员到申请人单位参观考察，或出席申请人主办、赞助的任何活动。

8.2 不得干扰资格审查工作

申请人不得以任何方式干扰、影响资格预审的审查工作，否则将导致其不能通过资格预审。

8.3 保密

招标人、审查委员会成员，以及与审查活动有关的其他工作人员应对资格预审申请文件的审查、比较进行保密，不得在资格预审结果公布前透露资格预审结果，不得向他人透露可能影响公平竞争的有关情况。

8.4 投诉

申请人和其他利害关系人认为本次资格预审活动违反法律、法规和规章规定的，有权向有关行政监督部门投诉。

9. 需要补充的其他内容

需要补充的其他内容：见“申请人须知”前附表。

第三章 资格审查办法（合格制）

表4-2 **资格审查办法前附表**

条款号	条款名称		编列内容
1	通过资格预审人数		7
2	审查因素		审查标准
2.1	初步审查标准	申请人名称	与营业执照、资质证书、安全生产许可证一致
		申请函签字盖章	有法定代表人或其委托代理人签字或加盖单位章
		申请文件格式	符合第四章“资格预审申请文件格式”的要求
		联合体申请人	提交联合体协议书，并明确联合体牵头人（如有）

续表

条款号	条款名称		编列内容
2.2	详细审查标准	营业执照	具备有效的营业执照
		安全生产许可证	具备有效的安全生产许可证
		资质等级	符合第二章“申请人须知”第1.4.1项规定
		财务状况	符合第二章“申请人须知”第1.4.1项规定
		类似项目业绩	符合第二章“申请人须知”第1.4.1项规定
		信誉	符合第二章“申请人须知”第1.4.1项规定
		项目经理资格	符合第二章“申请人须知”第1.4.1项规定
		其他要求	符合第二章“申请人须知”第1.4.1项规定
		联合体申请人	符合第二章“申请人须知”第1.4.2项规定

1. 审查方法

本次资格预审采用合格制。凡符合本章第2.1款和第2.2款规定审查标准的申请人均通过资格预审。

2. 审查标准

2.1 初步审查标准

初步审查标准：见“资格审查办法”前附表。

2.2 详细审查标准

详细审查标准：见“资格审查办法”前附表。

3. 审查程序

3.1 初步审查

3.1.1 审查委员会依据本章第2.1款规定的标准，对资格预审申请文件进行初步审查。有一项因素不符合审查标准的，不能通过资格预审。

3.1.2 审查委员会可以要求申请人提交第二章“申请人须知”第3.2.3项至第3.2.7项规定的有关证明和证件的原件，以便核验。

3.2 详细审查

3.2.1 审查委员会依据本章第2.2款规定的标准，对通过初步审查的资格预审申请文件进行详细审查。有一项因素不符合审查标准的，不能通过资格预审。

3.2.2 通过资格预审的申请人除应满足本章第2.1款、第2.2款规定的审查标准外，还不得存在下列任何一种情形：

（1）不按审查委员会要求澄清或说明的；

（2）有第二章“申请人须知”第1.4.3项规定的任何一种情形的；

（3）在资格预审过程中弄虚作假、行贿或有其他违法违规行为的。

3.3 资格预审申请文件的澄清

在审查过程中，审查委员会可以书面形式，要求申请人对所提交的资格预审申请文件中不明确的内容进行必要的澄清或说明。申请人的澄清或说明应采用书面形式，并不得改变资格预审申请文件的实质性内容。申请人的澄清和说明内容属于资格预审申请文件的组成部分。招标人和审查委员会不接受申请人主动提出的澄清或说明。

4. 审查结果

4.1 提交审查报告

审查委员会按照本章第3条规定的程序对资格预审申请文件完成审查后，确定通过资格预审的申请人名单，并向招标人提交书面审查报告。

4.2 重新进行资格预审或招标

通过资格预审申请人的数量不足3个的，招标人重新组织资格预审或不再组织资格预审而直接招标。

第四章 资格预审申请文件格式

本章允许招标人依据行业情况及项目特点进行补充或删改，注意具体格式和内容要求应与第二章"申请人须知"前附表及正文对应起来。常用的申请文件的格式如下：

一、资格预审申请函

××建筑职业技术学院（招标人名称）：

1. 按照资格预审文件的要求，我方（申请人）递交的资格预审申请文件及有关资料，用于你方（招标人）审查我方参加××建筑职业技术学院学生食堂工程（项目名称）建筑工程标段施工招标的投标资格。

2. 我方的资格预审申请文件包含第二章"申请人须知"第3.1.1项规定的全部内容。

3. 我方接受你方的授权代表进行调查，以审核我方提交的文件和资料，并通过我方的客户，澄清资格预审申请文件中有关财务和技术方面的情况。

4. 你方授权代表可通过张××，××××-4082539（联系人及联系方式）得到进一步的资料。

5. 我方在此声明，所递交的资格预审申请文件及有关资料内容完整、真实和准确，且不存在第二章"申请人须知"第1.4.3项规定的任何一种情形。

申请人：××建筑工程总公司（盖单位章）

法定代表人或其委托代理人：赵××（签字）

电话：××××-4088539

传真：××××-4088539

申请人地址：××市建设路27号

邮政编码：030001

2004年1月8日

二、法定代表人身份证明或授权委托书

（一）法定代表人身份证明

申请人名称：××建筑工程总公司（盖单位章）

单位性质：国家控股企业

成立时间：1983年8月26日

经营期限：25年

姓名：赵××性别：男年龄：45岁职务：总经理

系××建筑工程总公司（申请人名称）的法定代表人。

特此证明。

申请人：××建筑工程总公司（盖单位章）

2004年1月8日

（二）授权委托书

本人赵××（姓名）系××建筑工程总公司（申请人名称）的法定代表人，现委托张××（姓名）为我方代理人。代理人根据授权，以我方名义签署、澄清、递交、撤回××建筑职业技术学院学生食堂工程（项目名称）建筑工程标段施工招标资格预审申请文件，其法律后果由我方承担。

委托期限：2004年1月5日～2005年1月30日。

代理人无转委托权。

附：法定代表人身份证明

申请人：××建筑工程总公司（盖单位章）

法定代表人：赵××（签字）

身份证号码：14010219××03124800×

委托代理人：张××（签字）

身份证号码：14010219××08184801×

2004年1月5日

三、申请人基本情况表

表4-3　申请人基本情况表

申请人名称	××建筑工程总公司					
注册地址	××市建设路27号			邮政编码		0×0001
联系方式	联系人	张××		电话		××××-4082539
传真	××××-4082538			网址		zhang××@163.com
组织结构	本公司采用事业部制的组织结构形式，设有总经理、副总经理、职能部门和省内6个事业部					
法定代表人	姓名	赵××	技术职称	高级工程师	电话	××××-4088539
技术负责人	姓名	任××	技术职称	高级工程师	电话	××××-4088536
成立时间	1953年3月			员工总人数：24143人		
企业资质等级	特级			项目经理		张××
营业执照号	110055886××		其中	高级职称人员		199
注册资金	4.25亿元			中级职称人员		620
开户银行	××市建设路27号			初级职称人员		900
账号	1×-0001××556××			技工		1003
经营范围	建筑工程总承包					
备注	兼营房地产开发					

附：

表 4-4 项目经理简历表

姓名	张××	年龄	××岁	学历	大学本科
职称	高级工程师	职务	副经理	拟在本合同任职	项目经理
毕业学校	1992年 毕业于 哈尔滨工业大学 学校 工程管理 专业				
主要工作经历					
时间	参加过的类似项目	担任职务		发包人及联系电话	
1998	神威大厦	项目经理		××××-2088536	
2000	××学院学生食堂	项目经理		××××-3088536	
2002	××小区高层住宅	项目经理		××××-4088536	

项目经理应附项目经理证、身份证、职称证、学历证、养老保险复印件，管理过的项目业绩须附合同协议书复印件。

四、近年财务状况表（略）

五、近年完成的类似项目情况表（示例）

表 4-5 近年完成的类似项目情况表

项目名称	××市土地局高层住宅楼
项目所在地	××市新建路208号
发包人名称	××市土地局
发包人地址	××市解放路18号
发包人电话	××××-2082995
合同价格	1400万元
开工日期	1999年6月
竣工日期	2001年9月
承担的工作	建筑安装工程施工
工程质量	省优
项目经理	李××
技术负责人	郝××
总监理工程师及电话	王××电话：××××-3366778
项目描述	框架结构，建筑面积10149m^2，地下一层，地上15层
备注	略

六、正在施工的和新承接的项目情况表（示例）

表 4-6 正在施工的和新承接的项目情况表

项目名称	××理工大学文体活动中心
项目所在地	××市朝阳路30号
发包人名称	××理工大学
发包人地址	××市迎泽街302号
发包人电话	××××—3048555
签约合同价格	14366万元
开工日期	2002年4月12日

续表

计划竣工日期	2003年6月12日
承担的工作	建筑安装工程施工
工程质量	省优
项目经理	许××
技术负责人	郝××
总监理工程师及电话	王××电话：××××-3488627
项目描述	框架结构，建筑面积14336m²，地下一层，地上六层
备注	略

七、近年发生的诉讼及仲裁情况（略）

第五章　项目建设概况

项目建设概况介绍内容的深度和广度由招标人自行掌握，能满足潜在投标人作出是否愿意参加资格预审申请和资格审查委员会对资格申请文件审查需要即可。

本工程位于学院北校区的西侧，与学院实验大楼、第四教学楼相比邻。由××市建筑设计院设计。

5.1　建筑概况

建筑面积为17961m²，底层占地面积为3306m²，建筑安全等级为二类，建筑设计耐火等级为二级，屋面防水等级为二级，地下防火等级为三级，抗震烈度为8度。建筑总高度23.8m，建筑层数为地下一层，地上五层，地下室为仓库、超市，一～三层为餐厅，四、五层为学术报告厅，老干部活动室。地下室、一～三层层高均为4.5m，四层3.9m，五层5.35m。

5.2　装修概况

外装修主要采用双面铝塑板，明楼梯围护结构采用玻璃幕墙。厨房加工间、洗碗间、卫生间内墙采用釉面砖墙面。其他内墙面采用混合砂浆打底纸筋灰罩面，地下室所有房间做1500mm高釉面砖墙裙。地下室采用混凝土地面，厨房加工部、洗碗间、卫生间采用地砖地面，四层以上活动房采用复合木地板，主席台采用塑胶地面，其余采用花岗岩地面。厨房加工间、洗碗间，卫生间顶棚采用铝合金方板吊顶，其他采用抹灰喷涂顶棚。采用5mm厚中空双层白玻璃塑钢窗，采用木门和塑钢门两种。屋面防水用高聚合物改性沥青SBS防水卷材和细石混凝土刚性防水两种。

5.3　场地概况

本工程场地环境类别为二类a，本场地土质为湿陷性黄土。

5.4　地基处理、结构概况

实测稳定水位埋深7.6～8.0m，标准冻结深度0.8m。采用换土法处理地基，3∶7灰土1.0m厚，每边超出基础底边的宽度为1.0m，压实系数不小于0.93，基础施工完，用2∶8灰土回填基坑，压实系数为0.93。基础采用C30钢筋混凝土筏片基础，上部结构为框架结构，大报告厅楼盖为球形网架结构。地下室，一、二层梁、柱、板为C40混凝土；三、四、五层梁、柱、板为C35混凝土，楼梯、构造柱为C25混凝土。地下室、电梯井砌体采用

MU10黏土砖，M5水泥砂砌筑；±0.00以上采用加气混凝土砌块，M5水泥砂浆砌筑。

项目4 编制招标公告和投标邀请书

4.4.1 招标公告

招标公告（未进行资格预审）的内容和格式可参照4.3中资格预审公告。这里不再赘述。

4.4.2 投标邀请书

投标邀请书（代资格预审通过通知书）的内容及格式如下：

××建筑职业技术学院学生食堂工程（项目名称）建筑工程标段施工投标邀请书××建筑工程总公司（被邀请单位名称）：

你单位已通过资格预审，现邀请你单位按招标文件规定的内容，参加××建筑职业技术学院学生食堂工程（项目名称）建筑工程标段的投标。

请你单位于2004年2月1日至2004年2月5日（法定公休日、法定节假日除外），每天上午8时至12时，下午14时至17时（北京时间，下同），在××工程招标代理有限公司（××市亲贤北街94号）（详细地址）持本投标邀请书购买招标文件。

招标文件每套售价为600元，售后不退。图纸押金1000元，在退还图纸时退还（不计利息）。邮购买招标文件的，需另加手续费（含邮费）50元。招标人在收到邮购款（含手续费）后2日内寄送。

递交投标文件的截止时间（投标截止时间，下同）2004年2月28日9时00分，地点为××市建设工程交易中心（××市××路29号）。

逾期送达的或者未送达指定地点的投标文件，招标人不予受理。

你单位收到本邀请书后，请于2004年2月8日（具体时间）前以传真或快递方式予以确认。

招 标 人：××建筑职业技术学院	招标代理机构：××工程招标代理有限公司
地　　址：××市学府街107号	地　　址：××市亲贤北街94号
邮　　编：××××××	邮　　编：××××××
联 系 人：×××	联 系 人：×××
电　　话：××××-7763888	电　　话：××××-7536582（3）
传　　真：：×××-7763888	传　　真：××××-7536582（3）
电子邮件：××××××	电子邮件：××××××
网　　址：××××××	网　　址：××××××
开户银行：××××××	开户银行：××××××
账　　号：××××××	账　　号：××××××

2004年1月30日

项目5 编制工程施工招标文件

《房屋建筑和市政工程标准施工招标文件》包括招标公告（或投标邀请书）、投标人须知、评标办法、合同条款及格式、工程量清单、图纸、技术标准和要求、投标文件格式，共八章。现结合具体工程项目就工程施工招标文件的编制及具体内容叙述如下。

第一卷

第一章　招　标　公　告

招标公告的编制及具体内容见4.4.1和4.4.2，这里不再赘述。

第二章　投　标　人　须　知

表4-7　　投标人须知前附表

条款号	条款名称	编列内容
1.1.2	招标人	名称：××建筑职业技术学院 地址：××市学府街107号 联系人：××× 电话：××××-7763888
1.1.3	招标代理机构	名称：××工程招标代理有限公司 地址：××市亲贤北街94号 联系人：××× 电话：××××-7536582（3）
1.1.4	项目名称	××建筑职业技术学院学生食堂工程
1.1.5	建设地点	学院北校区西侧
1.2.1	资金来源	单位自筹资金
1.2.2	出资比例	100%
1.2.3	资金落实情况	已经落实
1.3.1	招标范围	施工图纸范围内的全部建安工程的施工，包括提供劳务、材料、施工机械及服务
1.3.2	计划工期	计划工期：314日历天 计划开工日期：2004年3月20日 计划竣工日期：2005年1月30日
1.3.3	质量要求	省优
1.4.1	投标人资质条件、能力和信誉	资质条件：①中华人民共和国境内的独立法人；②具备房屋建筑工程施工总承包壹级及以上资质。 财务要求：近三年度（2001年、2002年、2003年）财务无亏损（以审计报告为准）。 业绩要求：近三年完成的类似项目3项。信誉要求：近六个月无建筑市场违规行为，以行政主管部门通报为准（××省外企业须出具注册所在地行政主管部门的证明）。 项目经理资格：房屋建筑工程专业级壹级（含以上级）注册建造师执业资格，具备有效的安全生产考核合格证书，且不得担任其他在施建设工程项目的项目经理。 其他要求：①具有有效的安全生产许可证；②具有有效的××省建筑施工企业工程规费计取标准；③具有有效的可进入当地施工的备案手续（××省外企业提供）；④有无处于被责令停业，财产被接管、冻结，破产企业情况说明；⑤技术负责人须为中级职称

续表

条款号	条 款 名 称	编 列 内 容
1.4.2	是否接受联合体资格预审申请	☑不接受 □接受，应满足下列要求
1.9.1	踏勘现场	□不组织 ☑组织，踏勘时间：2004年2月9日 踏勘集中地点：××市学府街107号
1.10.1	投标预备会	□不召开 ☑召开，召开时间：2004年2月10日上午8时 召开地点：××市学府街107号
1.10.2	投标人提出问题的截止时间	2004年2月10日上午8时
1.10.3	招标人书面澄清的时间	2004年2月10日上午12时
1.11	分包	☑不允许 □允许，分包内容要求： 分包金额要求： 接受分包的第三人资质要求
1.12	偏离	☑不允许 □允许，可偏离的项目和范围见第七章“技术标准和要求” 允许偏离最高项数：/ 偏差调整方法：/
2.1	构成招标文件的其他材料	□无 ☑有（工程量清单、图审合格的施工图纸、答疑、通知）
2.2.1	投标人要求澄清招标文件的截止时间	2004年2月10日上午12时
2.2.2	投标截止时间	2004年2月28日9时00分
2.2.3	投标人确认收到招标文件澄清的时间	2004年2月12日上午12时
2.3.2	投标人确认收到招标文件修改的时间	2004年2月15日上午12时
3.1.1	构成投标文件的其他材料	/
3.3.1	投标有效期	30天
3.4.1	投标保证金	投标保证金的形式：银行保函 投标保证金的金额：50万元 递交方式：通过本单位基本账户递交，并注明项目名称及招标编号 交款银行为： 开户名称：×××建设项目管理有限公司 开户账号：×××××× 开户银行：××银行××市×××支行 财务联系人：××先生（女士） 电话：×××-×××××××
3.5.2	近年财务状况的年份要求	3年

续表

条款号	条 款 名 称	编 列 内 容
3.5.3	近年完成的类似项目的份年要求	3年
3.5.5	近年发生的诉讼及仲裁情况的年份要求	3年
3.6	是否允许递交备选投标方案	☑不允许 ☐允许，备选投标方案的编制要求见附表七《备选投标方案编制要求》，评审和比较方法见第三章“评标办法”
3.7.3	签字或盖章要求	需盖法人章和法人代表印章
3.7.4	投标文件副本份数	3份
3.7.5	装订要求	按照投标人须知第3.1.1项规定的投标文件组成内容，投标文件应按以下要求装订： ☑不分册装订 ☐分册装订，共分/册，分别为： 投标函，包括/至/的内容 商务标，包括/至/的内容 技术标，包括/至/的内容/标，包括/至/的内容 每册采用符合招标文件要求，方式装订，装订应牢固、不易拆散和换页，不得采用活页装订
4.1.2	封套上写明	招标人的地址：××市学府街107号 招标人名称：××建筑职业技术学院 ××建筑职业技术学院学生食堂工程（项目名称）/标段投标文件在2004年2月25日9时00分前不得开启
4.2.2	递交投标文件地点	（有形建筑市场/交易中心名称及地址） ××市建设工程交易中心（××市××路29号）
4.2.3	是否退还投标文件	☑否 ☐是，退还安排
5.1	开标时间和地点	开标时间：同投标截止时间 开标地点：××市建设工程交易中心（××市××路29号）
5.2	开标程序	密封情况检查：由投标人推选的代表检查 开标顺序：投标人报送的投标文件时间先后的逆顺序
6.1.1	评标委员会的组建	评标委员会构成：7人，其中招标人代表2人（限招标人为在职人员，且应当具备评标专家相应的或者类似的条件），专家5人； 评标专家确定方式：专家库中随机抽取
7.1	是否授权评标委员会确定中标人	☐是 ☑否，推荐的中标候选人数：3
7.3.1	履约担保	履约担保的形式：银行保函 履约担保的金额：投标报价的10%

续表

条款号	条 款 名 称	编 列 内 容
10 需要补充的其他内容		
10.1.1	类似项目	类似项目是指：食堂工程施工
10.1.2	不良行为记录	××省内企业以××省住房和城乡建设行政主管部门通报为准，××省外企业以其注册所在地住房和城乡建设行政主管部门出具的证明原件为准
10.2	招标控制价	
	招标控制价	□不设招标控制价 ☑设招标控制价 1. 公布时间：投标截止时间前五个工作日或之前的时间； 2. 公布内容： (1) 招标控制价总价； (2) 分部分项合计价； (3) 措施项目合计价； (4) 规费计取基数（按专业）。 3. 要求：超过批准的概算时，招标人应当将其报原概算审批部门审核；公布的同时报送工程所在地工程造价管理机构备案；投标人认为未按照《计价规范》和《细则》规定编制的，应当在开标前反映或投诉；对有疑义的招标控制价核实修正的，开标时间相应顺延
10.3	“暗标”评审	
	施工组织设计是否采用“暗标”评审方式	☑不采用 □采用，投标人应严格按照第八章“投标文件格式”中“施工组织设计（技术暗标）编制及装订要求”编制和装订施工组织设计
10.4	投标文件电子版	
	是否要求投标人在递交投标文件时，同时递交投标文件电子版	□不要求 ☑要求，投标文件电子版内容：全部投标文件 投标文件电子版份数：壹份 投标文件电子版形式：广联达投标书的格式并与开标所报价格一致 投标文件电子版密封方式：单独放入一个密封袋中，加贴封条，并在封套封口处加盖投标人单位章，在封套上标记“投标文件电子版”字样
10.5	计算机辅助评标	
	是否实行计算机辅助评标	□否 ☑是，投标人需递交纸质投标文件一份，同时按本须知附表八“电子投标文件编制及报送要求”编制及报送电子投标文件。计算机辅助评标方法见第三章“评标办法”
10.6	投标人代表出席开标会	
	按照本须知第5.1款的规定，招标人邀请所有投标人的法定代表人或其委托代理人参加开标会。投标人的法定代表人或其委托代理人应当按时参加开标会，并在招标人按开标程序进行点名时，向招标人提交法定代表人身份证明文件或法定代表人授权委托书，出示本人身份证，以证明其出席，否则，其投标文件按废标处理	

续表

条款号	条款名称	编列内容
10.7	中标公示	
	在中标通知书发出前，招标人将中标候选人的情况在本招标项目招标公告发布的同一媒介和有形建筑市场/交易中心予以公示，公示期不少于3个工作日	
10.8	知识产权	
	构成本招标文件各个组成部分的文件，未经招标人书面同意，投标人不得擅自复印和用于非本招标项目所需的其他目的。招标人全部或者部分使用未中标人投标文件中的技术成果或技术方案时，需征得其书面同意，并不得擅自复印或提供给第三人	
10.9	重新招标的其他情形	
	除投标人须知正文第8条规定的情形外，除非已经产生中标候选人，在投标有效期内同意延长投标有效期的投标人少于三个的，招标人应当依法重新招标	
10.10	同义词语	
	构成招标文件组成部分的“通用合同条款”、“专用合同条款”、“技术标准和要求”和“工程量清单”等章节中出现的措辞“发包人”和“承包人”，在招标投标阶段应当分别按“招标人”和“投标人”进行理解	
10.11	监督	
	本项目的招标投标活动及其相关当事人应当接受有管辖权的建设工程招标投标行政监督部门依法实施的监督	
10.12	解释权	
	构成本招标文件的各个组成文件应互为解释，互为说明；如有不明确或不一致，构成合同文件组成内容，以合同文件约定内容为准，且以专用合同条款约定的合同文件优先顺序解释；除招标文件中有特别规定外，仅适用于招标投标阶段的规定，按招标公告（投标邀请书）、投标人须知、评标办法、投标文件格式的先后顺序解释；同一组成文件中就同一事项的规定或约定不一致的，以编排顺序在后者为准；同一组成文件不同版本之间有不一致的，以形成时间在后者为准。按本款前述规定仍不能形成结论的，由招标人负责解释	
10.13	招标人补充的其他内容	
	工程评标应当采用综合评估法或者经评审的最低投标价法或者合理低价法。 工程施工技术难度较大，工期一年以上且招标人对施工技术和性能标准有特殊要求的，提倡选择综合评估法。 具有通用施工技术和性能标准，工期一年以上且招标人对其技术和性能标准没有特殊要求的，提倡选择经评审的最低投标价法。 具有通用施工技术和性能标准，工期一年以下且招标人对其技术和性能标准没有特殊要求的，提倡选择合理低价法。 招标人应当根据招标工程合理选择评标方法，并在招标文件中载明	

1. 总则

1.1　项目概况

1.1.1　根据《中华人民共和国招标投标法》等有关法律、法规和规章的规定，本招标项目已具备招标条件，现对本标段施工进行招标。

1.1.2 本招标项目招标人：见“投标人须知”前附表。

1.1.3 本标段招标代理机构：见“投标人须知”前附表。

1.1.4 本招标项目名称：见“投标人须知”前附表。

1.1.5 本标段建设地点：见“投标人须知”前附表。

1.2 资金来源和落实情况

1.2.1 本招标项目的资金来源：见“投标人须知”前附表。

1.2.2 本招标项目的出资比例：见“投标人须知”前附表。

1.2.3 本招标项目的资金落实情况：见“投标人须知”前附表。

1.3 招标范围、计划工期和质量要求

1.3.1 本次招标范围：见“投标人须知”前附表。

1.3.2 本标段的计划工期：见“投标人须知”前附表。

1.3.3 本标段的质量要求：见“投标人须知”前附表。

1.4 投标人资格要求

投标人应是收到招标人发出投标邀请书的单位。

1.5 费用承担

投标人准备和参加投标活动发生的费用自理。

1.6 保密

参与招标投标活动的各方应对招标文件和投标文件中的商业和技术等秘密保密，违者应对由此造成的后果承担法律责任。

1.7 语言文字

除专用术语外，与招标投标有关的语言均使用中文。必要时专用术语应附有中文注释。

1.8 计量单位

所有计量均采用中华人民共和国法定计量单位。

1.9 踏勘现场

1.9.1 投标人须知前附表规定组织踏勘现场的，招标人按“投标人须知”前附表规定的时间、地点组织投标人踏勘项目现场。

1.9.2 投标人踏勘现场发生的费用自理。

1.9.3 除招标人的原因外，投标人自行负责在踏勘现场中所发生的人员伤亡和财产损失。

1.9.4 招标人在踏勘现场中介绍的工程场地和相关的周边环境情况，供投标人在编制投标文件时参考，招标人不对投标人据此作出的判断和决策负责。

1.10 投标预备会

1.10.1 投标人须知前附表规定召开投标预备会的，招标人按投标人须知前附表规定的时间和地点召开投标预备会，澄清投标人提出的问题。

1.10.2 投标人应在投标人须知前附表规定的时间前，以书面形式将提出的问题送达招标人，以便招标人在会议期间澄清。

1.10.3 投标预备会后，招标人在投标人须知前附表规定的时间内，将对投标人所提问题的澄清，以书面方式通知所有购买招标文件的投标人。该澄清内容为招标文件的组成

部分。

1.11 分包

投标人拟在中标后将中标项目的部分非主体、非关键性工作进行分包的，应符合“投标人须知”前附表规定的分包内容、分包金额和接受分包的第三人资质要求等限制性条件。

1.12 偏离

投标人须知前附表允许投标文件偏离招标文件某些要求的，偏离应当符合招标文件规定的偏离范围和幅度。

2. 招标文件

2.1 招标文件的组成

本招标文件包括：

(1) 招标公告（或投标邀请书）；

(2) 投标人须知；

(3) 评标办法；

(4) 合同条款及格式；

(5) 工程量清单；

(6) 图纸；

(7) 技术标准和要求；

(8) 投标文件格式；

(9)“投标人须知”前附表规定的其他材料。

根据本章第 1.10 款、第 2.2 款和第 2.3 款对招标文件所作的澄清、修改，构成招标文件的组成部分。

2.2 招标文件的澄清

2.2.1 投标人应仔细阅读和检查招标文件的全部内容。如发现缺页或附件不全，应及时向招标人提出，以便补齐。如有疑问，应在“投标人须知”前附表规定的时间前以书面形式（包括信函、电报、传真等可以有形地表现所载内容的形式，下同），要求招标人对招标文件予以澄清。

2.2.2 招标文件的澄清将在“投标人须知”前附表规定的投标截止时间 15 天前以书面形式发给所有购买招标文件的投标人，但不指明澄清问题的来源。如果澄清发出的时间距投标截止时间不足 15 天，相应延长投标截止时间。

2.2.3 投标人在收到澄清后，应在“投标人须知”前附表规定的时间内以书面形式通知招标人，确认已收到该澄清。

2.3 招标文件的修改

2.3.1 在投标截止时间 15 天前，招标人可以书面形式修改招标文件，并通知所有已购买招标文件的投标人。如果修改招标文件的时间距投标截止时间不足 15 天，相应延长投标截止时间。

2.3.2 投标人收到修改内容后，应在“投标人须知”前附表规定的时间内以书面形式通知招标人，确认已收到该修改。

3. 投标文件

3.1 投标文件的组成

3.1.1 投标文件应包括下列内容：

(1) 投标函及投标函附录；

(2) 法定代表人身份证明或附有法定代表人身份证明的授权委托书；

(3) 联合体协议书；

(4) 投标保证金；

(5) 已标价工程量清单；

(6) 施工组织设计；

(7) 项目管理机构；

(8) 拟分包项目情况表；

(9) 资格审查资料；

(10)“投标人须知”前附表规定的其他材料。

3.1.2 “投标人须知”前附表规定不接受联合体投标的，或投标人没有组成联合体的，投标文件不包括本章第3.1.1 (3) 目所指的联合体协议书。

3.2 投标报价

3.2.1 投标人应按第五章“工程量清单”的要求填写相应表格。

3.2.2 投标人在投标截止时间前修改投标函中的投标总报价，应同时修改第五章“工程量清单”中的相应报价。此修改须符合本章第4.3款的有关要求。

3.3 投标有效期

3.3.1 在“投标人须知”前附表规定的投标有效期内，投标人不得要求撤销或修改其投标文件。

3.3.2 出现特殊情况需要延长投标有效期的，招标人以书面形式通知所有投标人延长投标有效期。投标人同意延长的，应相应延长其投标保证金的有效期，但不得要求或被允许修改或撤销其投标文件；投标人拒绝延长的，其投标失效，但投标人有权收回其投标保证金。

3.4 投标保证金

3.4.1 投标人在递交投标文件的同时，应按“投标人须知”前附表规定的金额、担保形式和第八章“投标文件格式”规定的投标保证金格式递交投标保证金，并作为其投标文件的组成部分。联合体投标的，其投标保证金由牵头人递交，并应符合“投标人须知”前附表的规定。

3.4.2 投标人不按本章第3.4.1项要求提交投标保证金的，其投标文件作废标处理。

3.4.3 招标人与中标人签订合同后5个工作日内，向未中标的投标人和中标人退还投标保证金。

3.4.4 有下列情形之一的，投标保证金将不予退还：

(1) 投标人在规定的投标有效期内撤销或修改其投标文件；

(2) 中标人在收到中标通知书后，无正当理由拒签合同协议书或未按招标文件规定提交履约担保。

3.5 资格审查资料

投标人在编制投标文件时，应按新情况更新或补充其在申请资格预审时提供的资料，以证实其各项资格条件仍能继续满足资格预审文件的要求，具备承担本标段施工的资质条件、能力和信誉。

3.6 备选投标方案

除“投标人须知”前附表另有规定外，投标人不得递交备选投标方案。允许投标人递交备选投标方案的，只有中标人所递交的备选投标方案方可予以考虑。评标委员会认为中标人的备选投标方案优于其按照招标文件要求编制的投标方案的，招标人可以接受该备选投标方案。

3.7 投标文件的编制

3.7.1 投标文件应按第八章“投标文件格式”进行编写，如有必要，可以增加附页，作为投标文件的组成部分。其中，投标函附录在满足招标文件实质性要求的基础上，可以提出比招标文件要求更有利于招标人的承诺。

3.7.2 投标文件应当对招标文件有关工期、投标有效期、质量要求、技术标准和要求、招标范围等实质性内容作出响应。

3.7.3 投标文件应用不褪色的材料书写或打印，并由投标人的法定代表人或其委托代理人签字或盖单位章。委托代理人签字的，投标文件应附法定代表人签署的授权委托书。投标文件应尽量避免涂改、行间插字或删除。如果出现上述情况，改动之处应加盖单位章或由投标人的法定代表人或其授权的代理人签字确认。签字或盖章的具体要求见“投标人须知”前附表。

3.7.4 投标文件正本一份，副本份数见“投标人须知”前附表。正本和副本的封面上应清楚地标记“正本”或“副本”的字样。当副本和正本不一致时，以正本为准。

3.7.5 投标文件的正本与副本应分别装订成册，并编制目录，具体装订要求见“投标人须知”前附表规定。

4. 投标

4.1 投标文件的密封和标记

4.1.1 投标文件的正本与副本应分开包装，加贴封条，并在封套的封口处加盖投标人单位章。

4.1.2 投标文件的封套上应清楚地标记“正本”或“副本”字样，封套上应写明的其他内容见“投标人须知”前附表。

4.1.3 未按本章第4.1.1项或第4.1.2项要求密封和加写标记的投标文件，招标人不予受理。

4.2 投标文件的递交

4.2.1 投标人应在本章第2.2.2项规定的投标截止时间前递交投标文件。

4.2.2 投标人递交投标文件的地点：见“投标人须知”前附表。

4.2.3 除“投标人须知”前附表另有规定外，投标人所递交的投标文件不予退还。

4.2.4 招标人收到投标文件后，向投标人出具签收凭证。

4.2.5 逾期送达的或者未送达指定地点的投标文件，招标人不予受理。

4.3 投标文件的修改与撤回

4.3.1 在本章第2.2.2项规定的投标截止时间前，投标人可以修改或撤回已递交的投标文件，但应以书面形式通知招标人。

4.3.2 投标人修改或撤回已递交投标文件的书面通知，应按照本章第3.7.3项的要求签字或盖章。招标人收到书面通知后，向投标人出具签收凭证。

4.3.3 修改的内容为投标文件的组成部分。修改的投标文件应按照本章第3条、第4条规定进行编制、密封、标记和递交，并标明“修改”字样。

5. 开标

5.1 开标时间和地点

招标人在本章第2.2.2项规定的投标截止时间（开标时间）和“投标人须知前”附表规定的地点公开开标，并邀请所有投标人的法定代表人或其委托代理人准时参加。

5.2 开标程序

主持人按下列程序进行开标：

(1) 宣布开标纪律；

(2) 公布在投标截止时间前递交投标文件的投标人名称，并点名确认投标人是否派人到场；

(3) 宣布开标人、唱标人、记录人、监标人等有关人员姓名；

(4) 按照“投标人须知”前附表规定检查投标文件的密封情况；

(5) 按照“投标人须知”前附表的规定确定并宣布投标文件开标顺序；

(6) 设有标底的，公布标底；

(7) 按照宣布的开标顺序当众开标，公布投标人名称、标段名称、投标保证金的递交情况、投标报价、质量目标、工期及其他内容，并记录在案；

(8) 投标人代表、招标人代表、监标人、记录人等有关人员在开标记录上签字确认；

(9) 开标结束。

6. 评标

6.1 评标委员会

6.1.1 评标由招标人依法组建的评标委员会负责。评标委员会由招标人或其委托的招标代理机构熟悉相关业务的代表，以及有关技术、经济等方面的专家组成。评标委员会成员人数以及技术、经济等方面专家的确定方式见“投标人须知”前附表。

6.1.2 评标委员会成员有下列情形之一的，应当回避：

(1) 招标人或投标人的主要负责人的近亲属；

(2) 项目主管部门或者行政监督部门的人员；

(3) 与投标人有经济利益关系，可能影响对投标公正评审的；

(4) 曾因在招标、评标以及其他与招标投标有关活动中从事违法行为而受过行政处罚或刑事处罚的。

6.2 评标原则

评标活动遵循公平、公正、科学和择优的原则。

6.3 评标

评标委员会按照第三章“评标办法”规定的方法、评审因素、标准和程序对投标文件进行评审。第三章“评标办法”没有规定的方法、评审因素和标准，不作为评标依据。

7. 合同授予

7.1 定标方式

除“投标人须知”前附表规定评标委员会直接确定中标人外，招标人依据评标委员会推荐的中标候选人确定中标人，评标委员会推荐中标候选人的人数见“投标人须知”前附表。

7.2　中标通知

在本章第3.3款规定的投标有效期内，招标人以书面形式向中标人发出中标通知书，同时将中标结果通知未中标的投标人。

7.3　履约担保

7.3.1　在签订合同前，中标人应按“投标人须知”前附表规定的金额、担保形式和招标文件第四章“合同条款及格式”规定的履约担保格式向招标人提交履约担保。联合体中标的，其履约担保由牵头人递交，并应符合“投标人须知”前附表规定的金额、担保形式和招标文件第四章“合同条款及格式”规定的履约担保格式要求。

7.3.2　中标人不能按本章第7.3.1项要求提交履约担保的，视为放弃中标，其投标保证金不予退还，给招标人造成的损失超过投标保证金数额的，中标人还应当对超过部分予以赔偿。

7.4　签订合同

7.4.1　招标人和中标人应当自中标通知书发出之日起30天内，根据招标文件和中标人的投标文件订立书面合同。中标人无正当理由拒签合同的，招标人取消其中标资格，其投标保证金不予退还；给招标人造成的损失超过投标保证金数额的，中标人还应当对超过部分予以赔偿。

7.4.2　发出中标通知书后，招标人无正当理由拒签合同的，招标人向中标人退还投标保证金；给中标人造成损失的，还应当赔偿损失。

8. 重新招标和不再招标

8.1　重新招标

有下列情形之一的，招标人将重新招标：

（1）投标截止时间止，投标人少于3个的；

（2）经评标委员会评审后否决所有投标的。

8.2　不再招标

重新招标后投标人仍少于3个或者所有投标被否决的，属于必须审批或核准的工程建设项目，经原审批或核准部门批准后不再进行招标。

9. 纪律和监督

9.1　对招标人的纪律要求

招标人不得泄露招标投标活动中应当保密的情况和资料，不得与投标人串通损害国家利益、社会公共利益或者他人合法权益。

9.2　对投标人的纪律要求

投标人不得相互串通投标或者与招标人串通投标，不得向招标人或者评标委员会成员行贿谋取中标，不得以他人名义投标或者以其他方式弄虚作假骗取中标；投标人不得以任何方式干扰、影响评标工作。

9.3　对评标委员会成员的纪律要求

评标委员会成员不得收受他人的财物或者其他好处，不得向他人透露对投标文件的评审和比较、中标候选人的推荐情况以及评标有关的其他情况。在评标活动中，评标委员会成员不得擅离职守，影响评标程序正常进行，不得使用第三章“评标办法”没有规定的评审因素和标准进行评标。

9.4 对与评标活动有关的工作人员的纪律要求

与评标活动有关的工作人员不得收受他人的财物或者其他好处，不得向他人透露对投标文件的评审和比较、中标候选人的推荐情况以及评标有关的其他情况。在评标活动中，与评标活动有关的工作人员不得擅离职守，影响评标程序正常进行。

9.5 投诉

投标人和其他利害关系人认为本次招标活动违反法律、法规和规章规定的，有权向有关行政监督部门投诉。

10. 需要补充的其他内容

需要补充的其他内容：见“投标人须知”前附表。

第三章　评标办法（综合评估法）

表 4-8　　评标办法前附表

条款号		评审因素	评审标准
2.1.1	形式评审标准	投标人名称	与营业执照、资质证书、安全生产许可证一致
		投标函签字盖章	有法定代表人或其委托代理人签字或加盖单位章
		投标文件格式	符合第八章“投标文件格式”的要求
		联合体投标人	提交联合体协议书，并明确联合体牵头人（如有）
		报价唯一	只能有一个有效报价
		……	……
2.1.2	资格评审标准	营业执照	具备有效的营业执照
		安全生产许可证	具备有效的安全生产许可证
		资质等级	符合第二章“投标人须知”第1.4.1项规定
		财务状况	符合第二章“投标人须知”第1.4.1项规定
		类似项目业绩	符合第二章“投标人须知”第1.4.1项规定
		信誉	符合第二章“投标人须知”第1.4.1项规定
		项目经理	符合第二章“投标人须知”第1.4.1项规定
		其他要求	符合第二章“投标人须知”第1.4.1项规定
		联合体投标人	符合第二章“投标人须知”第1.4.2项规定（如有）
		……	……
2.1.3	响应性评审标准	投标内容	符合第二章“投标人须知”第1.3.1项规定
		工期	符合第二章“投标人须知”第1.3.2项规定
		工程质量	符合第二章“投标人须知”第1.3.3项规定
		投标有效期	符合第二章“投标人须知”第3.3.1项规定
		投标保证金	符合第二章“投标人须知”第3.4.1项规定
		权利义务	符合第四章“合同条款及格式”规定
		已标价工程量清单	符合第五章“工程量清单”给出的范围及数量
		技术标准和要求	符合第七章“技术标准和要求”规定
		投标价格	□低于（含等于）拦标价，拦标价=标底价×（1+5%） □低于（含等于）第二章“投标人须知”前附表第10.2款载明的招标控制价

续表

条款号		评审因素	评　审　标　准
		分包计划	符合第二章“投标人须知”第1.11款规定
		……	……
条款号		条款内容	编　列　内　容
2.2.1		分值构成（总分100分）	施工组织设计：30分
			项目管理机构：15分
			投标报价：35分
			其他评分因素：20分
2.2.2		评标基准价计算方法	评标基准价$=\frac{\Sigma M}{N}\times(1-K)+P\times K$ 其中：ΣM—投标单位投标总价在标底（P）浮动范围内（$-3\%\sim3\%$）的各投标单位投标总报价（M）去掉一个最高报价和一个最低报价后之和； N—在标底浮动范围内的投标单位个数； K—P的权数，在开标前随机抽取
2.2.3		投标报价的偏差率计算公式	偏差率＝100％×（投标人报价－评标基准价）/评标基准价
2.2.4 (1)	施工组织设计评分标准	内容完整性和编制水平	0～2分
		施工方案与技术措施	0～10分
		质量管理体系与措施	0～3分
		安全管理体系与措施	0～2分
		环境保护管理体系与措施	0～2分
		工程进度计划与措施	0～2分
		资源配备计划	0～5分
		提高工程质量、保证工期、降低造价的合理化建议	0～2分
		在施工中采用新技术、新材料、新工艺、新设备	0～2分
2.2.4 (2)	项目管理机构评分标准	项目经理资格与业绩	6分（国家一级建造师；近三年组织承担过同类型工程项目，每承担过一项计3分，最高分为6分）
		技术负责人资格与业绩	2分（国家一级建造师；近三年组织参与承担过同类型工程项目，每承担过一项计1分，最高分为2分）
		项目班子配备齐全	4分（项目经理、项目副经理、技术负责人、工长、质检员、材料员、安全员、计划员、技术员、预算员等，根据省建设厅关于工程需要专业人员的有关规定，需要的每一专业人员计0.4分）
		项目经理近三年承担过的工程获安全文明工地	3分（合格安全文明工地得2分，优良安全文明工地得3分）

续表

条款号	评分因素	评分标准	
2.2.4（3）	投标报价评分标准	偏差率	35分［当偏差率等于或低于2%（含2%）以内得满分，偏差率在等于或低于合成标底价2%（含2%）的基础上，每增加或减少1%（含1%，小于1%按1%计）扣1分］
条款号		评分因素	评分标准
2.2.4（4）	其他因素评分标准	投标人承诺、资信	15分［①符合招标文件要求的质量承诺1分；②符合招标文件要求的工期承诺1分；③投标人近三年承担过的同类型工程4分；④投标人近两年市场行为规范的2分；⑤投标人近两年没有发生重大质量、安全事故的（以建设行政主管部门检查结果为准）3分；⑥投标人近两年工程质量安全生产执行情况0～4分］
2.2.4（5）	其他因素评分标准	投标文件的质量与答辩	5分（①标书内容符合招标文件要求，字迹清楚，表述明确，内容齐全1分；②经济技术措施切实可行1分；③陈述标书主要内容简洁明了，条理性强1分；④回答提问针对性强，切实可行2分）
3	评标程序	1. 评标准备。评标委员会成员熟悉招标文件、投标文件、评标标准、方法和评审表格、投标文件基础数据整理分析（清标）。 2. 初步评审。形式评审、资格评审、响应性评审、算术性错误修正、判定废标情形等。 3. 详细评审。判定投标报价是否低于成本、价格折算、施工组织设计评审等。 4. 澄清说明或补正。 5. 推荐中标候选人	
3.1.2	废标条件	投标人及其招标文件为下列情形之一的，其投标将被拒绝： （1）投标人为具有独立法人资格的附属机构（单位）； （2）投标人为前期准备提供设计或咨询服务的，但设计施工总承包的除外； （3）投标人是本工程的监理人、代建人或为本工程提供招标代理服务的； （4）投标人与工程监理人或代建人或招标代理机构同为一个法定代表人的； （5）投标人与本工程的监理人或代建人或招标代理机构相互控股或参股的； （6）投标人与本工程的监理人或代建人或招标代理机构相互任职或工作的； （7）投标人被责令停业的； （8）投标人被暂停或取消投标资格的； （9）投标人财产被接管或冻结的； （10）投标人在最近三年内有骗取中标、严重违约或者发生过重大质量安全事故，尚在处罚期限内的； （11）投标人有串通投标或投标中提供虚假材料或其他弄虚作假行为的； （12）投标人不按评标委员会要求澄清、说明或补正的； （13）在形式评审、资格评审、响应性评审中，评标委员会认定投标人的投标不符合评标办法中规定的任何一项评审标准的； （14）当投标人资格预审申请文件与资格预审时的内容发生重大变化时，其在投标文件中更新的资料，未能通过资格评审的； （15）投标报价文件（投标函除外）未经有资格的工程造价专业人员签字并加盖执业专用章的； （16）投标人法定代表人或法定代表人委托代理人未按规定出席开标会的； （17）因投标人原因出现的错漏项、单价、合价遗漏且不在可修正范围的； （18）没有按造价管理部门核准的费率计取规费的，规费基数未按招标控制价公布的基数计费的； （19）投标文件出现重大偏差的； （20）法律法规规定的其他情形	

1. 评标方法

本次评标采用综合评估法。评标委员会对满足招标文件实质性要求的投标文件，按照本章第2.2款规定的评分标准进行打分，并按得分由高到低顺序推荐中标候选人，或根据招标人授权直接确定中标人，但投标报价低于其成本的除外。综合评分相等时，以投标报价低的优先；投标报价也相等的，由招标人自行确定。

2. 评审标准

2.1 初步评审标准

2.1.1 形式评审标准：见“评标办法”前附表。

2.1.2 资格评审标准：见资格预审文件第三章“资格审查办法”详细审查标准。

2.1.3 响应性评审标准：见“评标办法”前附表。

2.2 分值构成与评分标准

2.2.1 分值构成

(1) 施工组织设计：见“评标办法”前附表；

(2) 项目管理机构：见“评标办法”前附表；

(3) 投标报价：见“评标办法”前附表；

(4) 其他评分因素：见“评标办法”前附表。

2.2.2 评标基准价计算

评标基准价计算方法：见“评标办法”前附表。

2.2.3 投标报价的偏差率计算

投标报价的偏差率计算公式：见“评标办法”前附表。

2.2.4 评分标准

(1) 施工组织设计评分标准：见“评标办法”前附表。

(2) 项目管理机构评分标准：见“评标办法”前附表。

(3) 投标报价评分标准：见“评标办法”前附表。

(4) 其他因素评分标准：见“评标办法”前附表。

3. 评标程序

3.1 初步评审

3.1.1 评标委员会依据本章第2.1.1项、第2.1.3项规定的评审标准对投标文件进行初步评审。有一项不符合评审标准的，作废标处理。当投标人资格预审申请文件的内容发生重大变化时，评标委员会依据本章第2.1.2项规定的标准对其更新资料进行评审。

3.1.2 投标人有以下情形之一的，其投标作废标处理：

(1) 第二章“投标人须知”第1.4.3项规定的任何一种情形的；

(2) 串通投标或弄虚作假或有其他违法行为的；

(3) 不按评标委员会要求澄清、说明或补正的。

3.1.3 投标报价有算术错误的，评标委员会按以下原则对投标报价进行修正，修正的价格经投标人书面确认后具有约束力。投标人不接受修正价格的，其投标作废标处理。

(1) 投标文件中的大写金额与小写金额不一致的，以大写金额为准；

(2) 总价金额与依据单价计算出的结果不一致的，以单价金额为准修正总价，但单价金额小数点有明显错误的除外。

3.2 详细评审

3.2.1 评标委员会按本章第2.2款规定的量化因素和分值进行打分，并计算出综合评估得分。

(1) 按本章第2.2.4 (1) 目规定的评审因素和分值对施工组织设计计算出得分A;

(2) 按本章第2.2.4 (2) 目规定的评审因素和分值对项目管理机构计算出得分B;

(3) 按本章第2.2.4 (3) 目规定的评审因素和分值对投标报价计算出得分C;

(4) 按本章第2.2.4 (4) 目规定的评审因素和分值对其他部分计算出得分D。

3.2.2 评分分值计算保留小数点后两位，小数点后第三位"四舍五入"。

3.2.3 投标人得分=A+B+C+D。

3.2.4 评标委员会发现投标人的报价明显低于其他投标报价，或者在设有标底时明显低于标底，使得其投标报价可能低于其个别成本的，应当要求该投标人作出书面说明并提供相应的证明材料。投标人不能合理说明或者不能提供相应证明材料的，由评标委员会认定该投标人以低于成本报价竞标，其投标作废标处理。

3.3 投标文件的澄清和补正

3.3.1 在评标过程中，评标委员会可以书面形式要求投标人对所提交投标文件中不明确的内容进行书面澄清或说明，或者对细微偏差进行补正。评标委员会不接受投标人主动提出的澄清、说明或补正。

3.3.2 澄清、说明和补正不得改变投标文件的实质性内容（算术性错误修正的除外）。投标人的书面澄清、说明和补正属于投标文件的组成部分。

3.3.3 评标委员会对投标人提交的澄清、说明或补正有疑问的，可以要求投标人进一步澄清、说明或补正，直至满足评标委员会的要求。

3.4 评标结果

3.4.1 除第二章"投标人须知"前附表授权直接确定中标人外，评标委员会按照得分由高到低的顺序推荐中标候选人。

3.4.2 评标委员会完成评标后，应当向招标人提交书面评标报告。

第四章　合同条款及格式

合同条款及格式具体见《建设工程施工合同》(GF—2013—0201)。

1. 合同协议书

合同协议书

××建筑职业技术学院（发包人名称，以下简称"发包人"）为实施××建筑职业技术学院学生食堂工程（项目名称），已接受××建筑工程总公司（承包人名称，以下简称"承包人"）对该项目建筑工程标段施工的投标。发包人和承包人共同达成如下协议。

1. 本协议书与下列文件一起构成合同文件：

(1) 中标通知书；

(2) 投标函及投标函附录；

(3) 专用合同条款；

(4) 通用合同条款；

(5) 技术标准和要求；
(6) 图纸；
(7) 已标价工程量清单；
(8) 其他合同文件。

2. 上述文件互相补充和解释，如有不明确或不一致之处，以合同约定次序在先者为准。

3. 签约合同价：人民币（大写）贰仟零贰拾肆万伍仟叁佰元（￥2024.53万元）。

4. 承包人项目经理：张××。

5. 工程质量符合省优标准。

6. 承包人承诺按合同约定承担工程的实施、完成及缺陷修复。

7. 发包人承诺按合同约定的条件、时间和方式向承包人支付合同价款。

8. 承包人应按照监理人指示开工，工期为314日历天。

9. 本协议书一式贰份，合同双方各执一份。

10. 合同未尽事宜，双方另行签订补充协议。补充协议是合同的组成部分。

发包人：××建筑职业技术学院（盖单位章）
法定代表人或其委托代理人：杨××
2004年3月8日

承包人：××建筑工程总公司（盖单位章）
法定代表人或其委托代理人：赵××
2004年3月8日

2. 履约担保格式

履 约 担 保

××建筑职业技术学院（发包人名称）：

鉴于××建筑职业技术学院（发包人名称，以下简称“发包人”）接受××建筑工程总公司（承包人名称）（以下称“承包人”）于2004年2月28日参加××建筑职业技术学院学生食堂工程（项目名称）建筑工程标段施工的投标。我方愿意无条件地、不可撤销地就承包人履行与你方订立的合同，向你方提供担保。

1. 担保金额人民币（大写）贰佰零贰万肆仟伍佰元（￥202.45万元）。

2. 担保有效期自发包人与承包人签订的合同生效之日起至发包人签发工程接收证书之日止。

3. 在本担保有效期内，因承包人违反合同约定的义务给你方造成经济损失时，我方在收到你方以书面形式提出的在担保金额内的赔偿要求后，在7天内无条件支付。

4. 发包人和承包人按《通用合同条款》第15条变更合同时，我方承担本担保规定的义务不变。

担 保 人：××建设银行（盖单位章）
法定代表人或其委托代理人：李××（签字）
地　　址：××市新建路56号
邮政编码：030001
电　　话：××××—3342533
传　　真：××××—3342533
2004年3月10日

3. 预付款担保格式

预 付 款 担 保

××建筑职业技术学院（发包人名称）：

根据××建筑工程总公司（承包人名称）（以下称“承包人”）与××建筑职业技术学院（发包人名称）（以下简称“发包人”）于2004年3月5日签订的××建筑职业技术学院学生食堂工程（项目名称）建筑工程标段施工承包合同，承包人按约定的金额向发包人提交一份预付款担保，即有权得到发包人支付相等金额的预付款。我方愿意就你方提供给承包人的预付款提供担保。

1. 担保金额人民币（大写）伍佰万元（￥500.00万元）。

2. 担保有效期自预付款支付给承包人起生效，至发包人签发的进度付款证书说明已完全扣清止。

3. 在本保函有效期内，因承包人违反合同约定的义务而要求收回预付款时，我方在收到你方的书面通知后，在7天内无条件支付。但本保函的担保金额，在任何时候不应超过预付款金额减去发包人按合同约定在向承包人签发的进度付款证书中扣除的金额。

4. 发包人和承包人按《通用合同条款》第15条变更合同时，我方承担本保函规定的义务不变。

担 保 人：××建设银行（盖单位章）
法定代表人或其委托代理人：李××（签字）
地　　址：××市新建路56号
邮政编码：030001
电　　话：××××—3342533
传　　真：××××—3342533
2004年3月10日

第五章　工 程 量 清 单

1. 工程量清单说明

1.1 本工程量清单是根据招标文件中包括的、有合同约束力的图纸，有关工程量清单的国家标准、行业标准，以及合同条款中约定的工程量计算规则编制。约定计量规则中没有的子目，其工程量按照有合同约束力的图纸所标示尺寸的理论净量计算。计量采用中华人民共和国法定计量单位。

1.2 本工程量清单应与招标文件中的投标人须知、通用合同条款、专用合同条款、技术标准和要求及图纸等一起阅读和理解。

1.3 本工程量清单仅是投标报价的共同基础，实际工程计量和工程价款的支付应遵循合同条款的约定和第六章“技术标准和要求”的有关规定。

1.4 补充子目工程量计算规则及子目工作内容说明：＿＿/＿＿。

2. 投标报价说明

2.1 工程量清单中的每一子目须填入单价或价格，且只允许有一个报价。

2.2 工程量清单中标价的单价或金额，应包括所需人工费、施工机械使用费、材料费、其他（运杂费、质检费、安装费、缺陷修复费、保险费，以及合同明示或暗示的风险、责任和义务等），以及管理费、利润等。

2.3　工程量清单中投标人没有填入单价或价格的子目，其费用视为已分摊在工程量清单中其他相关子目的单价或价格之中。

2.4　暂列金额的数量及拟用子目的说明。

2.5　暂估价的数量及拟用子目的说明。

3. 其他说明

4. 工程量清单

4.1　工程量清单表（略）。

4.2　计日工表（略）。

4.3　暂估价表（略）。

4.4　投标报价汇总表（略）。

4.5　工程量清单单价分析表（略）。

第　二　卷

第六章　图　纸

1. 图纸目录（略）
2. 图纸（略）

第　三　卷

第七章　技术标准和要求

本工程采用现行的有关国家、地方、行业技术规范、规程和规定（略）。

第　四　卷

第八章　投标文件格式

投　标　文　件
法定代表人或其委托代理人：＿赵××＿（签字） ＿2004＿年＿2＿月＿28＿日

投标人：××建筑工程总公司（盖单位章）

一、投标函及投标函附录

（一）投标函

××建筑职业技术学院（招标人名称）：

1. 我方已仔细研究了××建筑职业技术学院学生食堂工程（项目名称）建筑工程标段施工招标文件的全部内容，愿意以人民币（大写）贰仟零贰拾肆万伍仟叁佰元（￥2024.53万元）的投标总报价，工期314日历天，按合同约定实施和完成承包工程，修补工程中的任何缺陷，工程质量达到省优。

2. 我方承诺在投标有效期内不修改、撤销投标文件。

3. 随同本投标函提交投标保证金一份，金额为人民币（大写）伍拾万元（￥50.00万元）。

4. 如我方中标：

（1）我方承诺在收到中标通知书后，在中标通知书规定的期限内与你方签订合同。

（2）随同本投标函递交的投标函附录属于合同文件的组成部分。

（3）我方承诺按照招标文件规定向你方递交履约担保。

（4）我方承诺在合同约定的期限内完成并移交全部合同工程。

5. 我方在此声明，所递交的投标文件及有关资料内容完整、真实和准确，且不存在第二章“投标人须知”第1.4.3项规定的任何一种情形。

6. 无（其他补充说明）。

投 标 人：××建筑工程总公司（盖单位章）
法定代表人或其委托代理人：赵××（签字）
地 址：××市建设路27号
网 址：××××@163.com
电 话：××××－4088539
传 真：××××－4088539
申请人地址：××市建设路27号
邮政编码：030001

2004年2月28日

（二）投标函附录

序号	条款名称	合同条款号	约定内容	备注
1	项目经理	1.1.2.4	姓名：张××	
2	工期	1.1.4.3	天数：314日历天	
3	缺陷责任期	1.1.4.5	2年	
4	分包	4.3.4	/	
5	价格调整的差额计算	16.1.1	见价格指数权重表	
……	……	……	……	

价格指数权重表

<table>
<tr><th colspan="2" rowspan="2">名　称</th><th colspan="2">基本价格指数</th><th colspan="3">权　　重</th><th rowspan="2">价格指数来源</th></tr>
<tr><th>代号</th><th>指数值</th><th>代号</th><th>允许范围</th><th>投标人建议值</th></tr>
<tr><td colspan="2">定值部分</td><td></td><td>1.00</td><td>A</td><td>0.10～0.20</td><td>0.12</td><td></td></tr>
<tr><td rowspan="5">变值部分</td><td>人工费</td><td>F01</td><td>1.200</td><td>B1</td><td>0.10 至0.20</td><td>0.15</td><td>××造价信息第五期</td></tr>
<tr><td>钢材</td><td>F02</td><td>1.148</td><td>B2</td><td>0.50 至0.60</td><td>0.55</td><td>××造价信息第五期</td></tr>
<tr><td>水泥</td><td>F03</td><td>0.996</td><td>B3</td><td>0.10 至0.16</td><td>0.10</td><td>××造价信息第五期</td></tr>
<tr><td>木材</td><td>F04</td><td>1.216</td><td>B4</td><td>0.05 至0.08</td><td>0.05</td><td>××造价信息第五期</td></tr>
<tr><td>红砖</td><td>F05</td><td>1.057</td><td>B5</td><td>0.02 至0.06</td><td>0.03</td><td>××造价信息第五期</td></tr>
<tr><td colspan="6">合 计</td><td colspan="2">1.00</td></tr>
</table>

二、法定代表人身份证明或授权委托书（略）

三、联合体协议书（略）

四、投标保证金

××建筑职业技术学院（招标人名称）：

鉴于××建筑工程总公司（投标人名称）（以下称“投标人”）于2004年2月28日参加××建筑职业技术学院学生食堂工程（项目名称）建筑工程标段施工的投标，××建设银行（担保人名称，以下简称“我方”）无条件地、不可撤销地保证：投标人在规定的投标文件有效期内撤销或修改其投标文件的，或者投标人在收到中标通知书后无正当理由拒签合同或拒交规定履约担保的，我方承担保证责任。收到你方书面通知后，在7日内无条件向你方支付人民币（大写）伍拾万元。

本保函在投标有效期内保持有效。要求我方承担保证责任的通知应在投标有效期内送达我方。

担 保 人：　××建设银行　（盖单位章）

法定代表人或其委托代理人：　李××　（签字）

地　　址：××市新建路56号

邮政编码：　030001

电　　话：××××—3342533

传　　真：××××—3342533

2004年3月10日

五、已标价工程量清单（略）

六、施工组织设计

1. 投标人编制施工组织设计的要求：编制时应采用文字并结合图表形式说明施工方法；拟投入本标段的主要施工设备情况、拟配备本标段的试验和检测仪器设备情况、劳动力计划等；结合工程特点提出切实可行的工程质量、安全生产、文明施工、工程进度、技术组织措施，同时应对关键工序、复杂环节重点提出相应技术措施，如冬雨季施工技术、减少噪声、降低环境污染、地下管线及其他地上地下设施的保加固措施等。

2. 施工组织设计除采用文字表述外可附下列图表，图表及格式要求附后。

附表一　拟投入本标段的主要施工设备表（略）

附表二　拟配备本标段的试验和检测仪器设备表（略）

附表三　劳动力计划表（略）

附表四　计划开、竣工日期和施工进度网络图（略）

附表五　施工总平面图（略）

附表六　临时用地表（略）

七、项目管理机构

（一）项目管理机构组成表

（二）主要人员简历表

“主要人员简历表”中的项目经理应附项目经理证、身份证、职称证、学历证、养老保险复印件，管理过的项目业绩须附合同协议书复印件；技术负责人应附身份证、职称证、学历证、养老保险复印件，管理过的项目业绩须附证明其所任技术职务的企业文件或用户证明；其他主要人员应附职称证（执业证或上岗证书）、养老保险复印件。

八、拟分包项目情况表（略）

九、资格审查资料

（一）投标人基本情况表（略）

（二）近年财务状况表（略）

（三）近年完成的类似项目情况表（略）

（四）正在施工的和新承接的项目情况表（略）

（五）近年发生的诉讼及仲裁情况（略）

十、其他材料（略）

1. 简述工程项目施工应具备的招标条件。
2. 招标人组织现场考察的目的是什么？应重点说明哪些方面内容？
3. 简述评标委员会是如何形成的。
4. 简述评标方法及适用范围。
5. 简述资格预审文件的组成。
6. 简述施工招标文件的组成。

实训题

1. 请以五人为一个小组，收集某一建筑工程项目的有关资料，参照第四节内容，编写一份完整的招标文件。

2. 某单位（以下称招标单位）建设某工程项目。该项目受自然地域环境限制，拟采用公开招标的方式进行招标。该项目初步设计及概算应当履行的审批手续，已经批准；资金来源尚未落实；有招标所需的设计图纸及技术资料。

招标公告发布后，有10家施工企业作出响应。在资格预审阶段，招标单位对投标单位与机构和企业概况、近两年完成工程情况、目前正在履行的合同情况、资源方面的情况等进行了审查。其中一家本地公司提交的资质等材料齐全，有项目负责人签字、单位盖章。招标单位认定其具备投标资格。

某投标单位收到招标文件后，分别于第 5 天和第 10 天对招标文件中的几处疑问以书面形式向招标单位提出。招标单位以提出疑问不及时为由拒绝作出说明。

投标过程中，因了解到招标单位对本市和外省市的投标单位区别对待，8 家投标单位退出了投标。招标单位经研究决定，招标继续进行。

剩余的投标单位在招标文件要求提交投标文件的截止日前，对投标文件进行了补充、修改。招标单位拒绝接受补充、修改的部分。

问　题

1. 简述工程项目施工招投标程序及主要内容。
2. 该工程项目施工招投标程序在哪些方面有不妥之处？应如何处理？（请逐一说明）
3. 招标文件由哪些部分构成？

单元5

工 程 施 工 投 标

【知识点】 投标决策与投标技巧；工程投标的准备工作；工程投标报价的确定；工程投标文件的编制与提交。

【教学目标】 了解投标决策的含义；了解投标需收集信息的内容和对项目业主的调查的内容，以及组建投标工作机构的人员构成；了解工程项目施工投标文件的编制过程。熟悉投标决策阶段的划分；熟悉影响投标决策的主观因素及决定是否投标的客观因素；熟悉投标报价的依据及投标报价的确定过程。掌握投标技巧；掌握投标人申请资格预审时应注意的问题；掌握单位工程投标报价的计算；掌握投标文件的组成及编制时应注意的问题。

项目1 工程施工投标决策与技巧

5.1.1 投标决策的含义

投标人通过投标取得项目，是市场经济条件下的必然。但是，作为投标人来讲，并不是每标必投，因为投标人要想在投标中获胜，即中标得到承包工程，然后又要从承包工程中赢利，就需要研究投标决策的问题。所谓投标决策，包括三方面内容：其一，针对项目招标是投标，或是不投标；其二，倘若去投标，是投什么性质的标；其三，投标中如何采用以长制短、以优胜劣的策略和技巧。投标决策的正确与否，关系到能否中标和中标后的效益；关系到施工企业的发展前景和职工的经济利益。因此，企业的决策班子必须充分认识到投标决策的重要意义，把这一工作摆在企业管理的重要议事日程上。

5.1.2 投标决策阶段的划分

投标决策可以分为两阶段进行。这两阶段就是投标决策的前期阶段和投标决策的后期阶段。

投标决策的前期阶段必须在购买投标人资格预审资料之前完成。决策的主要依据是招标广告，以及公司对招标工程、业主情况的调研和了解的程度，前期阶段必须对投标与否作出论证。通常情况下，下列招标项目应放弃投标：

（1）本施工企业主营和兼营能力之外的项目；

（2）工程规模、技术要求超过本施工企业技术等级的项目；

（3）本施工企业生产任务饱满，且招标工程的赢利水平较低或风险较大的项目；

（4）本施工企业技术等级、信誉、施工水平明显不如竞争对手的项目。

如果决定投标，即进入投标决策的后期，它是指从申报资格预审至投标报价（封送投标书）前完成的决策研究阶段。主要研究倘若去投标，是投什么性质的标，以及在投标中采取的策略问题。按性质分，投标有风险标和保险标；按效益分，投标有赢利标和保本标。

风险标：明知工程承包难度大、风险大，且技术、设备、资金上都有未解决的问题，但由于队伍停工，或因为工程赢利丰厚，或为了开拓新技术领域而决定参加投标，同时设法解决存在的问题，即是风险标。投标后，如问题解决得好，可取得较好的经济效益，可锻炼出一支好的施工队伍，使企业更上一层楼；解决得不好，企业的信誉就会受到损害，严重者可能导致企业亏损以至破产。因此，投风险标必须审慎从事。

保险标：对可以预见的情况从技术、设备、资金等重大问题都有了解决的对策之后再投标，即是保险标。企业经济实力较弱，经不起失误的打击，则往往投保险标。当前，我国施工企业多数都愿意投保险标，特别是在国际工程承包市场上投保险标。

赢利标：如果招标工程既是本企业的强项，又是竞争对手的弱项；或建设单位意向明确；或本企业任务饱满，利润丰厚，且考虑让企业超负荷运转时，此种情况下的投标，称赢利标。

保本标：当企业无后继工程，或已经出现部分停工，必须争取中标。但招标的工程项目本企业又无优势可言，竞争对手又多，此时，就是投保本标，至多投薄利标。

需要强调的是在考虑和作出决策的同时，必须牢记招标投标活动应当遵循公开、公平、公正和诚实信用的原则，依据《招标投标法》规定活动。

5.1.3 影响投标决策的主观因素

“知彼知己，百战不殆”。工程投标决策研究就是知彼知己的研究。这个“彼”就是影响投标决策的客观因素，“己”就是影响投标决策的主观因素。

投标或是弃标，首先取决于投标单位的实力，主要表现在如下几方面：

1. 技术方面的实力

(1) 有精通本行业的估算师、建筑师、工程师、会计师和管理专家组成的组织机构。

(2) 有工程项目设计、施工专业特长，能解决技术难度大和各类工程施工中的技术难题的能力。

(3) 有国内外与招标项目同类型工程的施工经验。

(4) 有一定技术实力的合作伙伴，如实力强的分包商、合营伙伴和代理人。

2. 经济方面的实力

(1) 具有垫付资金的能力。如预付款是多少？在什么条件下拿到预付款？应注意国际上，有的业主要求“带资承包工程”“实物支付工程”，根本没有预付款。所谓“带资承包工程”，是指工程由承包商筹资兴建，从建设中期或建成后某一时期开始，业主分批偿还承包商的投资及利息，但有时这种利率低于银行贷款利息。承包这种工程时，承包商需投入大部分工程项目建设投资，而不止是一般承包所需的少量流动资金。所谓“实物支付工程”，是指有的发包方用该国滞销的农产品、矿产品折价支付工程款，而承包商推销上述物资而谋求利润将存在一定难度。因此，遇上这种项目需要慎重对待。

(2) 具有一定的固定资产和机具设备及其投入所需的资金。大型施工机械的投入，不可能一次摊销。因此，新增施工机械将会占用一定资金。另外，为完成项目必须要有一批周转材料，如模板、脚手架等，这也是占用资金的组成部分。

(3) 具有一定的资金周转用来支付施工用款。因为，对已完成的工程量需要监理工程师确认后并经过一定手续、一定的时间后才能将工程款拨入。

(4) 具有支付各种担保的能力。

(5) 具有支付各种纳税和保险的能力。

(6) 由于不可抗力带来的风险。即使是属于业主的风险，承包商也会有损失；如果不属于业主的风险，则承包商损失更大，要有财力承担不可抗力带来的风险。

3. 管理方面的实力

建筑承包市场属于买方市场，承包工程的合同价格由作为买方的发包方起支配作用。承包商为打开承包工程的局面，应以低报价甚至低利润取胜。为此，承包商必须在成本控制上下工夫，向管理要效益，如缩短工期、进行定额管理、辅以奖罚办法、减少管理人员、工人一专多能、节约材料、采用先进的施工方法等。特别是要有“重质量”、“重合同”的意识，并有相应的切实可行的措施。

4. 信誉方面的实力

承包商一定要有良好的信誉，这是投标中标的一条重要标准。要建立良好的信誉，就必须遵守法律和行政法规，或按国际惯例办事，同时，认真履约，保证工程的施工安全、工期和质量，而且各方面的实力雄厚。

5.1.4 决定投标或弃标的客观因素及情况

1. 业主和监理工程师的情况

业主的合法地位、支付能力、履约能力；监理工程师处理问题的公正性、合理性等，也是投标决策的影响因素。

2. 竞争对手和竞争形势的分析

是否投标，应注意竞争对手的实力、优势及投标环境的优劣情况。另外，竞争对手的在建工程情况也十分重要。如果对手的在建工程即将完工，可能急于获得新承包项目心切，投标报价不会很高；如果对手在建工程规模大、时间长，如仍参加投标，则标价可能很高。从总的竞争形势来看，大型工程的承包公司技术水平高，善于管理大型复杂工程，其适应性强，可以承包大型工程；中小型工程由中小型工程公司或当地的工程公司承包可能性大。因为，当地中小型公司在当地有自己熟悉的材料、劳力供应渠道；管理人员相对比较少；有自己惯用的特殊施工方法等优势。

3. 风险问题

在国内承包工程，其风险相对要小一些，对国际承包工程则风险要大得多。投标与否，要考虑的因素很多，需要投标人广泛、深入地调查研究，系统地积累资料，并作出全面的分析，才能使投标作出正确决策。决定投标与否，更重要的是它的效益性。投标人应对承包工程的成本、利润进行预测和分析，以供投标决策之用。

5.1.5 投标技巧

投标人为了中标和取得期望的收益，必须在保证满足招标文件各项要求的条件下，研究和运用投标技巧。投标技巧的研究与运用贯穿于整个投标过程中。具体表现形式如下：

1. 不平衡报价法

不平衡报价法，指在总价基本确定的前提下，如何调整内部各个子项的报价，以期既不影响总报价，也不影响中标，又能在中标后投标人尽早收回垫支于工程中的资金和获取较好的经济效益。但要注意避免畸高畸低现象，避免失去中标机会。通常采用的不平衡报价有下列几种情况；

(1) 对能早期结账收回工程款的项目（如土方、基础等）的单价可报以较高价，以利于资金周转；对后期项目（如装饰、电气设备安装等）单价可适当降低。

(2) 经过工程量复核，估计今后工程量会增加的项目，其单价可提高，而工程量会减少的项目，其单价可降低。但上述两点要统筹考虑。对于工程量数量有错误的早期工程，如不可能完成工程量表中的数量，则不能盲目抬高单价，需要具体分析后再确定。

(3) 设计图纸内容不明确或有错误，估计修改后工程量要增加的，其单价可提高；而工程内容不明确的，其单价可降低。

(4) 没有工程量而只填报单价的项目（如土方超运、开挖淤泥等），其单价宜高。这样，既不影响投标总价，又可多获利。

(5) 对于暂定项目，其实施的可能性大的项目，价格可定高价；估计该工程不一定实施的可定低价。

(6) 对于允许价格调整的工程，当银行利率低于物价上涨幅度时，则后期施工的项目的单价报价高；反之，报价低。

(7) 国际工程中零星用工（计日工）一般可稍高于工程单价表中的工资单价，之所以这样做是因为零星用工不属于承包有效合同总价的范围，发生时实报实销，也可多获利。需要指出的是，这一点与我国目前实施的《建设工程工程量清单计价规范》规定有所不同。

2. 多方案报价法

多方案报价法是利用招标文件中工程说明书不够明确，或合同条款、技术要求过于苛刻时，以争取达到修改工程说明书和合同为目的的一种报价方法。其方法是：若业主拟定的合同条件要求过于苛刻，为使业主修改合同要求，可准备“两个报价”；并阐明按原合同要求规定，投标报价为某一数值；倘若合同要求作某些修改，则投标报价为另一数值，即比前一数值的报价低一定百分点，以此吸引业主修改合同条件。若情况是自己的技术和设备满足不了原设计的要求，但在修改设计以适应自己施工能力的前提下仍希望中标，于是可以报一个原设计施工的投标报价（高报价）；另一个则按修改设计后的方案报价，它比原设计施工的标价低得多，以诱导业主采用合理的报价或修改设计。但是，这种修改设计，必须符合设计的基本要求。

3. 突然降价法

报价是一项保密性工作，但是竞争对手往往会通过各种渠道和手段来获取相关情报，因此在报价时可以采用迷惑对手的竞争手段。即在整个报价过程中，仍按一般情况报价，甚至有意无意地将报价泄露，或者表示对工程兴趣不大，等到临近投标截止时间时突然降价，使竞争对手措手不及，从而解决标价保密问题，提高竞争能力和中标机会。

项目2 工程施工投标前准备工作

工程投标的前期工作包括获取投标信息与前期投标决策，即从众多市场招标信息中确定选取哪个（些）项目作为投标对象。这方面工作要注意以下四个问题。

5.2.1 收集信息并确定信息的可靠性

1. 收集信息

信息是一种资源，在工程项目投标活动中占有举足轻重的地位。准确、全面、及时地收集各项技术经济信息是投标成败的关键，工程项目投标活动中，需要收集的信息涉及面很广，其主要内容可以概括为以下几个方面。

(1) 项目的自然环境。主要包括工程所在地的地理位置和地形、地貌；气象状况，包括气温、湿度、主导风向、平均年降水量；洪水、台风及其他自然灾害状况等。

(2) 项目的市场环境。主要包括：建筑材料、施工机械设备、燃料、动力、供水和生活用品的供应情况、价格水平，还包括过去几年批发物价和零售物价指数以及今后的变化趋势和预测；劳务市场情况，如工人技术水平、工资水平、有关劳动保护和福利待遇的规定等；金融市场情况，如银行贷款的难易程度以及银行贷款利率等。

(3) 项目的社会环境。投标人首先应当了解与项目有关的政治形势、国家政策等，即国家对该项目采取的是鼓励政策还是限制政策。同时还应了解在招标投标活动中以及在合同履行过程中有可能涉及的法律。

(4) 竞争环境。掌握竞争对手的情况，是投标策略中的一个重要环节，也是投标人参加投标能否获胜的重要因素。主要工作是分析竞争对手的实力和优势以及在当地的信誉；了解对手的投标报价的动态及与业主之间的人际关系等；以便与自己相权衡，从而分析取胜的可能性和制订相应的投标策略。

(5) 项目方面的情况。工程项目方面的情况包括：工作性质、规模、发包范围；工程的技术规模和对材料性能及工人技术水平的要求；总工期及分批竣工交付使用的要求；施工场地的地形、地质、地下水位、交通运输、给排水、供电、通信条件的情况；工程项目资金来源；对购买器材和雇佣工人有无限制条件；工程价款的支付方式；监理工程师的资历、职业道德和工作作风等。

(6) 业主的信誉。包括业主的资信情况、履约态度、支付能力，在其他项目上有无拖欠工程款的情况，对实施的工程需求的迫切程度，以及对工程的工期、质量、费用等方面的要求等。

(7) 投标人自身情况。投标人对自己内部情况、资料也应当进行归档管理。这类资料主要用于招标人要求的资格审查和本企业履行项目的可能性，包括反映本单位的技术能力、管理水平、信誉、工程业绩等各种资料。

(8) 有关报价的参考资料。如当地近期的类似工程项目的施工方案、报价、工期及实际成本等资料，同类已完工程的技术经济指标；本企业承担过类似工程项目的实际情况。

2. 确定信息的可靠性

自2000年实施《招标投标法》以来，国内工程项目的招投标虽然有法可依，但是仍与国际招投标存在一定差距，特别是在信息的真实性、公平竞争的透明度、业主支付工程价款、承包人承包履约的诚意和合同的履行等方面存在诸多问题。因此要参加投标的投标人在决定投标对象时，可通过有关单位进行调查，证实其招标项目确实已立项批准和资金落实，并且符合招标条件，从而验证所获信息的真实可靠性。

5.2.2 对项目业主进行必要的调查

对项目业主的调查了解是确信实施工程所获得的酬金能否收回的前提。目前许多业主倚仗项目实施过程中的强势，蛮不讲理，长期拖欠工程款，致使项目承包人不仅不能获取利润，而且连成本都无法收回。还有些业主的工程负责人利用发包工程项目的机会，索要巨额回扣，中饱私囊，致使承包人苦不堪言。因此承包人必须对获得该项目之后，履行合同的各种风险进行认真的评估分析。机会可以带来收益，但不良的业主同样有可能使承包人陷入泥潭而不能自拔。利润总是与风险并存的。

5.2.3 组建投标工作机构

在已经核实了信息，证明某项目的业主资信可靠，且具有支付工程价款能力的基础上，投标人可作出对该项目投标的决策。

投标人在决定对某一项目投标后，为了确保在投标竞争中获胜，应精心挑选诚信、精干且富有经验的人员组成投标工作机构。该工作机构应由以下三方面的专业人员组成：

1. 经营管理类人才

经营管理类人才是指专门从事工程业务承揽工作的公司经营部门管理人员和拟定的项目经理。经营部人员应具备一定的法律知识，熟悉工程施工合同范本；掌握科学的调查、统计、资料，分析和预测等研究方法；视野开阔，勇于开拓，具有较强的社会活动能力。项目经理应熟悉项目运行的内在规律，具有丰富的实践经验和大量的市场信息。这类人才在投标机构中起核心作用，制订和贯彻经营方针与规划，负责投标工作的全面筹划和安排。

2. 专业技术类人才

专业技术类人才是指工程施工中的各类技术人才，诸如土木工程师、水暖电工程师、专业设备工程师等各类专业技术人员。他们具有本学科最新的专业知识，具备较强的实际操作能力，在投标时能从本公司的实际技术水平出发，确定各项专业施工方案和各种技术措施。

3. 商务金融类人才

商务金融类人才是指从事造价、财务和商务等方面人才。他们具有工程造价、材料设备采购、财务会计、金融、保险、税务和索赔等方面的专业知识。投标报价主要由这类人才进行具体编制。

另外，在参加涉外工程投标时，还应配备懂得专业和合同管理的翻译人员。

投标机构的人员不宜过多，特别是最后决策阶段，参与的人数应严格控制，以确保投标报价的机密。

5.2.4 准备和提交资格预审资料

资格预审是投标人投标过程中需要通过的第一关。参加一个工程招标的资格预审，应全力以赴，力争通过预审，成为可以投标的合格投标人。资格预审申请文件的内容与格式见第三章第三节的相关内容。

投标人申请资格预审时应注意如下问题。

(1) 应注意资格预审有关资料的积累工作。平时要将一般资格预审的有关资料随时存入计算机内，并予整理，以备今后填写资格预审申请文件之用。对于过去业绩与企业介绍最好印成精美图册。此外，每竣工一项工程，宜请该工程项目业主和有关单位开具证明工程质量良好等的鉴定书，作为业绩的有力证明。如有各种奖状或 ISO 9000 认证证书等，应备有彩色照片及复印件。总之，资格预审所需资料应平时有目的地积累，不能临时拼凑，否则可能因达不到业主要求而失去机会。

(2) 加强填表时的分析。既要针对工程项目的特点，下工夫填好重点部位，又要反映出本公司的施工经验、施工水平和施工组织能力。这往往是业主考虑的重点。

(3) 注意收集信息。在本企业拟发展经营业务的地区，注意收集信息，发现可投标的项目，并做好资格预审的申请准备。当认为本企业某些方面难以满足投标要求（如资金、技术水平、经验、年限等），则应考虑与适当的其他施工企业，组成联营体来参加资格预审。

(4) 做好递交资格预审申请后的跟踪工作。资格预审申请呈交后，应注意信息跟踪工作，以便发现不足之处，及时补送资料。

总之，资格预审文件不仅能起到通过资格预审的作用，而且还是企业重要的宣传资料。

项目3 工程施工投标报价的确定

投标人在针对某一工程项目的投标中，最关键的工作是投标报价。一般情况下，在评标时投标报价的分数占总分的70%～80%，甚至有的简单工程在投标时就不需要提供施工组织设计，完全依据报价决定中标者。所以投标报价是投标工作的重中之重，必须高度重视。

5.3.1 投标报价的依据

我国为了适应加入WTO后与国际惯例接轨的需要，于2003年7月1日正式实施《建设工程工程量清单计价规范》(GB 50500—2003)(简称《计价规范》)。按照《计价规范》的规定，全部使用国有资金投资或国有资金投资为主的大、中型建设工程应实行工程量清单计价。

工程量清单计价，是建设工程招投标活动中，按照国家统一的《计价规范》的要求及施工图设计文件，由招标人提供工程量清单，投标人根据工程量清单、企业定额、市场行情和本企业实际情况自主报价，经评审后合理低价中标的工程造价计价模式。这是国际上普遍通行的招投标方式。

在此背景下，投标报价的依据与在执行定额时有所改变，现在投标报价的依据主要有以下内容：

(1) 招标文件(含工程量清单)；

(2) 施工图设计文件(包括施工图设计选用的标准图集、通用图集)；

(3)《计价规范》各附录和各省《实施细则》、《补充项目》；

(4) 投标人为拟建工程编制的施工组织设计(施工方案)；

(5) 消耗量定额或企业定额；

(6) 人工、材料、机械市场价格；

(7) 招标文件规定的取费标准；

(8) 竞争对手情况及企业内部的相关因素；

(9) 投标报价策略。

5.3.2 投标报价的确定

在工程量清单计价模式下，投标报价的形成过程如图5-1所示。

工程项目投标报价汇总表的合计就是投标报价。招标工程可分为不同的单项工程，单项投标报价汇总表就是各单项工程费用的汇总。一个单项工程可分为若干个单位工程，单位工程投标报价汇总表即是各单位工程费用的汇总。单位工程是招标划分标段的最小单位，单位工程投标报价汇总表即是分部分项工程费、措施项目费、其他项目费、规费和税金的汇总。

5.3.3 单位工程投标报价的计算

计算单位工程费用是确定投标报价的起点，单位工程投标报价的构成与工程造价预算的费用构成基本一致，但投标报价和工程造价预算是有区别的。工程造价预算一般按照国家及各省市、自治区、直辖市的有关规定编制，尤其是各种费用的计算是按规定的费率进行计算的；而投标报价则是根据本企业实际情况进行计算，更能体现企业的实际水平，可以根据企业对工程的理解程度、竞争对手的情况，在工程造价预算上下浮动。

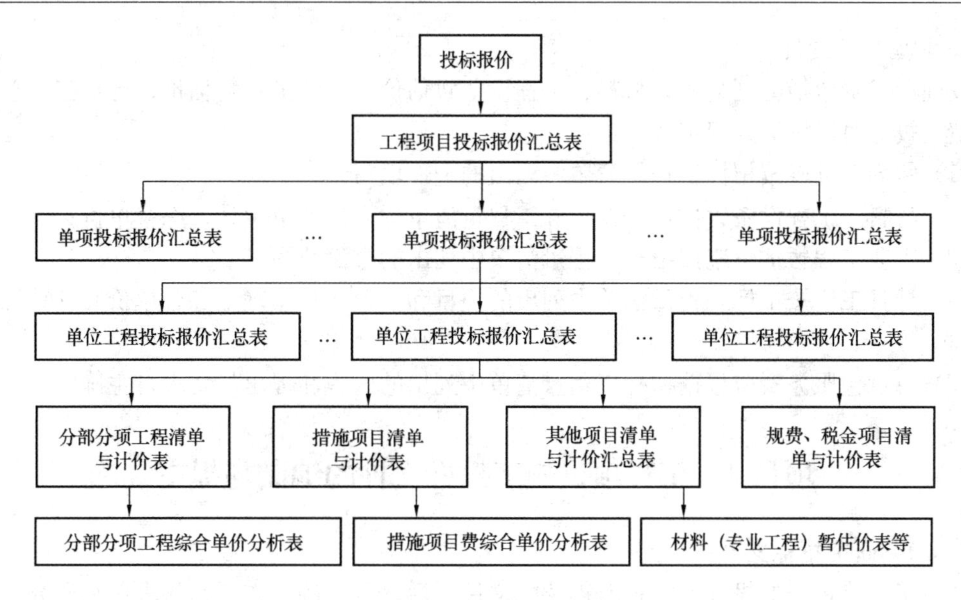

图 5-1 投标报价形成图

在工程量清单计价模式下，投标报价主要由分部分项工程费、措施项目费、其他项目费、规费和税金五部分构成。

1. 分部分项工程费

分部分项工程量清单费用采用综合单价计价。综合单价是完成一个规定计量单位的分部分项工程和措施清单项目所需的人工费、材料和工程设备费、施工机具使用费和企业管理费、利润以及一定范围内的风险费用。它应按施工图设计文件和参照《计价规范》附录的工程内容确定。分部分项工程的综合单价包括以下内容：

（1）分部分项工程主项的一个清单计量单位人工费、材料和工程设备费、施工机具使用费和企业管理费、利润；

（2）与该主项一个清单计量单位所组合的各分项工程的人工费、材料和工程设备费、施工机具使用费和企业管理费、利润；

（3）在不同条件下施工需增加的人工费、材料和工程设备费、施工机具使用费和企业管理费、利润。

分部分项工程费用中，还应考虑招标文件中要求投标人承担的风险费用。风险费用是指投标人在确定综合单价时，客观上可能产生的不可避免误差，以及在施工过程中遇到施工现场条件复杂、恶劣的自然条件、施工中意外事故、物价上涨以及其他风险因素所发生的费用。

2. 措施项目费用

措施项目费是指施工企业为完成工程项目施工，发生于该工程施工前和施工过程中技术、生活、安全等方面的非工程实体项目的费用。结算需要调整的，必须在招标文件或合同中明确。

投标报价时，措施项目费应根据招标文件中的措施项目清单及投标时拟定的施工组织设计或施工方案，应采用综合单价计价的规定自主确定。其中安全文明施工费应按照国家或省级、行业建设主管部门的规定计价，不得作为竞争性费用。

3. 其他项目费用

其他项目费包括暂列金额、材料、工程设备暂估价、专业工程暂估价、计日工、总承包服务费。投标时应按下列规定报价：

(1) 暂列金额应按招标工程量清单中列出的金额填写；

(2) 材料、工程设备暂估价应按招标工程量清单中列出的单价计入综合单价；

(3) 专业工程暂估价应按招标工程量清单中列出的金额填写；

(4) 计日工应按招标工程量清单中列出的项目和数量，自主确定综合单价并计算计日工总额；

(5) 总承包服务费应根据招标工程量清单中列出的内容和提出的要求自主确定。

项目4　工程项目施工投标文件的编制与提交

5.4.1　研究招标文件

通过了资格审查的投标人，在取得招标文件之后，首要的工作就是认真仔细研究招标文件，充分了解其内容和要求，以便有针对性地安排投标工作。招标文件的研究工作包括：①招标项目综合说明，熟悉工程项目全貌；②研究设计文件，为制订报价或制订施工方案提供确切的依据；③研究合同条款，明确中标后的权利与义务；④研究投标须知，提高工作效率，避免造成废标等。

5.4.2　调查投标环境，制订投标策略

招标工程项目的社会、自然及经济条件，会影响工程项目成本，因此在报价前应尽可能了解清楚。主要调查的内容有：①社会经济条件，如劳动力资源、工资标准、专业分包能力、地方材料的供应能力等；②自然条件，如影响施工的天气、山脉、河流等因素；③施工现场条件，如场地地质条件、承载能力、地上及地下建筑物、构筑物及其他障碍物、地下水位、道路、供水、供电、通信条件、材料及构配件堆放场地等。

竞争的胜负不仅取决于参与竞争单位的实力，而且决定于竞争者的投标策略是否正确，研究投标策略的目的是为了取得竞争的胜利。投标策略将在本章第四节中详细介绍。

5.4.3　制订施工方案或施工组织设计

施工方案是投标报价的一个前提条件，也是招标人评标时要考虑的因素之一。施工方案应由投标人的技术负责人主持制订，主要应考虑施工方法、主要施工机具的配置、各工种劳动力的安排及现场施工人员的平衡、施工进度及分批竣工的安排、安全措施等。施工方案的制订应在技术和工期两方面对招标人有吸引力，同时又有助于降低施工成本。

为投标而编制的施工组织设计与指导具体的施工方案有两点不同：一是读者对象不同。投标中的施工方案是向招标人或评标小组介绍施工能力，应简洁明了，突出重点和长处。二是作用不同。投标中的施工方案是为了争取中标，因此应在技术措施、工期、质量、安全以及降低成本方面对招标人有恰当的吸引力。

5.4.4　投标报价

工程项目投标报价是影响投标人投标成败的关键因素，因此报价是否合理直接关系到投标的成败。投标报价的编制主要是投标人对承建招标工程项目所要发生的各种费用的计算。在进行投标计算时，必须首先根据招标文件进一步复核工程量。作为投标计算的必要条件，

应预先确定施工方案，此外，投标计算还必须与采用的合同形式相协调。工程投标报价的一般程序如图 5-2 所示。

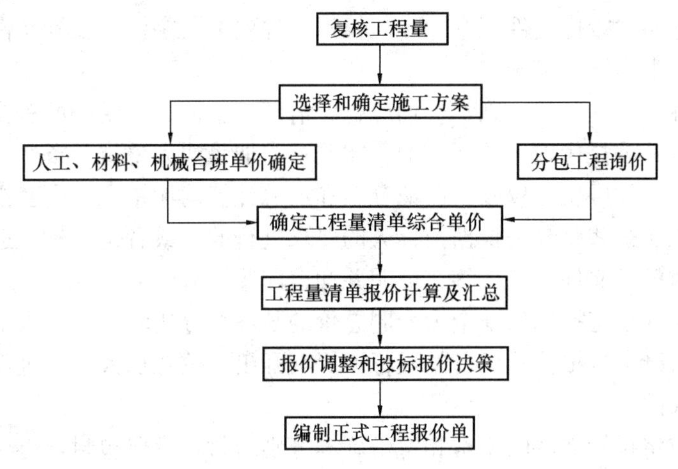

图 5-2　工程项目投标报价编制程序

5.4.5　编制投标文件

1. 投标文件的基本内容

工程投标文件，是表明投标人接受招标文件的要求和标准，载明自身（含参与项目实施的负责人）的资信资料、实施招标项目的技术方案、投标价格以及相关承诺内容的书面文书。

投标人在投标文件中必须明确向招标人表示愿以招标文件的内容订立合同的意思；必须对招标文件提出的实质性要求和条件作出响应，不得以低于成本的报价竞标；必须由有资格的投标人编制；必须按照规定的时间、地点递交给招标人。否则该投标文件将被招标人拒绝。

投标文件一般由下列内容组成：

（1）投标函及投标函附录；

（2）法定代表人身份证明或附有法定代表人身份证明的授权委托书；

（3）联合体协议书；

（4）投标保证金；

（5）已标价工程量清单；

（6）施工组织设计；

（7）项目管理机构；

（8）拟分包项目情况表；

（9）资格审查资料；

（10）“投标人须知”前附表规定的其他材料。

2. 编制工程投标文件的注意事项

（1）编制投标文件时必须使用招标文件中提供的投标文件格式，其中表格可以按同样格式扩展。投标人根据招标文件的要求和条件填写投标文件的有关内容时，凡要求填写的内容都必须填写；否则，即被视为放弃。对于实质性的项目或数字如工期、质量等级、价格等未填写的，将被作为无效或作废的投标文件处理。

(2) 所编制的投标文件“正本”只有一份，“副本”则按招标文件前附表所述的份数提供，同时要明确标明“投标文件正本”和“投标文件副本”字样。投标文件正本和副本如有不一致之处，以正本为准。

(3) 投标文件“正本”与“副本”均应打印清楚，整洁、美观。所有投标文件均由投标人的法定代表人或其委托代理人签署、加盖印鉴，并加盖法人单位公章。

(4) 填报投标文件应反复校核，保证分项和汇总计算均无错误。全套投标文件均应无涂改和行间插字，除非这些删改是根据招标人的要求进行的，或者是投标人造成的必须修改的错误。修改处应由投标文件签字人签字证明并加盖印鉴。

(5) 如招标文件规定投标保证金为合同总价的某一百分比时，投标人不宜过早开具投标保函，以防泄露自己一方报价。但有的投标人提前开出并故意加大保函金额，以麻痹竞争对手的情况也是存在的。

(6) 投标人应将投标文件的正本和每份副本分别密封在内层包封，再密封在一个外层包封中，并在内包封上正确标明“投标文件正本”和“投标文件副本”。内层和外层包封都应写明招标人名称和地址、工程名称、招标编号，并注明开标时间以前不得开封。在内层包封上还应写明投标人的名称与地址、邮政编码，以便投标出现逾期送达时能原封退回。如果内外层包封没有按上述规定密封并加写标志，招标人将不承担投标文件错放或提前开封的责任，由此造成的提前开封的投标文件将被拒绝，并退还给投标人。投标文件递交至招标文件前附表所述的单位和地址。

(7) 投标文件必须严格按照招标文件和规定编写，切勿对招标文件要求进行修改或提出保留意见。如果投标人发现招标文件中确有不少问题，则可将这些问题归纳为以下三类，区别对待处理：

第一类是对投标人有利的，可以在投标时加以利用或在以后提出索赔要求的，这类问题投标者一般在投标时是不提的。

第二类是发现的错误明显对投标人不利的，如总价包干合同工程项目漏项或是工程量偏少的，这类问题投标人应及时向业主提出质疑，要求业主更正。

第三类是投标者企图通过修改某些招标文件和条款，或是希望补充某些规定，以使自己在合同实施时能处于主动地位的问题。

上述问题在准备投标文件时应单独写成一份备忘录提要。但这份备忘录提要不能附在投标文件中提交，只能自己保存。第三类问题留待合同谈判时使用，也就是说，当该投标文件使招标人感兴趣、邀请投标人谈判时，再把这些问题根据当时情况，一个一个地拿出来谈判，并将谈判结果写入合同协议书的备忘录中。

(8) 编制投标文件过程中，必须考虑开标后如果进入评标对象时，在评标过程中应采取的对策。前述鲁布革引水工程招标中，由于大成公司在这方面做了充分的准备、决策及时，而在评标中取胜，获得了合同。如果情况允许，也可另外向业主致函，表明投送投标文件后考虑到同业主长期合作的诚意，决定降低标价百分之几。如果投标文件中采用了替代备选方案，函中也可阐明此方案的优点；也可在函中明确表明，在评标时与业主招标机构讨论，使此报价更为合理等。应当指出，投标期间来往信函要写得简短、明确，但措辞要委婉有说服力。来往信函不但是招标与投标双方交换讨论和澄清问题，也是使业主对致函的投标人逐步了解、建立信任的重要手段。

5.4.6　投标担保与投标文件的提交

1. 投标担保

工程项目的投标担保应当在投标时由投标人提供，对于未能按要求提交投标保证金的投标，招标人将视为不响应投标而被拒绝。

（1）投标担保形式。建设部颁布的《房屋建筑和市政基础设施工程施工招标投标管理办法》（建设部第89号令）中规定："投标人应当按照招标文件要求的方式和金额，将投标保函或者投标保证金随投标文件提交招标人。"由此可见，投标担保方式有以下两种。

①投标保证金。一般投标保证金额数额不超过投标总价的2%，最高不得超过50万元（人民币）。投标保证金可使用支票、银行汇票等。投标保证金的有效期应超过投标有效期。

②投标保函。一般投标保函由银行或担保公司开具，这是一种第三人的使用担保（保证）。其保函格式应符合招标文件所要求的格式。银行保函或担保书的有效期应在投标有效期满后28天内继续有效。

（2）投标保证金没收。如投标人在投标有效期内有下列情况，将被没收投标保证金：①投标人在投标有效期内撤回其投标文件的；②中标人未能在规定期限内提交履约保证金或签署合同协议的。

2. 投标文件的递交

投标人应在规定时间内将投标书密封送达招标文件中指定的地点。若发现标书有误，需在投标截止时间前用正式函件的方式更正，否则以原标书为准。投标人在招标文件要求提交投标文件的截止时间之前，可以补充、修改或者撤回已提交的投标文件，并以书面通知招标人。补充、修改的内容应视为已提交的投标文件的组成部分。

习　题

1. 工程项目施工投标决策的含义、投标的类型有哪些？
2. 简述影响投标决策的主观因素。
3. 什么是不平衡报价？它适用哪些情况？
4. 简述工程项目施工投标前准备工作的主要内容。
5. 投标人申请资格预审时应注意哪些问题？
6. 什么是工程项目施工投标文件？编制投标文件应当注意哪些问题？
7. 工程项目投标担保的形式有哪几种？
8. 简述工程施工投标报价的组成。

实训题

1. 请以五人为一个小组，按照第二章实训题中编写的招标文件，结合所收集的某一建筑工程项目的有关资料，编写一份完整的投标文件。

2. 某建设单位为一座集装箱仓库的屋盖进行工程招标，该工程为60 000m^{2}的仓库，上面为6组拼连的屋盖，每组约10 000m^2，原招标方案用大跨度的普通钢屋架、檩条和彩色涂层压型钢板的传统式屋盖。招标文件规定除按原方案报价外，允许投标者提出新的建议方案和报价，但不能改变仓库的外形和下部结构；A 公司参加了投标，除严格按照原方案报价外，提出的新建议是：将普通钢屋架一檩条结构改为钢管构件的螺栓球接点空间网架结构。这个新建议方案不仅节省大量钢材，而且可以在 A 公司所属加工厂加工制作构件和接点后，用集装箱运到新加坡现场进行拼装，从而大大降低了工程造价，施工周期可以缩短两个月。开标后，按原方案的报价，A 公司名列第 5 名；其可供选择的建议方案报价最低、工期最短且技术先进。招标人派专家到 A 公司考察，看到大量的大跨度的飞机库和体育场馆均采用球接点空间网架结构，技术先进、可靠，而且美观，因此宣布将这个仓库的大型屋盖工程以近 3000 万元的承包价格授予这家中国公司。

本项目是否属于一个项目投了两个标？为什么？

单元 6

工程勘察、设计、监理招投标

【知识点】 工程勘察设计招标目的、特点、内容与招标应具备的条件；勘察设计招标与投标程序；工程建设监理及其范围与分类；工程项目建设监理招标与投标程序；工程项目建设监理招标文件的编制；工程项目建设监理招标的开标、评标与决标。

【教学目标】 了解工程勘察设计招标目的、特点、内容及招标应具备的条件；了解工程建设监理及其范围；熟悉勘察设计及监理的招标与投标程序；熟悉设计投标书的内容；熟悉工程建设监理招标投标分类。掌握勘察设计投标人的资格审查内容；掌握勘察设计及监理招标文件的编制；掌握勘察设计及监理开标、评标与决标的基本要求。

项目 1　建设工程勘察、设计招投标

6.1.1　工程勘察设计招标概述

1. 工程勘察设计招标目的

勘测设计是工程建设过程中的关键环节，工程项目建设进入实施阶段的第一项工作就是工程勘测设计招标。勘测设计质量的优劣对工程项目建设目标（质量目标、成本目标、进度目标）能否顺利实现起着至关重要的作用。

招标人委托勘察任务的目的是为项目选址和进行设计工作取得现场的实际依据资料。

设计招标目的是通过设计竞争，择优确定最为理想综合指标的方案和设计单位，以达到拟建项目能够采用先进的技术和工艺、降低工程造价、缩短建设周期和提高经济效益为目的。

2. 工程勘察设计招标的特点

（1）工程勘察招标的特点。如果勘察工作仅委托勘察任务而无科研要求，委托工作大多属于用常规方法实施的内容（地形图测绘、岩土、水文勘察）。任务比较明确具体，可以在招标文件中给出任务的数量指标，如地质勘探的孔位、探眼数量、总钻探进尺长度等。

勘察任务可以单独委托给具有相应资质的勘察单位实施，也可以将其交由具有相应勘察资质的设计单位完成，即勘察设计总承包。采用勘察设计总承包招标，在合同履行过程中招标人和监理可以减少合同实施过程中可能遇到的各种协调义务，而且能使勘察工作直接根据设计需要进行，满足设计对勘察资料精度、内容和进度的要求，必要时还可以进行补充勘察工作。

（2）设计招标的特点。设计招标的特点表现为承包任务是投标人将招标人对项目的设想变为可实施方案的蓝图。因此，招标人在设计招标文件中对投标人所提出的要求比较模糊、各种指标不是很明确具体，只是简单介绍建设项目的实施条件、预期达到的技术经济指标、投资限额、进度要求等。投标人要根据招标条件、现场踏勘资料和相关文件资料，对建设项目的设想变为可实施的初步方案，然后在投标文件中分别报出各自对项目的构思方案、实施计划和设计费用报价。招标人通过开标、评标程序对各方案进行比较，综合评定择优确定中

标方案和中标人。鉴于设计任务本身的特点，设计招标应采用设计方案竞选的方式招标。

3. 工程勘察设计招标的内容

（1）工程勘察招标的内容。由于工程建设项目的性质、规模、复杂程度以及建设地点的不同，设计前所需的勘察也各不相同，主要有下列八大类别：①自然条件观测；②地形图测绘；③资源探测；④岩土工程勘察；⑤地震安全性评价；⑥工程水文地质勘察；⑦环境评价和环境基底观测；⑧模型试验和科研。

依据总体方案平面图及设计单位提出的某技术方面要求，进行勘察方案设计及施工。

（2）工程设计招标的工作内容。一般工程项目的设计分为总体规划设计、方案设计（含概念设计）、初步设计和施工图设计等几个阶段进行，对技术复杂而又缺乏经验的项目，在必要时还要增加技术设计阶段。

工程设计招标一般多采用总体规划设计、方案设计（含概念设计）、技术设计招标或施工图设计招标。为了保证设计指导思想连续地贯彻于设计的各个阶段，一般由方案设计（含概念设计）中标的设计单位承担初步设计或施工图设计任务。招标人应依据工程项目的具体特点决定发包的工作范围，可以采用设计全过程总发包的一次性招标，也可以选择分单项或分专业的发包招标。

4. 工程勘察设计招标应具备的条件

按照国家颁布的有关法律、法规，勘测设计招标项目应具备如下条件：

（1）具有经过审批机关批准的设计任务书或项目建议书。

（2）具有国家规划部门划定的项目建设地点、平面布置图和用地红线图。

（3）具有开展设计必需的可靠的基础资料，包括：建设场地勘测的工程地质、水文地质初步勘测资料或有参考价值的场地附近的工程地质、水文地质详细勘测资料；水、电、燃气、供热、环保、通信、市政道路等方面的基础资料；符合要求的勘测地形图等。

（4）勘察设计所需资金已经落实。

（5）有设计要求说明等。

6.1.2 工程勘察设计招标与投标程序

1. 勘察设计招标与投标程序

（1）公开招标程序。依据委托设计的工程项目规模及招标方式不同，各建设项目设计招标的程序繁简程度也不尽相同。国家有关建设法规规定了如图 6-1 所示的公开招标程序。

（2）邀请招标程序。采用邀请招标方式时，可以根据具体情况在公开招标程序基础上进行适当变更或酌减。

2. 勘察设计招标准备工作

（1）业主招标的组织准备。招标准备阶段需要组建招标组织或委托招标代理机构。

1）招标人自行办理招标事宜，应当具有编制招标文件和组织评标的能力，具体包括：①具有项目法人资格（或者法人资格）；②具有与招标项目规模和复杂程度相适应的工程技术、概预算、财务和工程管理等方面专业技术力量；③有从事同类工程建设项目招标的经验；④设有专门的招标机构或者拥有 3 名以上专职招标业务人员；⑤熟悉和掌握《招标投标法》及有关法规规章。

2）不符合自行招标有关条件的，应委托招标代理机构办理招标事宜。

3）确定招标组织形式应提交如下有关材料：①招标组织机构和专职招标业务人员的证

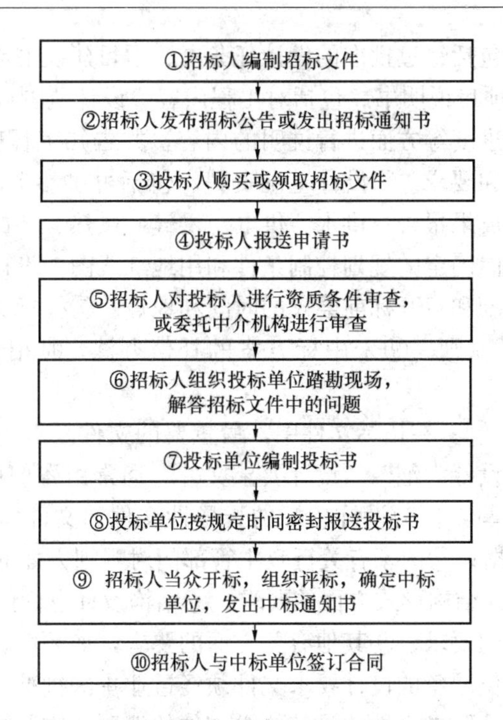

图 6-1　勘察设计公开招标程序

明材料；②专业技术人员名单、职称证书或者执业资格证书及其工作经历的证明材料，同时应提交办理此项目设计招标相关事宜的法人代表委托书，并填写《勘察、设计自行招标备案登记表》；③委托招标的需提供招标方与委托代理机构签订的委托合同，并提供委托代理机构的资质证明材料。

4）发布招标公告或投标邀请书。

①招标人或招标代理机构，应在发布招标公告或者发出投标邀请书规定日期前，持有关材料到招标管理部门进行审核。招标管理部门发现招标人不具备自行招标条件、代理机构无相应资格、招标前期条件不具备、招标公告或者投标邀请书有重大瑕疵的，可以责令招标人暂停招标活动。

②公开招标的项目，应填写勘察设计招标公告，招标公告上向社会公布招标信息，此信息将同时在国家批准的招标信息发布指定媒体“中国采购与招标网”与“中国建设报电子版”显示。国际招标应由《中国日报》登载。

③招标人应当按招标公告或者投标邀请书规定的时间、地点出售招标文件或者资格预审文件。自出售之日起至停止出售之日止，最短不得少于 5 日。

（2）设计招标的文件准备。设计招标文件是指导设计单位正确投标的依据，也是对投标人提出要求的文件。招标文件一经发出，招标人不得擅自修改。如果确需修改时，应以补充文件的形式将修改内容在提交投标文件截止日期 15 日前，书面通知每一个招标文件收受人。补充文件与招标文件具有同等的法律效力。若因修改招标文件给投标人造成经济损失时，招标人还应承担赔偿责任。

1）招标文件的主要内容。为了使投标人能够正确地进行投标，招标文件应包括以下几方面的内容。①投标须知。包括工程名称、地址、竞选项目、占地范围、建筑面积、竞选方式等。②设计依据文件。包括经过批准的设计任务书、项目建议书或者可行性研究报告及有关审批文件的复印件。③项目说明书。包括对工程内容、设计范围或深度、图纸内容、张数和图幅、建设周期和设计进度等方面进行说明的内容，并告知工程项目建设的总投资限额。④拟签订合同的主要条款和要求。⑤设计基础资料。包括可供参考的工程地质、水文地质、工程测量等建设场地勘察成果报告；供水、供电、供气、供热、环保、市政道路等方面的基础资料；城市规划管理部门确定的规划控制条件和用地红线图；设计文件的审查方式。⑥招标文件答疑、组织现场踏勘和召开标前会议的时间和地点。⑦投标文件送达的截止时间。⑧投标文件编制要求及评标原则。⑨未中标方案的补偿办法。⑩招标可能涉及的其他有关内容。

2）设计要求文件的编制。在招标文件中，最重要的文件是对项目的设计提出明确要求的“设计要求文件”或“设计大纲”。“设计要求文件”通常由咨询机构或监理单位从技术、经济等方面考虑后具体编写，作为设计招标的指导性文件。文件内容大体包括以下几个方面：①设计文件编制的依据；②国家有关行政主管部门对规划方面的要求；③技术经济指标要求；④平面布置要求；⑤结构形式方面的要求；⑥结构设计方面的要求；⑦设备设计方面的要求；⑧特殊工程方面的要求；⑨其他有关方面的要求，如环境、防火等。

由咨询机构或监理单位准备的设计要求文件须经过业主的批准。如果不满足要求，应重新核查设计原则，修改设计要求文件。设计要求文件的编制，应兼顾以下三个方面：①严格性。文字表达应清楚，不被误解。②完整性。任务要求全面，不遗漏。③灵活性。要为设计单位设计发挥创造性留有充分的自由度。

（3）勘察设计投标人的资格审查。

根据招标方式的不同，招标人对投标人资格审查的方式也不同。如采用公开招标时，一般会采取资格预审的方式，由投标人递交资格预审文件，招标人通过综合对比分析各投标人的资质、经验、信誉等，确定出候选人参加勘察设计的投标工作。如采用邀请招标，则会简化以上过程，由投标人将资质状况反映在投标文件中，与投标书共同接受招标人的评判。但无论是公开招标时对投标人的资格预审，还是邀请招标时的资格后审，审查内容是基本相同的，一般包括对投标人的资质审查、能力审查、经验审查三个方面。

1）资质审查

资质审查主要是检查投标人的资质等级和其可承接项目的范围，检查申请投标单位所持有的勘察和设计资质证书等级是否与拟建工程项目的级别相一致，不允许无资格证书或低资格单位越级承接工程勘察、设计任务。审查的内容包括以下三个方面。

①证书的种类。国家和地方主管部门颁发的资格证书分为工程勘察证书和工程设计证书两种。如果勘察任务合并在设计招标中时，申请投标人必须同时拥有两种证书。仅持有工程设计证书的单位可联合其他持有工程勘察证书的单位，以总包和分包的形式共同参与投标，资格预审时同时提交总包单位的工程设计证书和分包单位的工程勘察证书。

②资质等级。我国按照单位资历和信誉、技术条件、技术装备及管理水平等方面的考核指标，制订了工程勘察资质分级标准和工程设计资质分级标准。

工程勘察资质分为综合资质、专业资质和劳务资质三类。工程勘察综合资质包括全部工程勘察专业资质的工程勘察资质，综合资质只设甲级。工程勘察专业资质包括岩土工程专业资质、水文地质勘察专业资质和工程测量专业资质；其中，岩土工程专业资质包括岩土工程勘察、岩土工程设计、岩土工程物探测试检测监测等岩土工程（分项）专业资质，岩土工程、岩土工程设计、岩土工程物探测试检测监测专业资质设甲、乙两个级别；岩土工程勘察、水文地质勘察、工程测量专业资质设甲、乙、丙三个级别。工程勘察劳务资质包括工程钻探和凿井，工程勘察劳务资质不分等级。

工程设计资质分工程设计综合资质、工程设计行业资质、工程设计专业资质和工程设计专项资质四类。工程设计综合资质只设甲级；工程设计行业资质和工程设计专业资质设甲、乙两个级别；根据行业需要，建筑、市政公用、水利、电力（限送变电）、农林和公路行业可设立工程设计丙级资质，建筑工程设计专业资质设丁级。建筑行业根据需要设立建筑工程设计事务所资质。工程设计专项资质可根据行业需要设置等级。

不允许低资质单位承接高等级工程的勘察设计任务。各级证书的适用范围如下。

a. 工程勘察。综合类甲级勘察单位可承担各类建设工程项目的岩土工程、水文地质勘察、工程测量业务（海洋工程勘察除外），其规模不受限制（岩土工程勘察丙级项目除外）。专业类甲级勘察单位可承担本专业资质范围内各类建设工程项目的工程勘察业务，其规模不受限制；乙级勘察单位可承担本专业资质范围内各类建设工程项目乙级及以下规模的工程勘察业务；丙级勘察单位可承担承担本专业资质范围内各类建设工程项目丙级规模的工程勘察业务；劳务类勘察单位只能承担相应的工程钻探、凿井等工程勘察劳务业务工作。

b. 工程设计。工程设计综合甲级单位可承担各行业建设工程项目的设计业务，其规模不受限制；但在承接工程项目设计时，须满足本标准中与该工程项目对应的设计类型对专业及人员配置的要求；承担其取得的施工总承包（施工专业承包）一级资质证书许可范围内的工程施工总承包（施工专业承包）业务。工程设计行业甲级设计单位可承担本行业建设工程项目主体工程及其配套工程的设计业务，其规模不受限制；乙级设计单位可承担本行业中、小型建设工程项目的主体工程及其配套工程的设计业务；丙级设计单位可承担本行业小型建设项目的工程设计业务。工程设计专业甲级设计单位可承担本专业建设工程项目主体工程及其配套工程的设计业务，其规模不受限制；乙级甲级设计单位可承担本专业中、小型建设工程项目的主体工程及其配套工程的设计业务；丙级甲级设计单位可承担本专业小型建设项目的设计业务。丁级甲级设计单位（限建筑工程设计）承担范围：一般公共建筑工程，单体建筑面积 2000m^2 及以下或建筑高度 12m 及以下的工程设计；一般住宅工程，单体建筑面积 2000m^2 及以下或建筑层数 4 层及以下的砖混结构的工程设计；厂房和仓库，跨度不超过 12m，单梁式吊车吨位不超过 5t 的单层厂房和仓库；跨度不超过 7.5m，楼盖无动荷载的二层厂房和仓库工程设计；构筑物，套用标准通用图高度不超过 20m 的烟囱、容量小于 50m^3 的水塔、容量小于 300m^3 的水池或直径小于 6m 的料仓。工程设计专项设计单位可承担规定的专项工程的设计业务，具体规定见有关专项资质标准规定。

c. 证书中规定允许承接任务的范围。尽管申请投标人所持证书的级别与工程项目的级别相适应，但由于工程项目的勘察或设计任务有较强的专业性要求，因此，还需审查证书规定的允许承揽工作范围是否与项目的专业性质相一致。工程设计行业由原来的 30 个行业调整合并为 21 个行业。原工程设计分级标准中水利、铁道、公路、林业、通信、石油天然气等行业为勘察设计合一，调整后的工程设计行业资质分级标准中这些行业均未考虑勘察的技术要求，因此，承担这些行业的勘察业务须领取工程勘察资质证书。申请投标人所持有的证书在以上三方面中任何一项不合格，均应被取消投标资格。

2）能力审查。能力审查包括投标单位的技术条件和所拥有的技术设备及管理水平两方面的审查。设计技术条件主要考查专业配备是否齐全、合理，以及设计负责人的资质能力和各类设计人员的专业覆盖面、人员数量、各级职称人员的比例等是否满足完成工程设计任务的需要。技术装备及管理水平主要审查开展正常勘察或设计任务所需的器材和设备，在种类、数量方面是否满足要求。不仅看其拥有量，还应考察其完好程度和在其他工程上的占用情况。同时还要审查质量体系和技术、经营、人事、财务、档案等管理制度是否完善。

3）经验审查。通过审查投标者报送的最近几年所完成的工程项目设计一览表，包括工程名称、规模、标准、结构形式、设计期限等内容，评定其设计能力和设计水平。侧重考察已完成过的设计项目与招标工程在规模、性质、形式上是否相适应，即判断投标者有无类似工程的设计经验。

招标人对其他关注的问题，也可以要求申请的投标人报送有关材料，作为资格预审的内容。资格预审合格的申请单位可以参加设计投标竞争。对不合格者，招标人也应及时发出通知。

4）设计投标书的内容。设计单位应严格按照招标文件的规定编制投标书，并在规定时间内送达。设计投标书的内容一般应包括以下几个方面。

①方案设计综合说明书。对总体方案构思意图作详尽的文字阐述，并应列出技术经济指标表（包括总用地面积、总建筑面积、建筑占地面积、建筑总层数、总高度，以及建筑容积率、覆盖率、道路广场铺砌面积、绿化面积、绿化率，必要时还应计算场地初步土方平衡工程量等）。

②方案设计内容及图纸（可以是总体平面布置图，单体工程的平面图、立面图、剖面图，透视渲染表现图等，必要时可以提供模型或沙盘）。

③工程投资估算和经济分析。投资估算文件包括估算的编制说明及投资估算表。投资估算编制说明的内容应包括编制依据、不包括的工程项目和费用、其他必须说明的问题。投资估算表是反映一个建设项目所需全部建筑安装工程投资的总文件。它是由各单位工程为基本组成基数的投资估算（如土方、道路、围墙大门、室外管线、周界防范系统等投资估算），并考虑预备费后汇总成建设项目的总投资。

④项目建设工期。

⑤主要的施工技术要求和施工组织方案。

⑥设计进度计划。

⑦设计费报价。

5）提交投标保证金。保证金数额一般不超过勘察设计费投标报价的2%，最多不超过10万元人民币。

6）设计评标与定标。评标由招标人邀请有关部门的代表和专家组成评标委员会进行，通过对各标书的评审写出综合评标报告，向招标人推荐1～3个中标候选人，并排出顺序。招标人根据评标委员会的书面评标报告和推荐的中标候选人，在签订合同前，可与中标人进行会谈，就评标时发现的问题探讨改正或补充原投标方案，或将其他投标人的某些设计特点融于该设计方案中的可能性等问题进行探讨协商，最终确定中标人。

为了保护非中标人的权益，如果使用非中标方案的全部或部分设计成果时，须首先征得其同意后实行有偿转让。

设计评标时虽然评审的内容很多，但主要应侧重考虑以下几个方面。

①设计方案的优劣。设计方案评审的内容主要包括：a. 设计指导思想是否正确；b. 设计方案是否反映了国内外同类工程项目较先进的水平；c. 总体布置的合理性和科学性，场地利用系数是否合理；d. 设备选型的适用性；e. 主要建筑物、构筑物的结构是否合理，造型是否美观大方，并与周围环境相协调；f. “三废”治理方案是否有效；g. 其他有关问题。

②投入产出和经济效益。投入产出和经济效益的好坏主要涉及以下几方面：a. 建设标准是否合理；b. 投资估算是否超过投资限额；c. 先进工艺流程可能带来的投资回报；d. 实现该方案可能需要的外汇估算等。

③设计进度的快慢。评价投标书内的设计进度计划，看其能否满足招标人制订的项目建设总进度计划要求。大型复杂的工程项目为了缩短建设周期，初步设计完成后进行施工招标，在施工阶段陆续提供施工详图，此时，应重点审查设计进度是否能满足施工进度要求，避免妨碍或延误施工的顺利进行。

④设计资历和社会信誉。没有设置资格预审的邀请招标，在评标时还要对设计单位的设计资历和社会信誉进行评审，作为对各投标人的比较内容之一。

根据有关建设法规规定，自发出招标文件到开标，最短不少于 20 日，最长不得超过半年。自开标、评标至确定中标人的时间，一般不得超过 30 个工作日。确定中标人后，双方应在 30 个工作日内签订设计合同。

项目 2 工程建设监理招标投标

6.2.1 工程建设监理及其范围

1. 工程建设监理的概念

工程建设监理是指监理单位受业主的委托，依据国家批准的工程项目建设文件、有关工程建设的法律、法规和工程建设监理合同及其他工程建设合同，对工程建设实施的监督管理。实行建设工程监理制度，目的在于提高工程建设的投资效益和社会效益。

2. 工程建设监理的范围

根据建设部颁布的《建设工程监理范围和规模标准规定》，下列工程必须实施建设监理。

(1) 国家重点建设工程。指依据《国家重点建设项目管理办法》所确定的对国民经济和社会发展有重大影响的骨干项目。

(2) 大中型公用事业工程。指项目总投资额在 3000 万元以上的供水、供电、供气、供热等市政工程项目，科技、教育、文化等项目，体育、旅游、商业等项目，卫生、社会福利等项目，其他公用事业项目。

(3) 成片开发建设的住宅小区工程。指建筑面积在 5 万 m^2 以上的住宅建设工程必须实行监理，5 万 m^2 以下的住宅建设工程可以实行监理，具体范围和规模标准，由建设行政主管部门规定，对高层住宅及地基、结构复杂的多层住宅应当实行监理。

(4) 利用外国政府或者国际组织贷款、援助资金的工程。指使用世界银行、亚洲开发银行等国际组织贷款资金的项目，或使用国外政府及其机构贷款资金的项目，或使用国际组织或者国外政府援助资金的项目。

(5) 国家规定必须实行监理的其他工程。指项目总投资额在3000万元以上关系社会公共利益、公众安全的基础设施项目和学校、影剧院、体育场馆项目。

《建设工程项目招标范围和规模标准规定》要求，监理单位监理的单项合同估算价在50万元人民币以上的，或单项合同估算价低于规定的标准，但项目总投资额在3000万元人民币以上的项目必须进行监理招标。

6.2.2 工程项目建设监理招标投标分类

建设监理招标投标按照招标项目的范围、招标方式及投标人的来源可以分为不同的类型。

1. 按招标项目的范围分类

(1) 全过程监理招标。全过程监理招标是从项目立项开始到建成交付的全过程监理。这对投标人的要求很高，不仅要有会设计懂施工的监理人才，还要有能从事建设前期服务的高级咨询人才。这个意义上的全过程监理招标，在我国目前还很少。而常说的全过程监理招标，一般是指从设计开始到竣工交付过程中的监理。设计施工全过程监理最大的优越性是监理工程师了解设计过程、熟悉设计内容及设计人员，这对协调设计与施工的关系、处理施工中的设计问题非常有利。但也存在施工中发现设计的问题被掩饰的可能，因为设计中的问题隐含了监理的责任，有时可能施工人员不便指出，或被监理人员有意回避。不过随着监理行为的规范化程度和监理人员素质的提高，设计施工全过程监理将是发展的方向。

(2) 设计监理招标。招标人仅是将工程项目设计阶段的监理服务发包。设计监理投标人一般都有设计方面的背景或特长，如以原设计人员为骨干组建而成的监理单位。设计监理中标人在完成设计监理任务后有的也被邀请参加施工监理投标，但前提是前段的监理服务让业主满意。

(3) 施工监理招标。施工阶段的建设监理是我国开展建设监理最早、最普遍的建设阶段，也是开展监理招标最早的建设阶段。我国自1988年监理制度试点以来，业主委托监理单位对工程建设项目的施工过程进行监理，普遍取得了成功，因而促进了建设监理制全面推行。建设监理队伍迅速壮大、监理市场初步形成，并具有买方市场的特征。建设监理市场尤其是施工监理市场竞争日趋激烈，促进了监理招标在施工阶段监理委托中被广泛采用。

2. 按招标方式分类

(1) 公开招标。通过公共媒介或专门的途径向社会发布监理招标信息，吸引不确定的潜在监理投标人来投标。一般是在大型、特大型工程的监理或有境外资金投入的项目的监理招标中采用。

(2) 邀请招标。由于监理服务是一种"智能"、"知识"、"经验"的服务。这种"智能"、"知识"、"经验"的积累固然需要时间，而其被承认、被接受就更需要时间。招标人为了选到理想的监理机构，自然应在其认为能提供这种"智能"、"知识"和"经验"服务的潜在投标人中选择。因而邀请招标方式被广泛采用，成了目前我国监理招标中的主要形式。

3. 按投标人来源范围分类

按招标文件中对投标人来源范围的限定条件，监理招标可分为国际招标和国内招标。

(1) 国际招标。当建设项目投资巨大、技术复杂、采用新工艺时，需要借助国际上的技术和经验时，监理往往采用国际招标。另外，使用国外资金的建设项目，常常也被要求采用国际招标选择监理机构。

(2) 国内招标。这是最常用的监理招标方式，投标人全是国内的监理单位。

6.2.3 工程项目建设监理招标与投标程序

建设工程监理招标与投标应按下列程序进行：

(1) 招标人组建项目管理班子，确定委托监理的范围；若自行办理招标事宜的，则应在规定时间内到招投标管理机构办理备案手续。

(2) 编制招标文件。

(3) 发布招标公告或发出邀标通知书。

(4) 向投标人发出投标资格预审通知书，对投标人进行资格预审。

(5) 招标人向投标人发出招标文件，投标人组织编写投标文件。

(6) 招标人组织必要的答疑、现场勘察、解答投标人提出的问题，编写答疑文件或补充招标文件等。

(7) 投标人递送投标书，招标人接受投标书。

(8) 招标人组织开标、评标、决标。

(9) 招标人确定中标单位后向招投标管理机构提交招投标情况的书面报告。

(10) 招标人向投标人发出中标或者未中标通知书。

(11) 招标人与中标单位进行谈判，订立委托监理书面合同。

(12) 投标人报送监理规划，实施监理工作。

作为建设工程的招标投标，工程建设监理的招标投标程序与工程项目招标程序基本一样，都要经过招标公告到投标、开标、评标、决标签约的全过程。因此本节仅介绍建设监理招标投标中所特有的问题。

6.2.4 工程项目监理招标文件的编制

1. 监理招标文件的主要内容

监理招标文件主要包括如下内容：

(1) 投标人须知。包括答疑、投标、开标的时间、地点规定、投标有效期、投标书编写及封装要求、招标文件、投标文件澄清与修改的时限以及无效标的规定等。

(2) 工程项目概况。包括项目名称、地点和规模、工程等级、总投资、现场条件、计划开竣工日期等。

(3) 委托监理任务的范围和工作任务大纲。

(4) 合同条件（一般采用监理合同标准文本）。

(5) 评标原则、标准和方法。

(6) 招标人可向监理单位提供的条件，包括办公、住宿、生活、交通、通信条件等。

(7) 监理投标报价方式及费用构成。

(8) 项目有关资料。

(9) 投标书用表格（格式）。

2. 监理招标文件编制要点。

监理招标文件编制的重点工作是编写监理任务大纲，拟定主要合同条件，确定评标原则、评标标准和方法。

(1) 编写委托监理任务大纲。监理任务大纲是监理投标单位制订监理规划、确定监理报价的依据，所以必须认真、慎重、明确、恰当地编写。其主要内容有：①监理范围。监理范围指监理的对象是工程建设项目的全部，还是其中的分项工程或专项工程，是主体工程加附属工程，还是仅是主体工程。②监理任务。监理任务包括监理内容、目标和业主的授权。

监理内容指在监理过程中的具体工作，如协助业主进行设计、施工招标、确认分包商、审批设计变更、审批工程进度、工程合同款支付签证，主持质量事故鉴定与处理等。

监理目标主要是投资目标、工期目标和质量目标。但目标要定得恰当，不可不切实际，违背科学。如定额工期300天的施工项目，要求100天建成；50个单体建筑组成的住宅小区要求全部优良，其中40%达市优就脱离现实了，是无法实现的目标。

业主的授权主要是指审批设计变更、停复工令、采购及支付等的权力。

(2) 监理合同条件。一般项目均可采用国家颁布的建设监理合同标准文本。特殊项目或国际招标的监理项目也可使用境外的监理合同文本，如国际咨询工程师联合会（FIDIC）颁布的雇主与咨询工程师项目管理协议书国际范文和国际通用规则。

(3) 确定评标原则、标准和方法。这是一个能不能选到合适中标单位的关键。

①评标原则。评标原则的确定主要是招标目标的确定。监理招标的标的是“监理服务”，与工程项目建设中其他各类招标的最大区别表现为监理单位不承担物质生产任务，只是受招标人委托对生产建设过程提供监督、管理、协调、咨询等服务。鉴于标的具有的特殊性，招标人选择中标人的原则是“基于能力的选择”，但招标项目不同、投标人不同可以有不同的评标原则，如选择最优秀的监理中标人或选择取费最低的监理中标人或在监理能力和监理费用中取得平衡的最合适的中标人。当然，客观、公平、公正、科学是评标的最基本原则，必须遵守。

②评价标准。确定评价标准之前必须先有评价指标或评价的内容。

监理服务是监理单位的高智能投入，服务工作完成的好坏不仅依赖于执行监理业务是否遵循了规范化的管理程序和方法，更多地取决于参与监理工作人员的业务专长、经验、判断能力、创新想象力，以及风险意识。因此，招标选择监理单位时，鼓励的是能力竞争，而不是价格竞争。如果对监理单位的资质和能力不给予足够重视，只依据报价高低确定中标人，就忽视了高质量服务，报价最低的投标人不一定就是最能胜任的工作者。

当监理取费过低时，监理单位为了维护自己的经济利益，只有采取减少监理人员数量或多派业务水平低、工资低的人员，其后果必然导致对工程项目的损害。如果监理单位提供高质量的服务，往往能使招标人获得节约工程投资和提前投产的实际效益，因此过多考虑报价因素得不偿失。但从另一个角度来看，服务质量与价格之间应有相应的平衡关系，所以招标人应在能力相当的投标人之间再进行价格比较。

评价标准就是要体现投标人的能力和报价的一种综合，使招标人能在投标人的能力和报价中取得一种平衡。因此，评价指标应包括投标人能力、投标人承诺的在本监理项目上的投入及监理费报价三个方面的内容，即能力包括资质、信誉、经验、财务状况、设备仪器；投入包括监理班子、总监理工程师情况、监理规划、装备条件；监理费报价。

评价标准则应根据招标目标和原则来确定。如果是“基于能力的比较”，则把投标人的能力项的权重加大，降低报价权重即可体现这个原则。

③评标方法。常用的方法是评议法、综合评分法及最低评标价法。a. 评议法。是由评标委员会成员集体讨论达成一致或进行表决，取简单多数来确定中标人的方法。当监理项目较小、技术难度及复杂程度低而投标人特点明确时，可采用此法。b. 综合评分法。是由评

标委员会对各投标人满足评价指标的程度给出评分，再考虑预先确定的各指标相对的权重、得到综合分。比较各投标人的得分高低选定中标人或中标候选人。c. 最低评标价法。当招标的监理项目小、技术含量低、施工简单，而监理投标人的资信能力旗鼓相当时，可选用此法。

3. 监理投标的关键性工作

监理投标中关键性工作主要有六项。

（1）了解招标项目及招标人，决定是否投标。一般正常的监理项目招标应在设计招标或施工招标之前。若项目的资金并未到位，实施与否还难断定，如果投标人有足够的在手监理项目，就不应参加这种项目的投标。

（2）认真研究招标文件，明确监理任务和目标。在研究招标文件的同时，还要对项目现场作必要的踏勘，以便编写监理规划和计算报价。

（3）确定项目的监理班子。这是完成监理任务、实现监理目标的关键，也是计算报价的重要因素，更是招标人评价监理能力和投入的主要内容。

（4）编写切实可行且行之有效的监理规划。监理规划是监理工作的指南，是项目监理部的纲领性文件，体现监理工作计划、工作方法、监理水平和投入程度，是对招标人的承诺和保证。主要内容有：①工程简况及监理总目标；②监理工作范围及工作内容；③项目的监理组织；④主要监理措施；⑤监理条件装备；⑥监理工作制度。

（5）准备投标答辩。有的招标文件会要求投标人派拟定的项目总监理工程师在开标会上答辩，以了解总监理工程师的能力、水平和经验。

（6）填写投标表格，准备有关材料、封装递送。①招标文件所附的标准格式都应按要求填写；②按要求收集整理全套的证明材料（如资质等级证明、注册监理工程师证书等）；③所有文件按要求签章；④按要求分装投标书、并贴封签章；⑤按规定的时间将投标书送达规定的地点；⑥参加开标会，如果有要求，还要参加投标答辩。

6.2.5　工程项目监理招标的开标、评标与决标

1. 开标

开标由招标人主持，所有投标人均应出席，必要时邀请建设招标投标或建设监理主管部门以及公证部门派员参加。投标人或公证人员验证密封无误后由工作人员当众启封，并宣读报价及主要承诺条件。

存在无效投标书的或投标截止前申请撤标的，也应当场宣布，但不启封。

2. 评标

评标由评标委员会组织。

（1）符合性审查。

（2）评委阅读标书，组织答辩。如果招标文件规定投标人派拟定的项目总监理工程师参加答辩的，评委会应在阅读了投标书中的监理规划之后，组织他们依次进场答辩，评委独立给出各投标人的答辩分。

（3）评审。由评标委员会对监理单位所投的有效标书，进行监理规划和总监理工程师答辩、监理组织机构和人员、监理报价及监理单位的社会信誉、资质等级、监理经验等方面的分析、研究和比较，选择其中较优者为中标监理单位。

评标委员会可选用评议法、综合评分法或最低标价法选出中标人或中标候选人。评标委

员会写出评标报告、提出中标人或中标候选人名单报招标人决策。

3. 定标

招标人根据评标委员会的报告，结合与项目有关的各种情况作出判断，选定中标人。如果要履行审批手续，应即报送审批，获得批准后，再宣布定标结果。

1. 简述工程勘察、设计招标的主要特点。
2. 简述工程勘察设计招标应具备的条件。
3. 简述公开招标程序。
4. 简述设计投标书的内容。
5. 简述建设工程监理招标程序。
6. 简述工程项目监理招标文件的编制要点。
7. 工程项目监理投标的关键性工作包括哪些?
8. 简述工程项目监理评标原则、标准和方法。

实训题

某工程项目，建设单位以公开招标的方式选择监理单位。开标时，成立了评标委员会，评标委员会由 5 人组成，其中当地建设行政管理部门的招投标管理办公室主任 1 人、建设单位代表 1 人、政府提供的专家库中抽取的技术经济专家 3 人。经评标委员会评审，最终确定了一具有相应资质的 A 监理公司为中标单位，承担施工阶段监理工作。并在监理中标通知书发出后第 45 天，与该监理单位签订了委托监理合同。之后双方又另行签订了一份监理酬金比监理中标价降低 10%的协议。

问题

1. 指出建设单位在监理招标过程中的不妥之处，并说明理由。
2. 指出建设单位在委托监理合同签订过程中的不妥之处，并说明理由。

第二篇

建设工程合同及合同管理

单元 7

建设工程合同

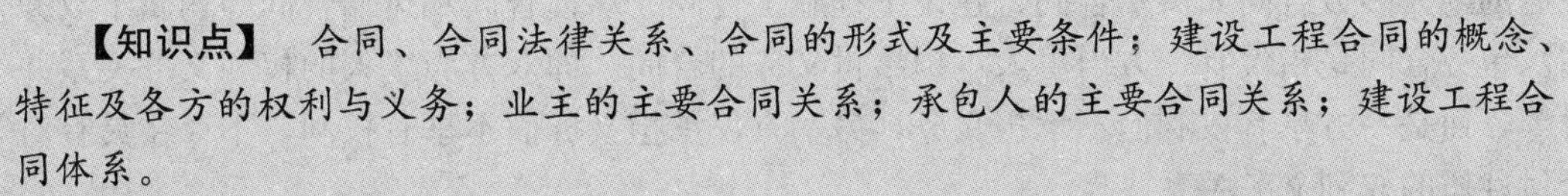

【知识点】 合同、合同法律关系、合同的形式及主要条件；建设工程合同的概念、特征及各方的权利与义务；业主的主要合同关系；承包人的主要合同关系；建设工程合同体系。

【教学目标】 了解合同及合同法的有关内容。熟悉合同的形式及主要条件；熟悉建设工程合同体系。掌握建设工程合同各方的权利与义务的有关内容；掌握业主的主要合同关系及承包人的主要合同关系。

项目 1 合同与合同法概述

7.1.1 合同概述

1. 合同的概念

合同即契约，是指平等主体的自然人、法人、其他组织之间自愿设立、变更、终止民事权利义务关系的协议。合同是在民事领域仅对缔约双方有约束力的“法”，是在约定范围、领域可执行、可操作的“法”，是“法”的精神在民事领域的具体体现。合同的含义非常广泛。广义上的合同是指以确定权利、义务为内容的协议，除了包括民事合同外，还包括行政合同、劳动合同等。

2. 合同的法律特征

合同具有如下法律特征：

（1）合同是一种民事法律行为。民事法律行为是指民事主体实施的能够设立、变更、终止民事权利义务关系的合法行为。民事法律以意思表示为核心，并且按照意思表示的内容产生法律后果。作为民事法律行为，合同应当是合法的，即只有在合同当事人所作出的意思表示符合法律要求，才能产生法律约束力，受到法律保护。如果当事人的意思表示违法，即使双方已经达成协议，也不能产生当事人预期的法律效果。

（2）合同是两个以上当事人意思表示一致的协议。合同的成立必须有两个以上的当事人相互之间作出意思表示，并达成共识。因此，只有当事人在平等自愿的基础上意思表示完全一致时，合同才能成立。

（3）合同以设立、变更、终止民事权利义务关系为目的。当事人订立合同都有一定的目的，即设立、变更、终止民事权利义务关系。无论当事人订立合同是为了什么目的，只有当事人达成的协议生效以后，才能对当事人产生法律上的约束力。

3. 合同的分类

在市场经济活动中，交易的形式千差万别，合同的种类也各不相同。根据性质的不同，合同有不同的分类方法。

（1）按照合同的表现形式，合同可以分为书面合同、口头合同及默示合同。建设工程施工合同所涉及的内容特别复杂，合同履行期较长，为便于明确各自的权利和义务，减少履行困难和争议，《合同法》第二百七十条规定："建设工程合同应当采用书面形式。"

(2) 按照给付内容和性质的不同，合同可以分为转移财产合同、完成工作合同和提供服务合同。《合同法》规定的承揽合同、建设工程施工合同均属于完成工作合同。

(3) 按照当事人是否相互负有义务，合同可以分为双务合同和单务合同。《合同法》中规定的绝大多数合同如买卖合同、建设工程施工合同、承揽合同和运输合同等均属于双务合同。单务合同是指仅有一方当事人承担给付义务的合同。即双方当事人的权利义务关系并不对等，而是一方享有权利但不承担义务，另一方仅承担义务而不享有权利，不存在具有对等给付性质的权利义务关系。

(4) 按照当事人之间的权利义务关系是否存在着对等关系，合同可以分为有偿合同和无偿合同。无偿合同是指当事人一方享有合同约定的权利而无需向对方当事人履行相应的义务的合同，如赠予合同等。

(5) 按照合同的成立是否以递交标的物为必要条件，合同可分为诺成合同和要物合同。要物合同是指除了要求当事人双方意思表示达成一致外，还必须实际交付标的物以后才能成立的合同。如承揽合同中的来料加工合同在双方达成协议后，还需要由供料方交付原材料或者半成品，合同才能成立。

(6) 按照相互之间的从属关系，合同可以分为主合同和从合同。主合同是指不以其他合同的存在为前提而独立存在和独立发生效力的合同，如买卖合同、借贷合同等。从合同又称附属合同，是指不具备独立性，以其他合同的存在为前提而成立并发生效力的合同。如在借贷合同与担保合同之间，借贷合同属于主合同，而担保合同则属于从合同；在建筑工程承包合同中，总包合同是主合同而分包合同则是从合同。主合同和从合同的关系为：主合同和从合同并存时，两者发生互补作用；主合同无效或者被撤销时，从合同也将失去法律效力；而从合同无效或者被撤销一般并不影响主合同的法律效力。

(7) 按照法律对合同形式是否有特别要求，合同可分为要式合同和不要式合同。要式合同是指法律规定必须采取特定形式的合同。《合同法》中规定："法律、行政法规规定采用书面形式的，应当采用书面形式。"不要式合同是指法律对合同形式未作出特别规定的合同。此时，合同究竟采用何种形式，完全由双方当事人自己决定，可以采用口头形式，也可以采用书面形式或默示形式。

(8) 按照法律是否为某种合同确定了一个特定的名称，合同可分为有名合同和无名合同。有名合同又称为典型合同，是指法律确定了特定名称和规则的合同。如《合同法》分则中所规定的15种基本合同即为有名合同。无名合同又称非典型合同，是指法律没有确定一定的名称和相应规则的合同。

按照现行合同法的要求，合同分为买卖合同、供用电水气热力合同、赠予合同、借款合同、租赁合同、融资租赁合同、承揽合同、建设工程合同、运输合同、技术合同、保管合同、仓储合同、委托合同、行纪合同、居间合同等15种列名合同。

4. 法与合同的关系

(1) 法律是强制的，它以国家机器为执行后盾，规范约束的对象是在国家行政有效管辖区域中的所有公民、组织、团体及其活动；合同的设定或成立是自愿的，合同仅调节、规范缔约双方或多方的特定事项或活动。

（2）法律规范、调节的范围宽，国家的政治、经济、军事、文化、民族等关系均受国家法律调控；合同一般仅调整民事领域事项。

（3）法律的制定、颁布者是国家特定的权力机关，且其制定、颁布及修改必须遵照既定的程序，而合同的缔约方可以是社会组织及公民，合同签署的程序一般要简单得多。

（4）法律的特点要求法律具有稳定性，未经法定程序宣布废除或修改，法律是有效的，而合同的缔约双方一旦履约结束，合同即告失效。

（5）法律是单务的（如个人所得税法），而合同一般是双务的，合同要求缔约双方权利和义务在形式上的平等。

（6）法律外延宽泛，而合同是法律的精神在民事领域的具体体现，是民事领域仅对缔约双方有约束力的"法"，是在约定范围、领域可执行、可操作的"法"。

7.1.2　合同法简介

1. 合同法的概念和特点

合同法有两层含义：广义上的合同法是指根据法律的实质内容，调整合同关系的所有的法律法规的总称；另外一种是基于法律的表现形式，即由立法机关制定的，以"合同法"命名的法律，如1999年3月15日通过的《中华人民共和国合同法》。本书所提及的，特指《中华人民共和国合同法》（以下简称《合同法》）。《合同法》作为我国至今为止条文最多、内容最丰富的民事合同，它具有以下特点：

（1）统一性。《合同法》的颁布和施行，结束了我国过去《经济合同法》、《涉外经济合同法》和《技术合同法》三足鼎立的多元合同立法的模式，克服了三个合同法各自规范不同的关系和领域、但调整范围又有交叉而引起的不一致和不协调的局面，形成了统一的合同法律规则。

（2）任意性。在平等互利基础上决定合同双方相互之间的权利义务关系，并根据其意志调整他们之间的关系。《合同法》以调整市场交易关系为其主要内容，而交易习惯则需要尊重当事人的自由选择，因此，《合同法》规范多为任意性规范，即允许当事人对其内容予以变更的法律规范。如当事人可以自由决定是否订立合同、同谁订立合同、订立什么样的合同、合同的内容包括哪些、合同是否需要变更或者解除等。

（3）强制性。为了维护社会主义市场经济秩序，必须对当事人各方的行为进行规范。对于某些严重影响到国家、社会、市场秩序和当事人利益的内容，《合同法》则采用强制性规范或者禁止性规范。如《合同法》中规定："当事人订立、履行合同，应当遵守法律、行政法规，尊重社会公德，不得扰乱社会经济秩序，损害社会公共利益。"

2. 合同法的基本原则

合同法的基本原则是指合同当事人在合同的签订、执行、解释和争执的解决过程中应当遵守的基本准则，也是人民法院、仲裁机构在审理、仲裁合同纠纷时应当遵循的原则。合同法关于合同订立、效力、履行、违约责任等内容，都是根据这些基本原则规定的。

合同法的基本原则包括：

（1）平等原则。在合同法律关系中，当事人之间的法律地位平等，任何一方都有权独立作出决定，一方不得将自己的意愿强加给另一方。

（2）合同自由原则。只有在双方当事人经过协商，意思表示完全一致，合同才能成立。合同自由包括缔结合同自由、选择合同相对人自由、确定合同内容自由、选择合同形式自由及变更和解除合同自由。

(3) 公平原则。在合同的订立和履行过程中，公平、合理地调整合同当事人之间的权利义务关系。

(4) 诚实信用原则。在合同的订立和履行过程中，合同当事人应当诚实守信，以善意的方式履行其义务，不得滥用权力及规避法律或合同规定的义务。同时，还应当维护当事人之间的利益及当事人利益与社会利益之间的平衡。

(5) 合同的法律原则。当事人订立、履行合同应当遵守法律、行政法规及尊重社会公认的道德规范，如建设工程合同的当事人应当遵守《建筑法》、《招标投标法》、《合同法》及其他法律规章制度。

(6) 合同严守原则。依法成立的合同在当事人之间具有相当于法律的效力，当事人必须严格遵守，不得擅自变更和解除合同，不得随意违反合同规定。

(7) 鼓励交易原则。鼓励合法正当的交易。如果当事人之间的合同订立和履行符合法律及行政法规的规定，则当事人各方的行为应当受到鼓励和法律的保护。

7.1.3 合同法律关系

法律关系是指人与人之间的社会关系为法律规范调整时所形成的权利和义务关系，即法律上的社会关系。合同法律关系又称为合同关系，指当事人相互之间在合同中形成的权利义务关系。合同法律关系由主体、客体及内容三个基本要素构成。

1. 合同法律关系的主体

合同法律关系的主体又称合同当事人，是指在合同关系中享有权利或者承担义务的人，包括债权人和债务人。在合同关系中，债权人有权要求债务人根据法律规定和合同的约定履行义务，而债务人则负有实施一定行为的义务。在实际工作中，债权人和债务人的地位往往是相对的，因为大多数合同都是双务合同，当事人双方互相享有权利、承担义务，因此，双方互为债权人和债务人。

合同法律关系的主体种类包括自然人、法人和其他组织，但合同法对不同的主体的民事权利能力和民事行为能力进行了一定的限制，如合同法要求建设工程施工合同的主体必须取得相应的资格。

2. 合同法律关系的客体

合同法律关系的客体又称为合同的标的，指在合同法律关系中，合同法律关系的主体的权利义务关系所指向的对象。

在合同交往过程中，由于当事人的交易目的和合同内容千差万别，合同客体也各不相同。根据标的物的特点，客体可分为：

(1) 行为。指合同法律关系主体为达到一定的目的而进行的活动，如完成一定的工作和提供一定劳务的行为，如建设工程监理等。

(2) 物。指民事权利主体能够支配的具有一定经济价值的物质财富，包括自然物和劳动创造物，以及充当一般等价物的货币和有价证券等。物是应用最为广泛的合同法律关系客体。

(3) 智力成果。也称为无形财产，指脑力劳动的成果，它可以适用于生产，转化为生产力，主要包括商标权、专利权、著作权等。

3. 合同法律关系的内容

合同法律关系的内容指债权人的权利和债务人的义务，即合同债权和合同债务。

合同债权又称为合同权利，是债权人依据法律规定和合同约定而享有的要求债务人为一定给付的权利。依据合同享有合同债权的债权人有权要求债务人按照法律的规定和合同的约定履行其义务，并具有处分债权的权利。

合同债务又称为合同义务，是指债务人根据法律规定和合同约定向债权人履行给付及与给付相关的其他行为的义务。

4. 合同法律关系主体、客体及内容之间的关系

主体、客体及内容是合同法律关系三个基本要素。主体是客体的占有者、支配者和行为的实施者，客体是主体合同债权和合同债务指向的目标，内容是主体和客体之间的连接纽带，三者缺一不可，共同构成合同法律关系。

7.1.4　合同的形式及主要条件

1. 合同的形式

根据《合同法》的规定，订立合同的形式有书面形式、口头形式和其他形式。除即时清结的合同或内容简单的合同可用口头形式外，其他应当采用书面形式；但法律、行政法规规定，或当事人约定采用书面形式的，应当采用书面形式。建设工程施工合同所涉及的内容特别繁多，合同履行期较长，履约环境复杂，为便于明确各自的权利和义务，减少履行困难和争议，《合同法》第二百七十条规定："建设工程合同应当采用书面形式。"

2. 合同的主要条款

《合同法》遵循合同缔结自由原则，具体合同的内容由当事人协商约定。但一般合同主要条款应包括以下内容：

（1）当事人的名称（或姓名）和场所。指自然人的姓名和住所以及法人和其他组织的名称和住所。合同中记载的当事人的姓名或者名称是确定合同当事人的标志，而住所则在确定合同债务履行地、法院对案件的管辖等方面具有重要的法律意义。

（2）标的。标的即合同法律关系的客体，是指合同当事人权利义务指向的对象。合同中的标的条款应当标明标的的名称，以使其特定化，并能够确定权利义务的范围。合同的标的因合同类型的不同而变化，总体来说，合同标的包括有形财物、行为和智力成果。

（3）数量。合同标的的数量是衡量合同当事人权利义务大小、程度的尺度。因此，合同标的的数量一定要确切，并应当采用国家标准或者行业标准中确定的或者当事人共同接受的计量方法和计量单位。

（4）质量。合同标的的质量是指检验标的内在素质和外观形态优劣的标准。它和标的的数量一样是确定合同标的的具体条件，是这一标的区别另一标的的具体特征。因此，在确定合同标的的质量标准时，应当采用国家标准或者行业标准。如果当事人对合同标的的质量有特别约定时，在不违反国家标准和行业标准的前提下，可根据合同约定确定标的的质量要求。合同中的质量条款包括标的的规格、性能、物理和化学成分、款式和质感。

（5）价款和报酬。价款和报酬是指在以物、行为和智力成果为标的的有偿合同中，取得利益的一方当事人作为取得利益的代价而应向对方支付的金钱。价款是取得有形标的物应支付的代价，报酬是提供服务应获得的代价。

（6）履行的期限、地点和方式。履行的期限是指合同当事人履行合同和接受履行的时

间。它直接关系到合同义务的完成时间，涉及当事人的期限利益，也是确定违约与否的因素之一。履行地点是指合同当事人履行合同和接受履行的地点。履行地点是确定交付与验收标的地点的依据，有时是确定风险由谁承担的依据，以及标的物所有权是否转移的依据。履行方式是合同当事人履行合同和接受履行的方式，包括交货方式、实施行为方式、验收方式、付款方式、结算方式、运输方式等。

(7) 违约责任。违约责任是指当事人不履行合同义务或者履行合同义务不符合约定时应当承担的民事责任。违约责任是促使合同当事人履行债务，使守约方免受或者少受损失的法律救济手段，对合同当事人的利益关系重大，合同对此应予明确。

(8) 争议解决的途径。解决争议的方法是指合同当事人解决合同纠纷的手段、地点。在合同中明确在合同订立、履行中一旦产生争执时解决争议的方法，合同双方是通过协商、仲裁还是通过诉讼解决其争议，这有利于合同争议的管辖和尽快解决，并最终从程序上保障了当事人的实体性权益。

7.1.5 建设工程合同的概念及特征

1. 建设工程合同的概念

《合同法》规定："建设工程合同是承包人进行工程建设，发包人支付价款的合同。"任何一项工程的建设需要经过勘察、设计、施工等若干过程才能最终完成，所以，建设工程合同包括勘察合同、设计合同及施工合同。这些合同分别是由建设人或承建工程的承建人与勘察人、设计人、施工人订立的关于完成工程的勘察、设计及施工任务的协议。

2. 建设工程合同的法律特征

(1) 合同的主体只能是法人；

(2) 合同的标的仅为建设工程项目；

(3) 建设工程合同因涉及基本建设规划，其标的物为不动产工程，承建人新完成的工作成果不仅具有不可移动性，而且须长期存在和发挥效用，事关国计民生，因此，国家要实行严格的监督和管理；

(4) 具有计划性和程序性。

7.1.6 建设工程合同各方的权利与义务

1. 建设工程合同各方的地位

建设工程合同中最重要的主体是业主、承包人、监理单位。其中，业主对工程项目总负责，监理协助业主对工程项目的工期、质量、造价等各方面进行监督控制，承包人则是工程项目的实施方。此外还涉及政府部门、银行、材料设备供应商、咨询公司等主体，这些部门虽然在工程建设中起辅助作用，但对于合同的顺利履行也起着重要作用，如图 7-1 所示。

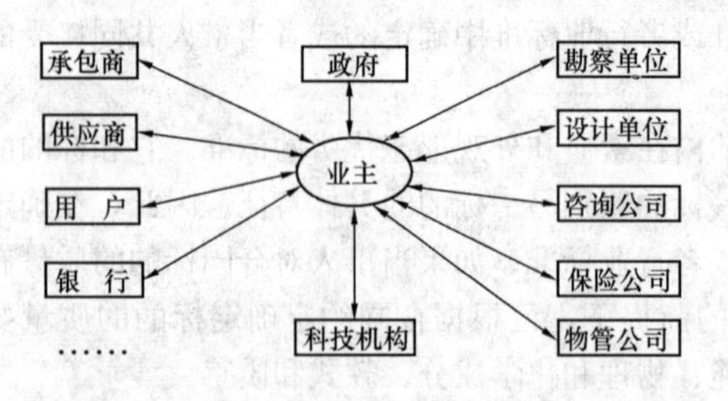

图 7-1 全寿命周期中涉及的合同主体

(1) 业主——工程项目建设全过程的总负责人。在工程项目建设中，业主将参与工程项目全过程或主要过程，与来自不同国家、地区、城市的其他各方发生经济关系。在法律上，业主将承担工程项目建设成败的责任，同时，还要对工程建设的整个过程（包括前期阶段和工程项目实施阶段）进行管理，并且针对工程项目中可能存在的风险进行管理。

①业主对工程项目前期阶段的管理。项目前期阶段（有时称为决策阶段）的工作一般包括地区开发、行业发展规划、项目选定阶段的机会研究、初步可行性研究以及详细可行性研究，最后通过项目评估来确定项目。做好上述工作的关键：第一是选择高水平的咨询公司从事投资前的各项工作，以便得到一份符合实际的可行性研究报告；第二是业主客观地、实事求是地根据评估结果和自己融资能力来决定项目是否立项；第三是在立项后，选择适合于项目情况的实施方式和承包人。

②业主对工程项目实施阶段的管理。一个工程项目在评估立项之后，即进入实施阶段（包括设计阶段和施工阶段）。这一阶段一般包括项目的勘察设计、招标投标、施工、设备采购及安装、竣工验收及交付使用等环节。在项目实施阶段，业主的管理职责如下：

a. 在设计阶段，业主需做好委托设计公司进行工程设计，包括有关的勘察及施工图设计工作；对设计公司提出的设计方案进行审查、选择和确定；对咨询公司编制的招标文件进行审查和批准；选择工程项目的施工管理方式，选定承包人和监理单位，以及业主代表；进行工程项目施工前的各项准备工作，如征地拆迁，进场道路修建，水、电的供应等工作。

b. 在施工阶段，虽然现场具体的监督和管理工作有很大部分交给了监理单位负责，但是业主还应与承包人和监理单位保持密切联系，处理工程项目实施过程中，诸如工程变更、价款支付、工期延长等的有关具体事宜。这些重要问题都应得到业主的审批。

③业主的风险管理。业主只有通过风险管理，才能为工程项目的实施创造一个稳定的环境，最大限度地减少或消除对工程项目实施的干扰，降低工程项目总成本，保证工程质量和工期，使工程项目按要求施工。这样不仅可以使工程项目产生良好的效益，而且可以使效益得到稳定的增长。

业主的风险管理可分为风险预防、风险降低、风险转移和风险自留四方面。具体详见第十章相关内容。

（2）承包人——工程施工合同的实施者。承包人是工程建设的实施者。从获取合同到实施合同，承包人都要组织大量人力、物力实施建设工作，同时还要针对工程项目实施中的风险进行管理。承包人的工作可分为合同签订和合同履行两个阶段的工作。

①合同签订阶段。承包人在合同签订前的主要任务是争取中标和通过谈判签订一份比较理想的合同，这两项任务都非易事，必须认真对待。

承包人要注意获取市场信息、注重调研工作，一旦发现合适的工程项目，应编制高质量的标书，报出合理的低价，尽量展示自己的实力。在如愿中标之后，应谨慎准备与业主的谈判、制定谈判策略，根据项目实际情况争取对己有利的方案。

②合同履行阶段。在合同履行阶段，承包人的中心任务就是按照施工合同的要求，认真负责地、保质保量地按规定的工期完成工程并负责维修。在这一阶段，承包人应履行的职责包括：按时提交各类保证金、按时开工、提交施工进度实施计划、保证工程质量和安全等。

③承包人的风险管理。由于建筑市场竞争激烈，一方面承包人常常以低报价争取中标，另一方面业主在招标文件中也会对承包人提出一些苛刻的合同条款，如单方面约束性条款和责权利不平衡条款等，甚至有的业主包藏祸心，在合同中用不正常手段坑人。因此，承包人在中标承包后将承担较大风险，对此必须高度重视，制订切实可行的防范风险的对策，否则必然会导致工程失败。

与业主风险管理相似，承包人的风险管理也分为四个部分：风险分析、风险降低、风险转移、风险自留，但在具体内容上有区别。

④承包人的索赔管理。承包人的索赔管理是合同履行阶段一项十分重要的工作，它关系到承包人的经济利益、进度和质量管理，甚至关系到工程项目的成败。一个承包人既要面对业主，又要面对众多的分包商、供应商，彼此之间都有一个向对方索赔和研究处理对方提出的索赔要求的问题。因此索赔管理从一开始就应列入重要议事日程，使全体管理人员都具有索赔意识。

(3) 监理工程师——代理业主进行项目管理。监理单位受聘于业主，为业主监理工程，进行合同管理，他是业主与承包人之外的第三方，是独立的法人单位。

监理工程师对合同的监督管理与承包人在实施工程时的管理方法和要求是不同的。承包人是工程项目的具体实施者，他需要制定详细的施工方案，研究人力、机械的配合和调度，安排各个部位施工的先后次序以及按照合同要求进行质量管理，以保证高速优质地完成工程。监理工程师则不去具体地安排施工和研究如何保证质量的具体措施，而是宏观上控制施工进度，按承包人在开工时提交的进度计划以及季、月、周计划进行检查督促；对施工质量则是按照合同中规定的技术规范和设计图纸的要求去进行检查验收。监理工程师可以向承包人提出建议，但并不对保证质量负责任，监理工程师提出的建议是否采纳由承包人自己决定；对于投资问题，监理工程师主要是按照合同规定，特别是工程量表的规定，严格地为业主把住支付价款这一关，并且防止承包人不合理的索赔要求。

总的说来，监理工程师的具体职责是在合同条款中规定的，如果业主要对监理工程师的某些职权进行限制，应在合同的专用条款中作出明确规定。

监理工程师的职责包括“三控制一协调”，即进度控制、质量控制和投资控制，以及协调业主与承包人的关系。

2. 业主与承包人的关系

工程项目的实施是一个漫长的过程，这期间合同双方应履行各自的主要职责和义务，正确处理与对方的关系，减少矛盾和冲突，加强相互之间的理解、配合和协作；监理工程师应积极协调业主与承包人之间的关系，监督控制工程项目的进行。这对顺利地实施合同管理，高质量地按期完成工程项目并成功地进行投资控制与成本管理，保证施工过程中人员的安全，都具有十分重要的意义。

从合同管理的角度看，业主、承包人及监理工程师的权利、义务不同，但目标是一致的，都是为了工程项目的顺利完成。各方的职责对比见表 7-1。

表 7-1 业主、承包人在合同管理中的主要职责对比

合同内容	业　主	监理工程师	承包人
总的要求	①项目的立项、选定、融资和施工前期准备； ②项目的合同方式与组织(选择承包人、监理等)； ③决定监理职责权限	受业主聘用，按业主和承包人签订的合同中授予的职责、权限对合同实施监督管理	按合同要求，全面负责工程项目的具体实施、竣工和维修

续表

合同内容	业　主	监理工程师	承包人
进度管理	①进度管理主要依靠监理，但对开工、暂停、复工，特别是延期和工期索赔要审批； ②可将较短的工期变更和索赔交由监理决定，报业主备案	①按承包人开工后送交的总进度计划，以及季、月、周进度计划，检查督促； ②下开工令，下令暂停、复工、延期，对工期索赔提出具体建议报业主批准	①制订具体进度计划，研究各工程部位的施工安排，工种、机械的配合调度，以保证施工进度； ②根据实际情况提交工期索赔报告
质量管理	①定期了解检查工程质量，对重大事故进行研究； ②平时主要依靠监理管理和检查工程质量	①审查承包人的重大施工方案并提出建议，但保证质量措施由承包人决定； ②拟订或批准质量检查办法； ③严格对每道工序、每个部位、设备、材料的质量进行检查和检验，不合格的下令返工	按规范要求拟订具体施工方案和措施，保证工程质量，对质量问题全面负责
造价管理	①审批监理审核后上报的价款支付表； ②与监理讨论并批复有关索赔问题； ③可将较少数额的支付或索赔交由监理决定，报业主备案	①按照合同规定特别是工程量表的规定严把支付关，审核后报业主审批； ②研究索赔内容、计算索赔数额上报业主审批	①拟订具体措施，从人工、材料采购、机械使用以及内部管理等方面采取措施降低成本，提高利润率； ②设立索赔组，适时申报索赔
风险管理	注意研究重大风险的防范	替业主把好风险关，进行经常性的风险分析，研究防范措施	注意风险管理，做好风险防范
变更管理	①加强前期设计管理，尽量减少变更； ②慎重确定必要的变更项目以及研究变更对工期、价格的影响	提出或审批变更建议，计算出对工期、价格的影响，报业主审批	①在需要时，向业主或监理工程师提出变更建议； ②执行监理工程师的变更命令； ③抓紧变更时的索赔

在工程项目实施过程中，引起业主与承包人之间争端的原因很多，但主要有业主不具备足够的支付能力和出资能力；合同条款对承包人不利，而承包人没有承担这种风险的能力；合同条款模糊不清；承包人的投标价过低；工程项目有关各方之间交流太少；总承包人的管理、监督和协作不力；工程项目参与各方不愿意及时地处理变更和意外事故；项目参与各方缺少团队精神；项目中某些或全部当事人之间有敌对倾向；合同管理者想避免作出棘手的决定而将问题转给组织内部更高的权力机构或律师，而不是在项目这一级范围内主动解决问题等。

为了解决上述可能的矛盾和争端，业主和承包人应解决以下几个问题。

（1）业主应解决的问题。①业主应准备好一份高水平的招标文件（相当于合同草案），除了要做到系统、完整、准确，确保合同文件中各方职责分明、程序严谨之外，最主要的是要做到风险合理分担，也就是将项目风险分配给最有能力管理或控制风险的一方。②业主应认识到，承包人虽然是为自己服务的，但是在合同面前应该是平等的伙伴，双方都必须按合同规定办事。③业主应该恪守自己的职责，履行按时、合情合理地向承包人支付合同价款（包括索赔支付）的义务。④业主应主动协调与承包人的关系，在合理范围内积极支持承包人的工作，应该认识到承包人按时保质地完成工程项目的最大受益者是自己；如果双方之间矛盾重重，致使工程项目质量不好或延误竣工时间，损失最大的也将是自己。

（2）承包人应解决的问题。①承包人在投标阶段要认真细致地调查市场情况，研究招标文件有关的各种资料以及现场情况，使自己的投标基于在投标报价范围内能够完成项目任务的基础上，获得合理的利润。②承包人在投标时要认真地进行风险分析，首先是要研究业主的项目资金来源是否可靠，研究合同中的各项支付条款是否合理，合同中有关风险分配是否合理、是否明确，有哪些隐含的风险，以便考虑风险费用和风险管理的措施。③承包人应认识到自己最重要的义务是按时（或提前）向业主交付一个符合合同要求的工程，也就是要想尽一切办法以确保工期和质量。这是取得业主和监理工程师的信任，并和他们建立良好关系的基础。④影响承包人、业主及监理工程师关系的因素除了认真地完成工程之外，就是如何处理索赔。索赔是承包人维护自己权益的一种措施，也是一种权利，但小题大做、漫天要价甚至欺骗式的索赔会损害自己的形象，影响与业主和监理工程师的关系，这将导致彼此之间缺乏信任感，也必将影响以后的索赔工作。因此应提倡依照合同、注意证据、实事求是的索赔。

在工程项目实施过程中，业主与承包人应尽量保持“伙伴关系”。也就是说，为了完成工程项目这一共同目标，双方应尽可能密切配合，相互支持，相互谅解，友好地解决矛盾与争端，使工程项目能顺利地完成。一旦出现争端，双方也应尽量采取友好协商的办法解决，这将有利于工程合同的下一步履行。

3. 业主与监理单位的关系

在工程项目实施过程中，业主与承包人虽然有着共同的目标，但由于各自不同的利益驱使，往往有很多矛盾与争端。而业主与监理工程师不仅有共同的目标，也没有大的利益冲突，二者之间的冲突较少，信任的程度较高。

监理工程师受聘于业主，但监理工程师在受业主委托进行项目管理时，主要是依据法律以及业主和承包人之间签订的合同进行的。监理工程师应在合同规定的职责和权限范围之内尽职尽责地做好工作。

监理工程师不属于业主和承包人合同中的任何一方，而是独立的、公正的第三方。独立的含义是独立于业主和承包人之外的独立法人单位，也不能和承包人、分包商、供应商等合同实施单位有任何经济关系。公正指的是在处理一切问题的时候应该严肃认真地按照有关法律和合同中的各项规定，根据实际情况，在充分听取业主和承包人双方的意见之后，作出自己的决定。合同中的各项规定和要求体现了业主的利益，因而按合同办事就体现了保护业主的利益。同时也应按照合同保护承包人的正当利益，因为合同中规定的承包人的利益是业主同意的。

监理工程师要充分发挥协调作用，不仅要当好和事佬，而且要认真做好工程建设的管理和控制工作。应努力避免扩大矛盾，尽量把矛盾和争端及时解决。监理工程师在工程建设监管中的权限大小在委托监理合同中规定，随业主的委托范围不同而不同。有的业主自己负责部分工程建设管理工作，授予监理工程师的权限较小；有的业主则赋予监理工程师较大的权限，此时监理工程师在很大程度上相当于业主的代理人。总体上讲，监理的法律地位是基于业主与监理单位签订的合同确定的，监理是接受业主的委托，由业主支付报酬，因此监理更倾向于保护业主的利益。但由于工程建设的任务必须由业主和承包人通力合作来完成，尽量保证双方的利益也是十分重要的。如果过分维护业主，也势必会损害承包人的利益，从而对工程建设产生阻碍作用，最终使双方的利益都受到损害，造成“双输”的后果。业主、承包人及监理工程师应认识到这种相互依存的利害关系，而监理工程师也应尽量照顾双方的利益，尽可能地保持公正立场，使合同顺利履行。

项目2　建设工程合同体系

一个工程项目的建设就是一个极为复杂的社会生产过程，包括大量极为复杂的经济关系。从阶段上讲，一项建设工程要分别经历可行性研究、勘察、设计、工程施工和运行和维护等阶段，而每一阶段也包括大量工作，如施工阶段又包括土建、水电、机械设备、通信等专业的施工活动。此外，在建设工程中还需要各种材料、设备、资金和劳动力的供应。从主体上说，直接参与工程建设的单位有业主、施工单位、勘察设计单位、咨询机构、材料设备供应商等，与工程建设有关联的单位有银行、保险公司等。

在工程建设的实施过程中，业主向银行贷款、委托勘察设计、工程发承包等，产生一系列的经济合同关系；承包人获取材料供应、向银行办理履约担保、租赁设备等签订的协议，也形成一系列经济合同关系。因此，业主和承包人各自与其他主体所签订的相关经济合同所构成的合同体系的分支，如图7-2和图7-3所示。在这个复杂的合同网络体系中，业主和承包人签订的施工合同成为工程合同体系的主干。

7.2.1　业主的主要合同关系

按照工程承包方式和范围的不同，业主可能订立许多份合同，例如将工程分专业、分阶段委托，将材料和设备供应分别委托，也可能将上述委托以各种形式合并，如把土建和安装委托给一个承包人，把整个设备供应委托给一个成套设备供应企业。当然业主还可以与一个承包人订立全包合同（一揽子承包合同），由该承包人负责整个工程的设计、供应、施工，甚至管理等工作。因此不同合同的工程（工作）范围和内容会有很大区别。

业主可能的主要合同关系如图7-2所示。

7.2.2　承包人的主要合同关系

承包人是工程施工的具体实施者，是工程承包合同的执行者。承包人通过投标接受业主的委托，签订工程承包合同。工程承包合同和承包人是任何建筑工程中都不可缺少的。承包人要完成承包合同的责任，包括由工程量表所确定的工程范围的施工、竣工和保修，并为完成这些工程提供劳动力、施工设备、材料，有时也包括技术设计。任何承包人都不可能、也不必具备所有专业工程的施工能力、材料和设备的生产和供应能力，他同样需要将许多专业工作委托出去。所以承包人常常又有自己复杂的合同关系。

承包人的主要合同关系如图7-3所示。

7.2.3　建设工程合同体系

按照上述分析和项目任务的结构分解，就得到不同层次、不同种类的合同，它们共同构成该工程的合同体系，如图7-4所示。

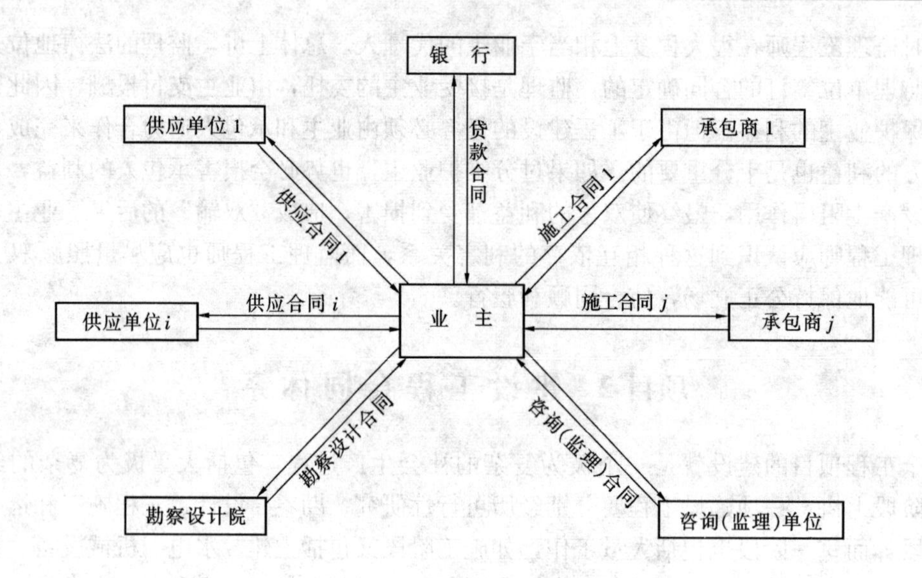

图 7-2 业主的主要合同关系

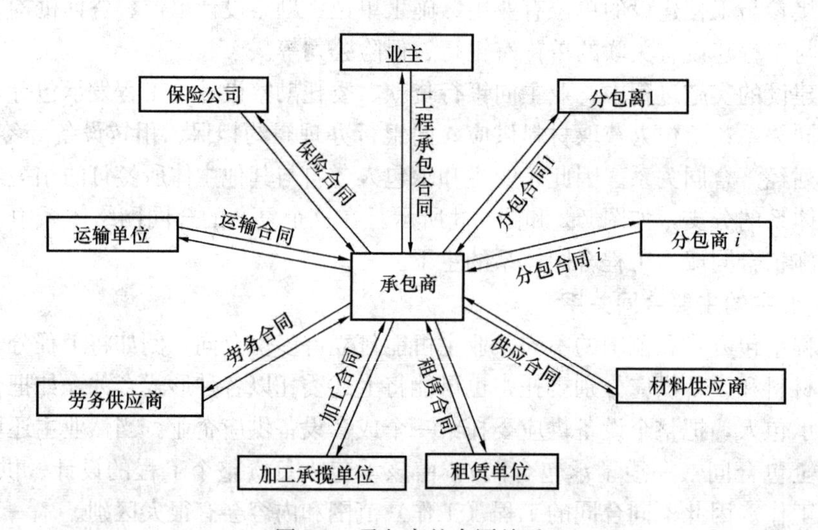

图 7-3 承包商的合同关系

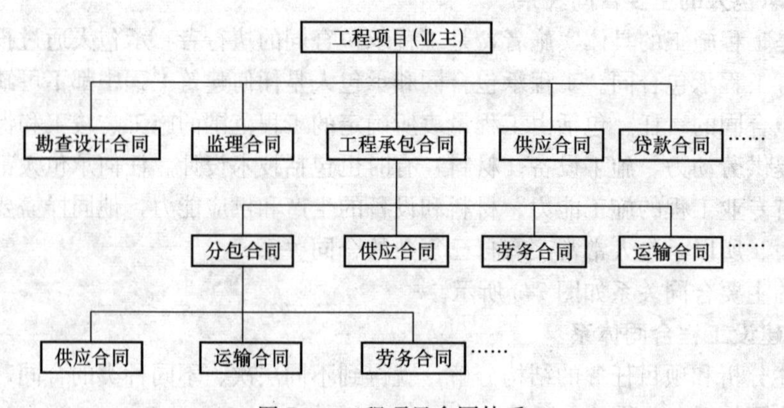

图 7-4 工程项目合同体系

在一个工程中，所有合同都是为了完成业主的项目目标，都必须围绕这个目标签订和实施。由于这些合同之间存在着复杂的内部联系，构成了该工程的合同网络。其中，工程承包合同是最有代表性、最普遍，也是最复杂的合同类型，在工程项目的合同体系中处于主导地位，是整个项目合同管理的重点。无论是业主、监理工程师或承包人都将它作为合同管理的主要对象。深刻了解承包合同将有助于对整个项目合同体系及其他合同的理解。本书以业主与承包人之间签订的工程承包合同作为主要研究对象。

工程项目的合同体系在项目管理中也是一个非常重要的概念。它从一个重要角度反映了项目的形象，对整个项目管理的运作有很大的影响：第一，它反映了项目任务的范围和划分方式；第二，它反映了项目所采用的管理模式，例如建设监理制度、全包方式或平行承包方式；第三，它在很大程度上决定了项目的组织形式，因为不同层次的合同，常常又决定了合同实施者在项目组织结构中的地位。

习　题

1. 什么是合同？合同的本质是什么？合同与法的关系是什么？
2. 《合同法》的基本原则有哪些？试收集一份建筑工程施工合同予以阐述。
3. 阅读《合同法》，了解《合同法》对建设工程合同的规定。
4. 你是如何理解诚实信用原则的？
5. 订立合同可以采用哪些形式？合同有哪些主要条款？
6. 建设工程合同中的业主主要有哪些合同关系？承包人主要有哪些？

单元8

建设工程施工合同的策划

【知识点】 合同策划概述；业主的合同总体策划；承包人的合同总体策划；建设工程合同体系的协调。

【教学目标】 熟悉合同策划的概念依据及要求，熟悉合同策划的过程；熟悉建设工程合同体系的协调应注意的问题。掌握业主、承包人的合同策划的主要内容。

项目1 建设工程施工合同策划概述

8.1.1 合同策划的概念

合同策划是对整个工程项目或整个合同的实施有重大影响的、带有根本性和方向性的问题予以谋划。一个合同策划成功的工程项目将给双方以后的合同管理奠定基础。

合同策划主要确定如下几方面的问题：如何将项目分解成几个独立的合同；每个合同的工程范围有多大；采用什么样的委托方式和承包方式；采用什么样的合同种类、形式及条件；合同中一些重要条款如何确定；合同签订和实施过程中一些重大问题如何决策；工程项目各个相关合同在内容上、时间上、组织上、技术上的协调等。

8.1.2 合同策划的重要性

（1）合同策划决定着工程项目的组织结构及管理体制，决定合同各方面责任、权力和工作的划分，所以对整个工程项目管理产生根本性的影响。业主通过合同委托工程项目任务，并通过合同实现对工程项目的目标控制。

（2）通过合同策划，摆正工程建设过程中各方面的重大关系，防止由于这些重大问题的不协调或矛盾造成工作上的障碍，造成重大的损失。

（3）合同策划是起草工程项目招标文件和合同文件的依据。策划的结果将具体地通过合同文件体现出来。

（4）合同是实施工程项目的手段，通过策划确定各方面的重大关系，无论对业主还是对承包人，完善的合同策划可以保证合同圆满地履行，克服关系的不协调，减少矛盾和争议，顺利地实现工程项目总目标。

8.1.3 合同策划的依据

合同双方有不同的立场和角度，但他们有相同或相似的合同策划的内容。合同策划的依据主要有：

1. 业主方面

业主的资信、资金供应能力、管理水平和具有的管理力量，业主的目标以及目标的确定性，期望对工程项目管理的介入深度，业主对工程师和承包人的信任程度，业主的管理风格，业主对工程项目的质量和工期要求等。

2. 承包人方面

承包人的能力、资信、企业规模、管理风格和水平、在本项目中的目标与动机、目前经营状况、过去同类工程经验、企业经营战略、长期动机、承受和抗御风险的能力等。

3. 工程方面

工程的类型、规模、特点，技术复杂程度、工程技术设计准确程度、工程质量要求和工程范围的确定性、计划程度，招标时间和工期的限制，工程项目的赢利性，工程项目风险程序，工程项目资源（如资金、材料、设备等）供应及限制条件等。

4. 环境方面

工程所处的法律环境，建筑市场竞争激烈程度，物价的稳定性，地质、气候、自然、现场条件的确定性，资源供应的保证程度，获得额外资源的可能性。

8.1.4　合同策划的要求

（1）合同策划的目的是通过合同保证项目总目标的实现。它必须反映工程项目的实施战略和企业战略。

（2）合同策划要符合《合同法》基本原则，保证合同的签订和履行符合法律的要求，保证实现合同的自愿、公平、公正原则。

（3）合同策划应有系统性和协调性。通过合同策划保证整个项目计划和各项工作全面落实，保证各个合同所定义的工程活动和管理活动能够形成一个有机的高效率的整体。

（4）合同策划应注重能够发挥各方面的积极性和创造性，保证各方面能够高效率地完成工程项目。

（5）在工程承发包市场上，业主和承包人是最重要的主体。业主是工程承发包市场的主导，是工程承发包市场的动力。由于业主处于主导地位，他的合同策划对整个工程有很大的影响。在合同策划、发包，合同签订中业主是主要方面，对工程有导向作用。

8.1.5　合同策划的过程

通过合同策划，确定工程施工合同的一些重大问题。它对工程项目的顺利实施、对项目总目标的实现有决定性作用，上层管理者对此应有足够的重视。合同策划过程如下：

（1）研究业主战略和项目战略，确定业主和项目对合同的要求。由于合同是实现项目目标和业主（企业）目标的手段，所以它必须体现和服从企业战略及项目战略。项目的总的管理模式对合同策划有很大的影响，例如业主全权委托监理工程师，或业主任命业主代表全权管理，或业主代表与监理工程师共同管理。一个项目采用不同的组织形式或不同的项目管理体制，会有不同的项目任务分解方式，也会有不同的合同类型。

（2）确定合同的总体原则和目标。

（3）分层次、分对象对合同的一些重大问题进行研究，列出各种可能的选择，按照策划的依据，综合分析各种选择的利弊得失。

（4）对合同的各个重大问题作出决策和安排，提出合同措施。在合同策划中有时要采用各种预测、决策方法、风险分析方法、技术经济分析方法，例如专家咨询法、头脑风暴法、因素分析法、决策树、价值工程等。

（5）在开始准备每一个合同招标以及准备签订每一份合同时都应对合同策划再做一次评价。

项目 2　业主的合同总体策划

在工程建设过程中，业主一般是通过合同分解项目目标落实承包人，并实施对项目的控制权力。由于业主处于主导地位，他的合同策划对整个工程有很大的影响，同时对承包人的合同策划也有直接影响。业主在招标前，必须就如下合同问题作出决策。

8.2.1　工程承发包模式策划

1. 工程项目分解结构的概念

工程项目的合同体系是由项目的分解结构和承发包模式决定的。业主在项目初期将工程项目进行结构分解，得到项目分解结构图（见图 8-1）。工程项目分解结构应是完备的，它应包括工程项目所有的工程活动，这是项目合同策划科学性和完备性的保证。

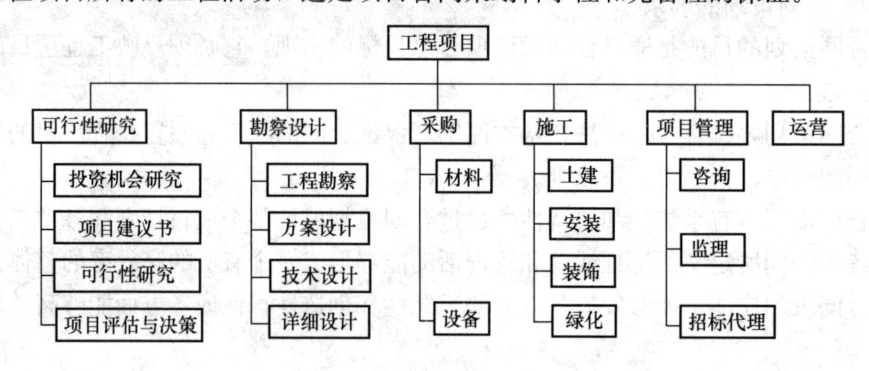

图 8-1　工程项目分解结构图

2. 工程承发包模式策划

由于工程项目分解结构图中的工程活动都必须通过合同委托出去，形成项目的合同体系，业主必须决定对项目分解结构图中的活动如何进行组合，以形成一个个合同。根据业主不同的项目实施策略，上述活动可以采用不同的承发包模式。业主可以将整个工程项目分阶段（设计、采购、施工等）、分专业（土建工程、安装工程、装饰工程等）委托，将材料和设备供应分别委托，也可以将上述活动以各种形式合并委托，甚至可以采用“设计—采购—建造”（EPC）总承包。一个工程项目的承发包方式是多样性的，上述活动不同的组合，就可以得到不同的承发包模式。

（1）分阶段、分散平行承包。分阶段、分散平行承包，即业主将设计、设备供应、土建、设备安装、装饰等工程施工分别委托给不同的承包人。各承包人分别与业主签订合同，向业主负责。各承包人之间没有合同关系。

如果业主不是项目管理专家，或没有聘请得力的咨询（监理）工程师进行全过程的项目管理，则不能将项目分解太细。

（2）总承包（又称设计—建造及交钥匙工程）。总承包就是由一个承包人承包工程项目的全部工作，包括设计、供应、各专业工程的施工，甚至包括项目前期筹划、方案选择、可行性研究和项目建设后的运营管理。承包人向业主承担全部工程责任。当然总承包人可以将全部工程范围内的部分工程或工作分包出去。

由于总承包对承包人的要求很高，对业主来说，承包人资信风险很大。业主可以让几个承包人联营投标，通过法律规定联营成员之间的连带责任“抓住”联营各方。这在国际上一些大型和特大型的工程中是十分常见的。

（3）采用介于上述两者之间的中间形式，即将工程委托给几个主要的承包人，如设计承包人、施工（包括土建、安装、装饰）承包人、供应承包人等。这种方式在工程中是极为常见的。

8.2.2　招标方式的确定

招标方式一般要根据承包形式、合同类型、业主所拥有的招标时间（工程紧迫程度）、业主的项目管理能力和期望控制工程建设的程度及相关法律法规等决定。关于各种招标方式的特点及其适用范围已在单元3的3.2做了详细介绍，这里不再赘述。

8.2.3　合同种类的选择

在实际工程中，合同计价方式丰富多彩，有近20种。不同种类的合同，有不同的应用条件、不同的权力和责任分配、不同的付款方式，对合同双方有不同的风险。因此，应根据工程项目具体情况选择合同的类型。现代工程中最典型的合同类型有以下四种。

1. 单价合同

当准备发包的工程项目内容、技术经济指标一时尚不能明确、具体地予以规定时，则以采用工程单价合同形式为宜。在这种合同中，承包人仅按合同规定承担报价风险，即对报价的正确性和适宜性承担责任；而工程量变化的风险由业主承担。工程单价合同有估计工程量单价合同（可调单价合同）和固定单价合同两种形式。

单价合同的特点是单价优先，例如在FIDIC施工合同条件中规定，业主给出的工程量表中的工程量是参考数字，而实际合同价款按实际完成的工程量和承包人所报的单价计算。虽然在投标报价、评标、签订合同中人们常常注重合同总价，但在合同结算时所报的单价优先。

工程单价合同有以下优点：

（1）在招标前，发包单位无需对工程范围作出完整的、准确的规定，从而可以缩短招标准备时间。

（2）能鼓励承包人提高工作效率。因为按国际惯例，低于工程单价的节约算成本节约，节约工程成本便可以提高承包人的利润。

（3）发包单位只按分项工程量支付费用，因而可以减少意外开支。

（4）合同结算时只需对那种不可预见的、未予规定的工程确定单价或调整单价，结算程序比较简单。当然，对于工程单价合同来说，招标单位必须对工程性质及范围作出明确的规定，明确工程量的大小，以使承包人能够合理地定价。

2. 总价合同

所谓总价合同，是指业主付给承包人的款额在合同中是一个规定的金额，即总价。显然，用这种合同时，对承发包工程的详细内容及各种技术经济指标都必须一清二楚，否则承发包双方都有蒙受一定经济损失的风险。总价合同有固定总价合同、调值总价合同、固定工程量总价合同和管理费总价合同四种不同形式。

（1）固定总价合同。固定总价合同的价格计算是以图纸及规定、规范为基础，合同总价是固定的。承包人在报价时对一切费用的上升因素都已做了估计，并已将其包含在合同价格之中。使用这种合同时，在图纸和规定、规范中应对工程作出详尽的描述。如果设计和工程范围有变更，合同总价也必须相应地进行变更。

固定总价合同适用于工期较短（一般不超过1年）而且对最终产品的要求又非常明确的工程项目。根据这种合同，承包人在形式上将承担一切风险责任。除非承包人能事先预测他可能遭到的全部风险，否则他将为许多不可预见的因素付出代价。因此，这类合同对承包人而言，其报价一般都较高。

(2) 调值总价合同。调值总价合同的总价一般是以图纸及规定、规范为基础，按时价进行计算。它是一种相对固定的价格，在合同执行过程中，由于通货膨胀而使其所使用的工、料成本增加时，其合同总价也应做相应的调整。

在调值总价合同中，发包人承担了通货膨胀这一不可预见的费用因素的风险，而承包人承担了除通货膨胀以外的所有因素的风险。调值总价合同适用于工程内容和技术经济指标规定得很明确的项目。但由于合同中列有调值条款，所以工期在1年以上的项目均适于采用这种合同形式。

应用得较普遍的调价方法有文件证明法和调价公式法。通俗地讲，文件证明法就是凭正式发票向业主结算价差。为了避免因承包人对降低成本不感兴趣而引起的副作用，合同文件中应规定业主和监理工程师有权指令承包人选择价廉的供应来源。调价公式法常用的计算公式为

$$C = C_0\left(\alpha_0 + \alpha_1 \frac{M}{M_0} + \alpha_2 \frac{L}{L_0} + \alpha_3 \frac{T}{T_0} + \cdots\cdots + \alpha_n \frac{K}{K_0}\right)$$

式中 C——调整后的合同价。

C_0——原签订合同中的价格。

α_0——固定价格的加权系数。合同价格中不允许调整的固定部分的系数，包括管理费用、利润，以及没有受到价格浮动影响的预计承包人以不变价格开支部分。

M，L，T，…，K——分别代表受到价格浮动影响的材料设备、劳动工资、运费等价格；带有角标“0”的项系代表原合同价，没有角标项为付款时的价格。

α_0，α_1，α_2，…，α_n——相应于各有关项的加权系数，一般通过对工程概算进行分解测算得到；各项加权系数之和应等于1，即$\alpha_0+\alpha_1+\alpha_2+\alpha_3+\cdots+\alpha_n=1$。

综上所述，从招标单位的角度来看，总价合同有以下优点：

1）可以在报价竞争状态下确定项目造价并使之固定下来；

2）发包单位在主要开支发生前对工程成本能够做到大致心中有数；

3）在形式上由承包人承担较多的风险；

4）评标时易于迅速选定最低报价单位；

5）在施工进度上极大地调动承包人的积极性；

6）发包单位能更容易、更有把握地对项目进行控制。

在采用总价合同方式时要求做到下列各点：

1）必须完整而明确地规定承包人的工作；

2）根据项目的规模、地点和价格调整情况，应使承包人的风险是正常的和能够接受的；

3）必须将设计和施工方面的变化控制在最小的限度以内；

4）只有当承包行情对于承包人趋于有利时，采用总价合同才能招来有竞争力的、合格

的投标人。

3. 成本加酬金合同

当工程内容及其技术经济指标尚未全面确定，而由于种种理由工程又必须向外发包时，采用成本补偿合同这种形式，对招标单位来说是比较合适的。但是这种合同形式有两个最明显的缺点：一是发包单位对工程总造价不能实行实际的控制；二是承包人对降低成本也很少会有兴趣。因此，采用这种合同形式时，它的条款必须非常严格，这样才能保证有效地工作。

不过，在成本加酬金合同的一些案例中也有许多值得注意的补充条款，尤其是那些鼓励承包人节约资金的条款，应该列入标准的成本加酬金合同的条款中去。补充这些条款后，成本加酬金合同形式还是可取的，因为无论是从发包单位的角度看，还是从承包单位的角度看，这种合同形式对于某些类型的工程来说毕竟还是实用的。

成本加酬金合同有以下几种形式：

（1）成本加固定酬金合同。根据这种合同，发包单位对承包人支付的人工、材料和设备台班费等直接成本全部予以补偿，同时还增加一笔管理费。这种方式实质上是成本据实报销，酬金固定不变。这笔酬金是固定的，但有时为了鼓励承包人节约成本，可以在合同中增加一项根据工程质量状况、工期缩短和降低成本等条件，另外支付给该承包人一笔分档次的奖金。这种合同形式通常应用于设计及项目管理合同方面。计算公式为

$$C = C_d + F$$

式中　C——总造价；

C_d——实际发生的直接费；

F——支付给承包人数额固定不变的酬金，通常按估算成本的一定百分比确定。

（2）成本加固定费率合同。这种形式的合同与上述第 1 种相似，不同的只不过是所增加的费用不是一笔固定金额而是相当于成本的一定百分比。

计算公式为

$$C = C_d(1 + p)$$

式中　p——双方事先商定的酬金固定百分数。

从式中可看出，承包人可获得的酬金将随着直接成本的增大而增加，使得工程总造价无法控制。这种合同形式不能鼓励承包人关心缩短工期和降低成本，因而对业主是不利的，在工程实践中采用也较少。

（3）成本加浮动酬金合同。酬金是根据报价书中的成本概算指标制订的。概算指标可以是总工程量的工时数的形式，也可以是人工和材料成本的货币形式。合同中对这个指标规定了一个底点（约为工程成本概算的 0.6～0.7 倍）和一个顶点（约为工程成本概算的 1.1～1.3 倍），承包人在概算指标的顶点之下完成工程时可以得到酬金。酬金的额度通常根据低于指标顶点的情况而定。当酬金加上报价书中的成本概算总额达到顶点时则不再发给酬金。如果承包人的工时或工料成本超出指标顶点时，应对超出部分进行罚款，直至总费用降到顶点时为止。

成本加浮动酬金合同形式有它自身的特点。当招标前所编制的图纸和规定、规范尚不充分，不能据以确定合同价格，但尚能为承包人制订一个概算指标时，使用成本加酬金的合同形式还是可取的。计算公式为：

①若 $C_d = C_0$ 则 $C = C_d + F$

②若 $C_d < C_0$ 则 $C = C_d + F + \Delta F$

③若 $C_d > C_0$ 则 $C = C_d + F - \Delta F$

式中 C_0——预期成本；

ΔF——酬金增减部分，可以是一个百分数，也可以是一个固定的绝对数。

(4) 成本加固定最大酬金合同。根据这种合同，承包人可以得到下列三方面支付：①包括人工、材料、机械台班费以及管理费在内的全部成本；②占全部人工成本的一定百分比的增加费（即杂项开支费）；③可调的增加费（即酬金）。

在这种形式的合同中通常设有三笔成本总额：第一笔（也是主要的一笔）称为报价指标成本；第二笔称为限额成本总额；第三笔称为最低成本总额。

如果承包人在完成工程中所花费的工程成本总额没有超过最高成本总额时，他所花费的全部成本费用、杂项费用以及应得酬金等都可得到发包单位的支付；如果花费的总额低于最低成本总额时，还可与发包单位分享节约额；如果承包人所花费的工程成本总额在最低成本总额与报价指标成本之间时，则只有成本和杂项费用可以得到支付；如果工程成本总额在报价指标成本与最高成本总额之间时，则只有全部成本可以得到支付；超过顶点则发包单位不予支付。

如果一个项目的设计资料尚处于粗估阶段而不能确定工程造价的上限，但希望通过较大幅度的奖励以达到降低工程造价的目的时，都可以采用这种合同形式。

在一项合同中应注意尽量避免混用不同的计价方式。但当一项工程仓促上马，准备工作不够充分时，发包单位经充分考虑各方面的情况后，很可能在其发包工程合同中既包含总价合同内容，又包含单价合同及成本酬金合同内容。需要强调的是，在一项合同中同时采用多种计价方式将会给该合同管理带来复杂性，应尽量避免此种情况发生。

4. 目标合同

在一些发达国家，目标合同广泛使用于工业项目、研究和开发项目、军事工程项目中。它是固定总价合同和成本加酬金合同的结合和改进形式。在这些项目中承包人在项目的可行性研究阶段，甚至目标设计阶段就介入工程，并以总包的形式承包工程。

在目标合同中，通常规定承包人对项目建成后的生产能力（或使用功能）、工程总成本（或总造价）、工期目标承担责任。如果项目投产后一定时期内达不到预定的生产能力，则按一定的比例扣减合同价格；如果工期拖延，则承包人承担工期拖延违约金；如果项目实际总成本超过预定总成本，则承包人按比例承担一部分，反之，承包人则得到相应比例的奖励。

目标合同能够最大限度地发挥承包人工程管理的积极性，适用于工程范围没有完全界定或预测风险较大的项目。

项目3 承包人的合同策划

在建设工程施工合同履行过程中，业主往往处于主导地位。对于业主的合同决策，承包人常常必须服从或无从选择。如招标文件、合同条件常常规定，承包人必须按照招标文件的要求做标，不允许修改合同条件，甚至不允许使用保留条款。否则，业主有理由认为承包人的投标书没有对业主的招标书予以实质响应，承包人的投标书自然无效。但承包人也有自己的合同策划问题。承包人的合同策划服从于承包人的基本目标和企业经营战略。

8.3.1　投标方向的选择

承包人通过市场调查获得许多工程招标信息。他必须就投标方向作出战略决策，其决策依据是：

（1）承包市场情况，竞争的形势，如市场处于发展阶段或处于不景气阶段。

（2）该工程竞争者的数量以及竞争对手状况，以确定自己投标的竞争力和中标的可能性。

（3）工程及业主状况，如工程的技术难度，时间紧迫程度，是否为重大的有影响的工程，例如一个地区的形象工程，该工程施工所需要的工艺、技术和设备；业主的规定和要求，如承包方式、合同种类、招标方式、合同的主要条款；业主的资信，如业主是否为资信好的企业或政府，业主过去有没有不守信用、不付款的历史、业主的建设资金准备情况和企业运行状况。如果需要承包人垫资，则更要小心。

（4）承包人自身的情况，包括本公司的优势和劣势、技术水平、施工力量、资金状况、同类工程经验、现有的在手工程数量等。

投标方向的确定要能最大限度地发挥自己的优势，符合承包人的经营总战略，在承包人积极发展、力图打开局面时，承包人应积极投标，增加发展机会。但承包人不要企图承包超过自己施工技术水平、管理水平和财务能力的工程，以及自己没有竞争力的工程。

8.3.2　合同风险总评价

承包人在合同策划时必须对本工程的合同风险有一个总体的评价。一般地说如果工程存在以下问题，则工程风险很大：

（1）工程规模大，工期长，而业主要求采用固定总价合同形式。

（2）业主仅给出初步设计文件让承包人做标，图纸不详细、不完备，工程量不准确、范围不清楚，或合同中的工程变更赔偿条款对承包人很不利，但业主要求采用固定总价合同。

（3）业主将做标期压缩得很短，承包人没有时间详细分析招标文件，而且招标文件为外文，采用承包人不熟悉的合同条件。有许多业主为了加快项目进度，采用缩短做标期的方法，这不仅对承包人风险太大，而且会造成对整个工程总目标的损害，常常欲速则不达。

（4）工程环境不确定性大。如物价和汇率大幅度波动、水文地质条件不清楚，而业主要求采用固定价格合同。

大量的工程实践证明，如果存在上述问题，特别当一个工程中同时出现上述问题，则这个工程可能彻底失败，甚至有可能将整个承包企业拖垮。这些风险造成的损失的程度，在签订合同时常常是难以想象的。承包人若参加投标，要有足够的思想准备和措施准备。

在国际工程中，人们分析大量的工程案例发现，一个工程合同争执、索赔的数量和工期的拖延量与如下因素有直接关系：采用的合同条件、合同形式、做标期的长短、合同条款的公正性、合同价格的合理性、承包人的数量、评标的充分性和澄清会议、设计深度及准确性等。

8.3.3　合同方式的选择

在总承包合同投标前，承包人必须就如何完成合同范围内的工程作出决定。因为在实践中，承包人（即使是最大的公司）往往不能自己独立完成全部工程，尤其是工程技术较为复杂、规模较大的工程，一方面没有这个能力，另一方面也没必要，或不经济。此时他可与其他承包人合作，并就合作方式作出选择。与其他承包人合作的目的是为了充分发挥各自的技术、管理、财力的优势，有所为，有所不为，共同承担风险，谋取最大的经济利益。

1. 分包

分包在工程中最为常见。分包常常出于如下原因：

(1) 技术上需要。总承包人不可能，也不必具备总承包合同工程范围内的所有专业工程的施工能力。通过分包的形式可以弥补总承包人技术、人力、设备、资金等方面的不足。同时总包商又可通过这种形式扩大经营范围，承接自己不能独立承担的工程。

(2) 经济上的需要。对有些分项工程，如果总承包人自己承担会亏本，而将它分包出去，让报价低同时又有能力的分包商承担，总承包人不仅可以避免损失，而且可以取得一定的经济效益。

(3) 转嫁或减少风险。通过分包，可以将总包合同的风险部分地转嫁给分包商。这样，大家共同承担总承包合同风险，提高工程经济效益。

(4) 业主的要求。业主指令总承包人将一些分项工程分包出去。总承包人将一些分项工程分包给指定分包商，可能是出于如下两种情况：一种情况是对于某些特殊专业或需要特殊技能的分项工程，业主仅对某专业承包人信任和放心，要求或建议总承包人将这些工程分包给该专业承包人，即业主指定分包商。另一种情况是在国际工程中，一些国家规定外国总承包人承接本国工程后必须将一定量的工程分包给本国承包人；或工程只能由本国承包人承接，外国承包人只能分包。这是对本国企业的一种保护措施。

业主对分包商也有相应的要求，也要对分包商做资格审查。没有工程师（业主代表）的同意，分包商不得随意分包工程。由于承包人向业主承担全部工程责任，分包商出现任何问题都由总包负责，所以分包商的选择要十分慎重。一般在总承包合同报价前就要确定分包商的报价，商谈分包合同的主要条件，甚至签订分包意向书。国际上许多大承包人都有一些分包商作为自己长期的合作伙伴，形成自己的外围力量，以增强自己的经营实力。

当然，总承包人过多地分包或如专业分包过细，会导致施工管理层次的增加和协调的困难，业主也会怀疑承包人自己的承包能力。这对合同双方来说都是极为不利的。

2. 联营承包

联营承包是指两家或两家以上的承包人联合投标，共同承接工程。

联营承包的优点有：

(1) 承包人可通过联营进行联合，以承接工程量大、技术复杂、风险大、难以独家承揽的工程，使经营范围扩大。

(2) 在投标中发挥联营各方技术和经济的优势，珠联璧合，使报价有竞争力。而且联营通常都以总包的形式承接工程，各联营成员具有法律上的连带责任，业主比较欢迎和放心，容易中标。

(3) 在国际工程中，国外的承包人如果与当地的承包人联营投标，可以获得价格上的优惠。这样更能增加报价的竞争力。

(4) 在合同实施中，联营各方互相支持，取长补短，进行技术和经济的全面合作。这样可以减少工程风险，增强承包人的应变能力，能取得较好的工程经济效果。

(5) 通常联营仅在某一工程中进行，该工程结束，联营体解散，无其他牵挂。如果愿意，各方还可以继续寻求新的合作机会。所以它比合营、合资有更大的灵活性。合资成立一个具有法人地位的新公司通常费用较高，运行形式复杂，母公司仅承担有限责任，业主往往不信任。

联营承包已成为许多承包人的经营策略之一，在国内外工程中都较为常见。一般常见的联营承包形式是施工承包人间的，但也有设计承包人、设备供应商、工程施工承包人之间的联营承包。

8.3.4　投标报价和合同谈判中一些重要问题的确定

在投标报价和合同谈判中还有一些重要问题需确定：

（1）承包人所属各分包（包括劳务、租赁、运输等）合同之间的协调。

（2）分包合同的策划，如分包的范围、委托方式、定价方式和主要合同条款的确定。在这里要加强对分包商和供应商的选择和控制工作，防止由于他们的能力不足，或对本工程没有足够的重视而造成工程和供应的拖延，进而影响总承包合同的实施。

（3）承包合同投标报价策略的制订。

（4）合同谈判策略的制订等。

项目4　建设工程合同体系的协调

从上述分析可见，业主为了实现工程总目标，必须签订许多主合同；承包人为了履行他的承包合同责任也往往订立许多分合同。这些合同从宏观上构成项目的合同体系，从微观上每个合同都定义并安排了一些工程活动，共同构成项目的实施过程，形成了一个有机的合同体系。在这个合同体系中，相关的同级合同之间，以及主合同和分合同之间存在着复杂的关系，在国外人们又把这个合同体系称为合同网络。在工程项目中这个合同网络的建立和协调是十分重要的。要保证项目顺利实施，就必须对此作出周密的计划和安排。在实际工作中由于这几方面的不协调而造成的工程失误是很多的。合同之间关系的安排及协调是合同策划的重要内容。

8.4.1　工程和工作内容的完整性

业主的所有合同确定的工程或工作范围应能涵盖项目的所有工作，即只要完成各个合同，就可实现项目总目标；承包人的各个分包合同与拟由自己完成的工程（或工作）一起应能涵盖总承包合同责任。在工作内容上不应有缺陷或遗漏。在实际工程中，这种缺陷会带来设计的修改、新的附加工程、计划的修改、施工现场的停工、工程延误，导致双方的争执。

为了防止缺陷和遗漏，应做好如下工作：

（1）在招标前认真地进行总项目的系统分析，确定总项目的系统范围。

（2）系统地进行项目的结构分解，在详细的项目结构分解的基础上列出各个合同的工程量表。实质上，将整个项目任务分解成几个独立的合同，每个合同中又有一个完整的工程量表，这都是项目结构分解的结果。

（3）进行项目任务（各个合同或各个承包单位，或项目单元）之间的界面分析。确定各个界面上的工作责任、成本、工期、质量的定义。工程实践证明，许多遗漏和缺陷常常都发生在界面上。

8.4.2　技术上的协调

建设工程项目是一个系统工程，一个项目能够持续、正常运转，离不开项目中各子系统

(如土建、设备、给排水、空调、燃气、供电、通信等)的配合和协调。工程项目业主为了工程项目实施的方便，人为地将工程项目系统划分为几个不同的合同。

同一个项目中几个不同的合同之间的协调极其复杂。例如：

(1) 几个主合同之间设计标准的一致性，如土建、设备、材料、安装等应有统一的质量、技术标准和要求。各专业工程之间，如建筑、结构、水、电、通信之间应有很好的协调。在建设项目中建筑师常常作为技术协调的中心。

(2) 分包合同必须按照总承包合同的条件订立，全面反映总合同的相关内容。采购合同的技术要求必须符合承包合同中的技术规范。总包合同风险要反映在分包合同中，由相关的分包商承担。为了保证总承包合同不折不扣地完成，分包合同一般比总承包合同条款更为严格、周密和具体，对分包单位提出更为严格的要求，所以对分包商的风险更大。

(3) 各合同所定义的专业工程之间应有明确的界面和合理的搭接。例如供应合同与运输合同、土建承包合同和安装合同，安装合同和设备供应合同之间存在责任界面和搭接。界面上的工作容易遗漏，容易产生争执。

各合同只有在技术上协调，才能共同构成符合总目标的工程技术系统。

【案例背景】 我国云南鲁布革水电站工程，通过国际竞争性招标，选定日本承包公司进行引水隧洞的施工。在招标文件中，列出了承包人进口材料和设备的工商统一税税率。但在施工过程中，工程所在地的税务部门根据我国税法规定，要求承包人交纳营业环节的工商统一税，该税率为承包合同结算额的3.03%，而外国承包公司在投标报价时没有包括此项工商统一税。

外国承包人认为，业主的招标文件在要求承包人报价中考虑的税种中仅列出了进口工商统一税，而遗漏了营业工商统一税，是属于招标文件中的错误，由之引起的风险理应由招标文件的起草者来承担，因而向业主提出了索赔要求。

在承包人提出索赔要求之初，水电站建设单位(业主)曾试图抵制承包人的这一索赔要求，援引合同文件中的一些条款，作为拒绝索赔的论据，如“承包人应遵守工程所在国的一切法律”“承包人应交纳税法所规定的一切税收”等，但无法解释在招标文件中为何对几种较小数额的税收都作了详细规定，却未包括较大款额的营业税。

经监理工程师审查，业主编制招标文件的人员不熟悉中国的税法和税种。编写招标文件时确实并不了解有两个环节的工商统一税。

此项索赔发生后，业主单位在上级部门的帮助下，向国家申请并获批准，对该水电站工程免除了营业环节的工商统一税。

至于承包人在索赔发生前已交纳的92万元人民币的税款，经合同双方谈判协商，决定各承担50%，即对承包人已交纳的该种税款，由业主单位给予50%的补偿。

【案例分析】 本案例的发生既与业主的招标文件不严谨有关，又与承包人的报价调查工作不细致有关。大型涉外工程项目的招标文件条款的确定是一个复杂的系统工程，既有项目内部的协调，又有项目本身与项目环境的协调，一个有机的、相互协调的系统才有可能正常运转。业主自身的行为将很大程度上决定其最终获得的是优质产品还是劣质产品，这是工程界公认的公理。

8.4.3 价格上的协调

一般在总承包合同估价前，就应向各分包商(供应商)询价，或进行洽商，在分包报价的基础上考虑到管理费等因素，作为总包报价，所以分包报价水平常常又直接影响总包报价水平和竞争力：

（1）对大的分包（或供应）工程如果时间来得及，也应进行招标，通过竞争降低价格。

（2）作为总承包人，周围最好要有一批长期合作的分包商和供应商作为忠实的伙伴。这是有战略意义的，可以确定一些合作原则和价格水准，这样可以保证分包价格的稳定性。

（3）对承包人来说，由于与业主的承包合同先订，而与分包商和供应商的合同后订，一般在订承包合同前先向分包商和供应商询价；待承包合同签订后，再签订分包合同和供应合同。要防止在询价时分包商（供应商）报低价，而承包人中标后又报高价，特别是当询价时对合同条件（采购条件）未来得及细谈，分包商（供应商）有时找一些理由提高价格。一般可先订分包（或供应）意向书，既要确定价格，又要留有活口，防止总合同不能签订。

8.4.4　时间上的协调

由各个合同所确定的工程活动不仅要与项目计划（或总合同）的时间要求一致，而且它们之间时间上要协调，即各种工程活动形成一个有序的、有计划的实施过程，例如设计图纸供应与施工，设备、材料供应与运输，土建和安装施工，工程交付与运行等之间应合理搭接。

每一个合同都定义了许多工程活动，形成各自的子网络。各子网络之间有相互的逻辑关系，它们一起形成一个项目的总网络。常见的设计图纸拖延，材料、设备供应脱节等都是这种不协调的表现。

例如某工程，主楼基础工程施工尚未开始，而供热的锅炉设备已提前到货，要在现场停放两年才能安装。这样不仅要占用大量资金，占用现场场地，增加保管费，而且超过设备的保修期，再出现设备质量问题供应商将不再负责。由此可见，签订相关合同要有统一的时间安排。要解决这种协调的一个比较简单的手段是在一张横道图或网络图上标出相关合同所定义的里程碑事件和它们的逻辑关系。这样便于计划、协调和控制。

8.4.5　组织上的协调

在实际工程中，由于工程合同体系中的各个合同并不是同时签订的，执行时间也不一致，而且常常也不是由一个部门统一管理的，所以它们的协调更为重要。这个协调不仅在签约阶段，而且在工程施工阶段都要重视；不仅是合同内容的协调，而且是职能部门管理过程的协调。例如承包人对一份供应合同，必须在总承包合同技术文件分析后提出供应的数量和质量要求，向供应商询价，或签订意向书；供应时间按总合同施工计划确定；付款方式和付款时间应与财务人员商量；供应合同签订前或后，应就运输等合同作出安排，并报财务备案，以作资金计划或划拨款项；施工现场应就材料的进场和储存作出安排。这样形成一个有序的管理过程。

1. 什么是合同策划?
2. 简述合同策划的依据与要求。
3. 简述业主合同策划的必要性。
4. 简述承包人合同策划的意义。

5. 简述建设工程合同体系协调应注意的问题。

某建筑工程采用邀请招标。业主在招标文件中要求：

(1) 项目在21个月内完成；

(2) 采用固定总价合同；

(3) 无调价条款。

某承包人投标报价2 548 000元，工期24个月。在投标文件中承包人使用保留条款，要求取消固定价格条款，采用浮动价格。

但本工程比较紧急，业主急于签订合同，实施项目，业主在未同某承包人澄清的情况下发出中标通知书，同时指出：

(1) 经审核发现投标文件中有计算错误，总计多算了54 110元。业主要求在合同总价中减去这个差额，将报价改为2 493 890（即2 548 000－54 110）元。

(2) 同意24个月工期。

(3) 坚持采用固定价格。

承包人答复为：

(1) 如业主坚持固定价格条款，则承包人在原报价的基础上再增加525 000元。

(2) 既然为固定总价合同，则总价优先，计算错误的54 110元不应从总价中减去，则合同总价应为3073 000（即2 548 000＋525 000）元。

在工程实施中由于设计变更，使合同工程量又增加了496 041元。工程在24个月内完成。最终结算，业主坚持按照改正后的总价2 497 040元并加上工程量增加的部分结算，即总计为2 989 931元。而承包人坚持总结算价款为3 569 041（即2 548 000＋525 000＋496 041)元。最终经中间人调解，业主接受承包人的要求。

问 题

1. 承包人可以在其投标中有保留条款吗?

2. 业主的做法有哪些不妥?

单元 9

建设工程施工合同与管理

【知识点】 建设工程施工合同（示范文本）主要内容；建设工程施工合同谈判与签订；建设工程施工合同履约管理；建设工程施工索赔；建设工程施工专业分包合同（示范文本）主要内容；建设工程施工劳务分包合同（示范文本）主要内容。

【教学目标】 了解建设工程施工专业分包合同（示范文本）主要内容；了解建设工程施工劳务分包合同（示范文本）主要内容。掌握建设工程施工合同（示范文本）主要内容；熟悉建设工程施工合同谈判与签订过程；掌握建设工程施工合同履约管理基本内容和方法；掌握建设工程施工索赔程序和索赔值的计算。

项目 1 建设工程施工合同（示范文本）主要内容

9.1.1 建设工程施工合同（示范文本）基本框架

为了指导建设工程施工合同当事人的签约行为，维护合同当事人的合法权益，依据《中华人民共和国合同法》、《中华人民共和国建筑法》、《中华人民共和国招标投标法》以及相关法律法规，住房和城乡建设部、国家工商行政管理总局对《建设工程施工合同（示范文本）》（GF—1999—0201）进行了修订，制订了《建设工程施工合同（示范文本）》（GF—2013—0201）（以下简称《示范文本》）。《示范文本》有关内容如下：

1.《示范文本》的组成

《示范文本》由合同协议书、通用合同条款和专用合同条款三部分组成。

（1）合同协议书。《示范文本》合同协议书共计 13 条，主要包括工程概况、合同工期、质量标准、签约合同价和合同价格形式、项目经理、合同文件构成、承诺以及合同生效条件等重要内容，集中约定了合同当事人基本的合同权利义务。

（2）通用合同条款。《示范文本》通用合同条款共计 20 条，具体条款分别为：一般约定、发包人、承包人、监理人、工程质量、安全文明施工与环境保护、工期和进度、材料与设备、试验与检验、变更、价格调整、合同价格、计量与支付、验收和工程试车、竣工结算、缺陷责任与保修、违约、不可抗力、保险、索赔和争议解决。前述条款安排既考虑了现行法律法规对工程建设的有关要求，也考虑了建设工程施工管理的特殊需要。

（3）专用合同条款。《示范文本》专用合同条款是对通用合同条款原则性约定的细化、完善、补充、修改或另行约定的条款。

（4）附件。《示范文本》共计 11 个附件，其中协议书附件 1 个，即为承包人承揽工程项目一览表。专用合同条款附件 10 个，即发包人供应材料设备一览表、工程质量保修书、主要建设工程文件目录、承包人用于本工程施工的机械设备表、承包人主要施工管理人员表、分包人主要施工管理人员表、履约担保格式、预付款担保格式、支付担保格式、暂估价一览表。

2.《示范文本》的性质和适用范围

《示范文本》为非强制性使用文本。《示范文本》适用于房屋建筑工程、土木工程、线路管道和设备安装工程、装修工程等建设工程的施工承发包活动，合同当事人可结合建设工程具体情况，根据《示范文本》订立合同，并按照法律法规规定和合同约定承担相应的法律责任及合同权利义务。

9.1.2 协议书重点条款

1. 签约合同价与合同价格形式

(1) 签约合同价是发包人和承包人在合同协议书中确定的总金额，实际结算价款按照实际工程量确定，并增减签证索赔款、变更款及相关费用。

其中：安全文明施工费根据国家或省级造价部门的规定计价，不作为竞争性费用。根据合同安全文明施工费条款，发包人应在开工后28天内预付安全文明施工费总额的50%，其余部分与进度款同期支付。

暂估价指发包人在工程量清单或预算书中提供的用于支付必然发生但暂时不能确定价格的材料、工程设备的单价、专业工程以及服务工作的金额。

暂列金额指发包人在工程量清单或预算书中暂定并包括在合同价格中的一笔款项，用于工程合同签订时尚未确定或者不可预见的所需材料、工程设备、服务的采购，施工中可能发生的工程变更、合同约定调整因素出现时的合同价格调整以及发生的索赔、现场签证确认等的费用。

(2) 合同价格形式。即单价合同形式、总价合同形式、其他价格形式。

2. 合同文件构成及解释顺序

组成合同的各项文件应互相解释，互为说明。除专用合同条款另有约定外，解释合同文件的优先顺序如下：

(1) 合同协议书。合同协议书是指构成合同的由发包人和承包人共同签署的称为《合同协议书》的书面文件。

(2) 中标通知书（如果有）。中标通知书是指构成合同的由发包人通知承包人中标的书面文件。

(3) 投标函及其附录（如果有）。投标函是指构成合同的由承包人填写并签署的用于投标的称为《投标函》的文件。投标函附录是指构成合同的附在投标函后的称为《投标函附录》的文件。

(4) 专用合同条款及其附件。合同当事人可以根据不同建设工程的特点及具体情况，通过双方的谈判、协商对相应的专用合同条款进行修改补充。在使用专用合同条款时，应注意以下事项：

1) 专用合同条款的编号应与相应的通用合同条款的编号一致。

2) 合同当事人可以通过对专用合同条款的修改，满足具体建设工程的特殊要求，避免直接修改通用合同条款。

3) 在专用合同条款中有横道线的地方，合同当事人可针对相应的通用合同条款进行细化、完善、补充、修改或另行约定；如无细化、完善、补充、修改或另行约定，则填写“无”或画“/”。

(5) 通用合同条款。通用合同条款是合同当事人根据《中华人民共和国建筑法》、《中华人民共和国合同法》等法律法规的规定，就工程建设的实施及相关事项，对合同当事人的权利义务作出的原则性约定。

（6）技术标准和要求。技术标准和要求是指构成合同的施工应当遵守的或指导施工的国家、行业或地方的技术标准和要求，以及合同约定的技术标准和要求。

对于技术标准和要求在专用条款中要约定：

1）适用的我国国家标准、规范的名称。

2）没有国家标准、规范但有行业标准、规范的，则约定适用行业标准、规范的名称。

3）没有国家和行业标准、规范的，则约定适用工程所在地的地方标准、规范的名称。发包人应按专用条款约定的时间向承包人提供一式两份约定的标准、规范。

4）国内没有相应标准、规范的，由发包人按专用条款约定的时间向承包人提出施工技术要求，承包人按约定的时间和要求提出施工工艺，经发包人认可后执行。

5）若发包人要求使用国外标准、规范的，应负责提供中文译本。所发生的购买和翻译标准、规范或制订施工工艺的费用，由发包人承担。

（7）图纸。图纸是指构成合同的图纸，包括由发包人按照合同约定提供或经发包人批准的设计文件、施工图、鸟瞰图及模型等，以及在合同履行过程中形成的图纸文件。图纸应当按照法律规定审查合格。

发包人应按专用条款约定的日期和套数，向承包人提供图纸。承包人需要增加图纸套数的，发包人应代为复制，复制费用由承包人承担。若发包人对工程有保密要求的，应在专用条款中提出，保密措施费用由发包人承担，承包人在约定保密期限内履行保密义务。承包人未经发包人同意，不得将本工程图纸转给第三人。工程质量保修期满后，除承包人存档需要的图纸外，应将全部图纸退还给发包人。承包人应在施工现场保留一套完整图纸，供监理人及有关人员进行工程检查时使用。

（8）已标价工程量清单或预算书。已标价工程量清单是指构成合同的由承包人按照规定的格式和要求填写并标明价格的工程量清单，包括说明和表格。预算书是指构成合同的由承包人按照发包人规定的格式和要求编制的工程预算文件。

（9）其他合同文件。其他合同文件是指经合同当事人约定的与工程施工有关的具有合同约束力的文件或书面协议。合同当事人可以在专用合同条款中进行约定。

上述各项合同文件包括合同当事人就该项合同文件所作出的补充和修改，属于同一类内容的文件，应以最新签署的为准。在合同订立及履行过程中形成的与合同有关的文件均构成合同文件组成部分（如合同履行过程中的补充协议、会议纪要、来往函件等书面文件），并根据其性质确定优先解释顺序。

3. 承诺

（1）发包人承诺按照法律规定履行项目审批手续、筹集工程建设资金并按照合同约定的期限和方式支付合同价款。

（2）承包人承诺按照法律规定及合同约定组织完成工程施工，确保工程质量和安全，不进行转包及违法分包，并在缺陷责任期及保修期内承担相应的工程维修责任。

（3）发包人和承包人通过招投标形式签订合同的，双方理解并承诺不再就同一工程另行签订与合同实质性内容相背离的协议。

9.1.3 双方的主要工作

1. 发包人主要工作

发包人是指与承包人签订合同协议书的当事人及取得该当事人资格的合法继承人。发包人可以是具备法人资格的国家机关、事业单位、国有企业、集体企业、私营企业、经济联合体和社会团体，也可以是依法登记的个人合伙、个体经营户或个人，即一切以协议、法院判决或其他合法完备手续取得发包人的资格，承认全部合同条件，能够而且愿意履行合同规定义务的合同当事人。与发包人合并的单位、兼并发包人的单位、购买发包人合同和接受发包人出让的单位和人员（合法继承人），均可成为发包人，履行合同规定的义务，享有合同规定的权利。

根据《示范文本》的规定，发包人应完成如下主要工作：

(1) 许可或批准。发包人应遵守法律，并办理法律规定由其办理的许可、批准或备案，包括但不限于建设用地规划许可证、建设工程规划许可证、建设工程施工许可证、施工所需临时用水、临时用电、中断道路交通、临时占用土地等许可和批准。发包人应协助承包人办理法律规定的有关施工证件和批件。

因发包人原因未能及时办理完毕前述许可、批准或备案，由发包人承担由此增加的费用和（或）延误的工期，并支付承包人合理的利润。

(2) 施工现场、施工条件和基础资料的提供。

1) 提供施工现场。发包人应最迟于开工日期 7 天前向承包人移交施工现场。

2) 提供施工条件。发包人应负责提供施工所需要的条件，包括：①将施工用水、电力、通信线路等施工所必需的条件接至施工现场内；②保证向承包人提供正常施工所需要的进入施工现场的交通条件；③协调处理施工现场周围地下管线和邻近建筑物、构筑物、古树名木的保护工作，并承担相关费用；④按照专用合同条款约定应提供的其他设施和条件。

3) 提供基础资料。发包人应当在移交施工现场前向承包人提供施工现场及工程施工所必需的毗邻区域内供水、排水、供电、供气、供热、通信、广播电视等地下管线资料，气象和水文观测资料，地质勘察资料，相邻建筑物、构筑物和地下工程等有关基础资料，并对所提供资料的真实性、准确性和完整性负责。一般地讲，按照法律规定确需在开工后方能提供的基础资料，发包人应尽其努力及时地在相应工程施工前的合理期限内提供，合理期限应以不影响承包人的正常施工为限。

4) 逾期提供的责任。因发包人原因未能按合同约定及时向承包人提供施工现场、施工条件、基础资料的，由发包人承担由此增加的费用和（或）延误的工期。

(3) 资金来源证明及支付担保。发包人应在收到承包人要求提供资金来源证明的书面通知后 28 天内，向承包人提供能够按照合同约定支付合同价款的相应资金来源证明。

发包人要求承包人提供履约担保的，发包人应当向承包人提供支付担保。支付担保可以采用银行保函或担保公司担保等形式，具体由合同当事人在专用合同条款中约定。

(4) 支付合同价款。发包人应按合同约定向承包人及时支付合同价款。

(5) 组织竣工验收。发包人应按合同约定及时组织竣工验收。

(6) 现场统一管理协议。发包人应与承包人、由发包人直接发包的专业工程的承包人签订施工现场统一管理协议，明确各方的权利义务。施工现场统一管理协议作为专用合同条款的附件，也即发包人直接发包专业工程时，三方签署施工现场统一管理协议。承包人直接分包专业工程，或承包人发包人共同发包暂估价工程，现场管理纳入分包合同或暂估价发包合同。

若承包人获取总承包服务费，对分包单位造成的安全质量事故承担连带责任。根据《建设工程工程量清单计价规范》（GB 50500—2013）规定，总承包服务费由承包人自主报价。开工后 28 日内支付 20%，分包进场后，随进度款支付。若发包人不按时支付，承包人可以不履行总承包服务责任，由此造成的损失由发包人承担。

2. 承包人的主要工作

承包人是指与发包人签订合同协议书的，具有相应工程施工承包资质的当事人及取得该当事人资格的合法继承人。《建筑法》规定：承包人必须具有企业法人资格，同时持有工商行政管理机关核发的营业执照和建设行政主管部门颁发的资质证书，在核准的资质等级许可范围内承揽工程。

承包人按照合同规定进行施工、竣工并完成工程质量保修责任。承包人的工程范围由合同协议书约定或由工程项目一览表确定。按照《示范文本》规定承包人应完成以下主要工作：

（1）办理法律规定应由承包人办理的许可和批准，并将办理结果书面报送发包人留存。

（2）按法律规定和合同约定完成工程，并在保修期内承担保修义务。

（3）按法律规定和合同约定采取施工安全和环境保护措施，办理工伤保险，确保工程及人员、材料、设备和设施的安全。

（4）按合同约定的工作内容和施工进度要求，编制施工组织设计和施工措施计划，并对所有施工作业和施工方法的完备性和安全可靠性负责。

（5）在进行合同约定的各项工作时，不得侵害发包人与他人使用公用道路、水源、市政管网等公共设施的权利，避免对邻近的公共设施产生干扰。承包人占用或使用他人的施工场地，影响他人作业或生活的，应承担相应责任。

（6）按照环境保护条款约定负责施工场地及其周边环境与生态的保护工作。

（7）按安全文明施工条款约定采取施工安全措施，确保工程及其人员、材料、设备和设施的安全，防止因工程施工造成的人身伤害和财产损失。

（8）将发包人按合同约定支付的各项价款专用于合同工程，且应及时支付其雇用人员工资，并及时向分包人支付合同价款。

（9）按照法律规定和合同约定编制竣工资料，完成竣工资料立卷及归档，并按专用合同条款约定的竣工资料的套数、内容、时间等要求移交发包人。

（10）应履行的其他义务。

除上述主要工作外，承包人还应做好工程照管与成品、半成品保护工作。即：

（1）自发包人向承包人移交施工现场之日起，承包人应负责照管工程及工程相关的材料、工程设备，直到颁发工程接收证书之日止。

（2）在承包人负责照管期间，因承包人原因造成工程、材料、工程设备损坏的，由承包人负责修复或更换，并承担由此增加的费用和（或）延误的工期。

（3）对合同内分期完成的成品和半成品，在工程接收证书颁发前，由承包人承担保护责任。因承包人原因造成成品或半成品损坏的，由承包人负责修复或更换，并承担由此增加的费用和（或）延误的工期。

3. 项目经理

(1) 项目经理的产生与变更。

①项目经理的产生。承包人项目经理是指由承包人任命并派驻施工现场，在承包人授权范围内负责合同履行，且按照法律规定具有相应资格的项目负责人。担任项目经理，必须取得建造师执业资格证书。承包人自有项目，项目经理等于项目负责人。承包人挂靠类项目，由于多数挂靠人不具备建造师执业资格，必须由承包人另行委派项目经理，但挂靠人是实质负责人，该挂靠人又称为实际施工人。

项目经理应为合同当事人所确认的人选，并在专用合同条款中明确项目经理的姓名、职称、注册执业证书编号、联系方式及授权范围等事项，项目经理经承包人授权后代表承包人负责履行合同。项目经理应是承包人正式聘用的员工，承包人应向发包人提交项目经理与承包人之间的劳动合同，以及承包人为项目经理缴纳社会保险的有效证明。承包人不提交上述文件的，项目经理无权履行职责，发包人有权要求更换项目经理，由此增加的费用和（或）延误的工期由承包人承担。

项目经理应常驻施工现场，且每月在施工现场时间不得少于专用合同条款约定的天数。项目经理不得同时担任其他项目的项目经理。项目经理确需离开施工现场时，应事先通知监理人，并取得发包人的书面同意。项目经理的通知中应当载明临时代行其职责的人员的注册执业资格、管理经验等资料，该人员应具备履行相应职责的能力。

承包人违反上述约定的，应按照专用合同条款的约定，承担违约责任。

②项目经理的变更。承包人需要更换项目经理的，应提前 14 天书面通知发包人和监理人，并征得发包人书面同意。通知中应当载明继任项目经理的注册执业资格、管理经验等资料，继任项目经理继续履行项目经理条款约定的职责。未经发包人书面同意，承包人不得擅自更换项目经理。承包人擅自更换项目经理的，应按照专用合同条款的约定承担违约责任。

(2) 项目经理的职权。项目经理按合同约定组织工程实施。在紧急情况下为确保施工安全和人员安全，在无法与发包人代表和总监理工程师及时取得联系时，项目经理有权采取必要的措施保证与工程有关的人身、财产和工程的安全，但应在 48 小时内向发包人代表和总监理工程师提交书面报告。

项目经理因特殊情况授权其下属人员履行其某项工作职责的，该下属人员应具备履行相应职责的能力，并应提前 7 天将上述人员的姓名和授权范围书面通知监理人，并征得发包人书面同意。

4. 发包人代表

发包人代表是指由发包人任命并派驻施工现场在发包人授权范围内行使发包人权利的人。发包人应在专用合同条款中明确其派驻施工现场的发包人代表的姓名、职务、联系方式及授权范围等事项。发包人代表在发包人的授权范围内，负责处理合同履行过程中与发包人有关的具体事宜。发包人代表在授权范围内的行为由发包人承担法律责任。发包人更换发包人代表的，应提前 7 天书面通知承包人。

发包人代表不能按照合同约定履行其职责及义务，并导致合同无法继续正常履行的，承包人可以要求发包人撤换发包人代表。

不属于法定必须监理的工程，监理人的职权可以由发包人代表或发包人指定的其他人员行使。

5. 监理人

(1) 监理人的一般规定。监理人是指在专用合同条款中指明的，受发包人委托按照法律规定进行工程监督管理的法人或其他组织。

工程实行监理的，发包人和承包人应在专用合同条款中明确监理人的监理内容及监理权限等事项。监理人应当根据发包人授权及法律规定，代表发包人对工程施工相关事项进行检查、查验、审核、验收，并签发相关指示，但监理人无权修改合同，且无权减轻或免除合同约定的承包人的任何责任与义务。

监理人在施工现场的办公场所、生活场所由承包人提供，所发生的费用由发包人承担。

(2) 监理人员的产生与变更。发包人授予监理人对工程实施监理的权利由监理人派驻施工现场的监理人员行使，监理人员包括总监理工程师及监理工程师。监理人应将授权的总监理工程师和监理工程师的姓名及授权范围以书面形式提前通知承包人。更换总监理工程师的，监理人应提前7天书面通知承包人；更换其他监理人员，监理人应提前48小时书面通知承包人。

(3) 监理人的指示。监理人应按照发包人的授权发出监理指示。监理人的指示应采用书面形式，并经其授权的监理人员签字。紧急情况下，为了保证施工人员的安全或避免工程受损，监理人员可以口头形式发出指示，该指示与书面形式的指示具有同等法律效力，但必须在发出口头指示后24小时内补发书面监理指示，补发的书面监理指示应与口头指示一致。

监理人发出的指示应送达承包人项目经理或经项目经理授权接收的人员。因监理人未能按合同约定发出指示、指示延误或发出了错误指示而导致承包人费用增加和（或）工期延误的，由发包人承担相应责任。总监理工程师不应将商定或确定条款中约定应由总监理工程师作出确定的权力授权或委托给其他监理人员。

承包人对监理人发出的指示有疑问的，应向监理人提出书面异议，监理人应在48小时内对该指示予以确认、更改或撤销，监理人逾期未回复的，承包人有权拒绝执行上述指示。

监理人对承包人的任何工作、工程或其采用的材料和工程设备未在约定的或合理期限内提出意见的，视为批准，但不免除或减轻承包人对该工作、工程、材料、工程设备等应承担的责任和义务。

监理人的指示确定了监理人“文件传送中心”的地位。承包人与发包人直接的文件通过监理传送。确保监理人能够全面畅通的了解合同管理信息，以完成其法定义务和约定义务。监理人签收文件后产生相应法律效力。

(4) 商定或确定。

合同当事人进行商定或确定时，总监理工程师应当会同合同当事人尽量通过协商达成一致，不能达成一致的，由总监理工程师按照合同约定审慎作出公正的确定。

总监理工程师应将确定以书面形式通知发包人和承包人，并附详细依据。合同当事人对总监理工程师的确定没有异议的，按照总监理工程师的确定执行。任何一方合同当事人有异议，按照争议解决条款约定处理。争议解决前，合同当事人暂按总监理工程师的确定执行；争议解决后，争议解决的结果与总监理工程师的确定不一致的，按照争议解决的结果执行，由此造成的损失由责任人承担。

商定与确定条款明确了监理人扮演“对话平台”角色。合同产生争议，或对未约定事项达不成一致意见，由监理暂时作出“确定”，一方即使有异议，仍需按照监理工程师意见执行，以提高合同履行效力。一方有异议，按照争议解决条款约定处理。

9.1.4 施工合同的质量管理

工程施工中的质量管理是合同履行中的重要环节，涉及许多方面的工作，工作中出现任何缺陷和疏漏，都会使工程质量无法达到预期的标准。承包人应按照合同约定的标准、规范、图纸、质量等级以及监理人的指示认真施工，并达到合同约定的质量等级。

施工合同的质量管理条款可分为工程质量管理、工程验收、材料与工程设备供应、质量保修四方面的内容。

1. 工程的质量管理

(1) 工程质量要求。工程质量必须达到协议书约定的质量标准。工程质量标准必须符合现行国家有关工程施工质量验收规范和标准的要求。有关工程质量的特殊标准或要求由合同当事人在专用合同条款中约定。

因发包人原因造成工程质量未达到合同约定标准的，由发包人承担由此增加的费用和(或) 延误的工期，并支付承包人合理的利润。

因承包人原因造成工程质量未达到合同约定标准的，发包人有权要求承包人返工直至工程质量达到合同约定的标准为止，并由承包人承担由此增加的费用和（或）延误的工期。

(2) 质量保证措施。

1) 质量管理。工程质量是工程项目建设的核心，工程质量管理是保证工程项目质量优劣的首要前提。因此，工程项目建设过程中参建各方应加强管理。

对发包人而言，应按照法律规定及合同约定完成与工程质量有关的各项工作。

对承包人而言，一是应按照发包人和监理人确认的施工组织设计向发包人和监理人提交工程质量保证体系及措施文件，建立完善的质量检查制度，并提交相应的工程质量文件。二是承包人应对施工人员进行质量教育和技术培训，定期考核施工人员的劳动技能，严格执行施工规范和操作规程。三是承包人应按照法律规定和发包人的要求，对材料、工程设备以及工程的所有部位及其施工工艺进行全过程的质量检查和检验，并作详细记录，编制工程质量报表，报送监理人审查。此外，承包人还应按照法律规定和发包人的要求，进行施工现场取样试验、工程复核测量和设备性能检测，提供试验样品、提交试验报告和测量成果以及其他工作。

需要注意的是：对于发包人和监理人违反法律规定和合同约定的错误指示，承包人有权拒绝实施。

2) 监理人的质量检查和检验。监理人按照法律规定和发包人授权对工程的所有部位及其施工工艺、材料和工程设备进行检查和检验。承包人应为监理人的检查和检验提供方便，包括监理人到施工现场，或制造、加工地点，或合同约定的其他地方进行察看和查阅施工原始记录。监理人为此进行的检查和检验，不免除或减轻承包人按照合同约定应当承担的责任。

监理人的检查和检验不应影响施工正常进行。监理人的检查和检验影响施工正常进行的，且经检查检验不合格的，影响正常施工的费用由承包人承担，工期不予顺延；经检查检验合格的，由此增加的费用和（或）延误的工期由发包人承担。

(3) 隐蔽工程检查

1) 承包人自检。承包人应当对工程隐蔽部位进行自检，并经自检确认是否具备覆盖条件。

2）检查程序。工程隐蔽部位经承包人自检确认具备覆盖条件的，承包人应在共同检查前48小时书面通知监理人检查，通知中应载明隐蔽检查的内容、时间和地点，并应附有自检记录和必要的检查资料。

监理人应按时到场并对隐蔽工程及其施工工艺、材料和工程设备进行检查。经监理人检查确认质量符合隐蔽要求，并在验收记录上签字后，承包人才能进行覆盖。经监理人检查质量不合格的，承包人应在监理人指示的时间内完成修复，并由监理人重新检查，由此增加的费用和（或）延误的工期由承包人承担。

监理人不能按时进行检查的，应在检查前24小时向承包人提交书面延期要求，但延期不能超过48小时，由此导致工期延误的，工期应予以顺延。监理人未按时进行检查，也未提出延期要求的，视为隐蔽工程检查合格，承包人可自行完成覆盖工作，并作相应记录报送监理人，监理人应签字确认。监理人事后对检查记录有疑问的，可按以下重新检查的约定重新检查。

隐蔽工程检查程序如图9-1所示。

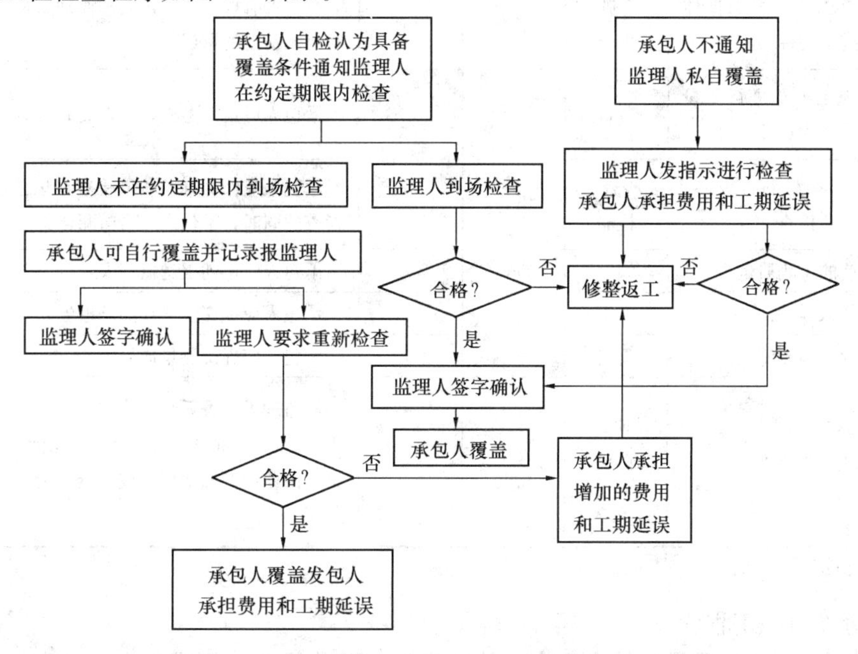

图9-1　隐蔽工程检查程序

3）重新检查。承包人覆盖工程隐蔽部位后，发包人或监理人对质量有疑问的，可要求承包人对已覆盖的部位进行钻孔探测或揭开重新检查，承包人应遵照执行，并在检查后重新覆盖恢复原状。经检查证明工程质量符合合同要求的，由发包人承担由此增加的费用和（或）延误的工期，并支付承包人合理的利润；经检查证明工程质量不符合合同要求的，由此增加的费用和（或）延误的工期由承包人承担。

4）承包人私自覆盖。承包人未通知监理人到场检查，私自将工程隐蔽部位覆盖的，监理人有权指示承包人钻孔探测或揭开检查，无论工程隐蔽部位质量是否合格，由此增加的费用和（或）延误的工期均由承包人承担。

(4) 不合格工程的处理。

1) 因承包人原因造成工程不合格的，发包人有权随时要求承包人采取补救措施，直至达到合同要求的质量标准，由此增加的费用和（或）延误的工期由承包人承担。无法补救的，按照拒绝接收全部或部分工程条款约定执行。

2) 因发包人原因造成工程不合格的，由此增加的费用和（或）延误的工期由发包人承担，并支付承包人合理的利润。

(5) 质量争议检测。合同当事人对工程质量有争议的，由双方协商确定的工程质量检测机构鉴定，由此产生的费用及因此造成的损失，由责任方承担。

合同当事人均有责任的，由双方根据其责任分别承担。合同当事人无法达成一致的，按照商定或确定条款执行。

质量保证措施具体工作任务及责任划分见表 9-1。

表 9-1 质量保证措施具体工作任务及责任划分

序号	工作任务	承包人	监理人	发包人	三方责任划分
1	提交工程质量保证体系及措施文件	编制、提交	审查	审查	承包人有权拒绝发包人和监理人违反法律法规和合同约定的错误指示
2	对施工人员进行质量教育及技术培训	负责			承包人应定期考核施工人员的劳动技能
3	全过程材料、设备、施工工艺检查	检查、检验	审查		承包人应作详细的质量检查记录，发包人要求检查的同时，承包人应给与配合
4	定期的工程质量报表	编制	审查		承包人应定期报送监理人
5	现场取样测试	负责			承包人应提交实验样品及报告
6	工程复核测试	负责			承包人应提交测量成果
7	隐蔽工程检查	自检	检查、检验		经监理人检查质量不合格的，承包人应在监理人指示的时间内完成修复，并由监理人重新检查，由此增加的费用（或）延误的工期由承包人承担

2. 工程验收

(1) 分部分项工程验收。

1) 分部分项工程质量应符合国家有关工程施工验收规范、标准及合同约定，承包人应按照施工组织设计的要求完成分部分项工程施工。

2) 分部分项工程经承包人自检合格并具备验收条件的，承包人应提前 48 小时通知监理人进行验收。监理人不能按时进行验收的，应在验收前 24 小时向承包人提交书面延期要求，但延期不能超过 48 小时。监理人未按时进行验收，也未提出延期要求的，承包人有权自行验收，监理人应认可验收结果。分部分项工程未经验收的，不得进入下一道工序施工。

分部分项工程的验收资料应当作为竣工资料的组成部分。

(2) 提前交付单位工程的验收。

1) 发包人需要在工程竣工前使用单位工程的，或承包人提出提前交付已经竣工的单位工程且经发包人同意的，可进行单位工程验收，验收的程序按照竣工验收的约定进行。

验收合格后，由监理人向承包人出具经发包人签认的单位工程接收证书。已签发单位工程接收证书的单位工程由发包人负责照管。单位工程的验收成果和结论作为整体工程竣工验收申请报告的附件。

2）发包人要求在工程竣工前交付单位工程，由此导致承包人费用增加和（或）工期延误的，由发包人承担由此增加的费用和（或）延误的工期，并支付承包人合理的利润。

（3）竣工验收。

1）竣工验收条件。工程具备以下条件的，承包人可以申请竣工验收：①除发包人同意的甩项工作和缺陷修补工作外，合同范围内的全部工程以及有关工作，包括合同要求的试验、试运行以及检验均已完成，并符合合同要求；②已按合同约定编制了甩项工作和缺陷修补工作清单以及相应的施工计划；③已按合同约定的内容和份数备齐竣工资料。

2）竣工验收程序。承包人申请竣工验收的，应当按照以下程序进行：①承包人向监理人报送竣工验收申请报告，监理人应在收到竣工验收申请报告后 14 天内完成审查并报送发包人。监理人审查后认为尚不具备验收条件的，应通知承包人在竣工验收前承包人还需完成的工作内容，承包人应在完成监理人通知的全部工作内容后，再次提交竣工验收申请报告。②监理人审查后认为已具备竣工验收条件的，应将竣工验收申请报告提交发包人，发包人应在收到经监理人审核的竣工验收申请报告后 28 天内审批完毕并组织监理人、承包人、设计人等相关单位完成竣工验收。③竣工验收合格的，发包人应在验收合格后 14 天内向承包人签发工程接收证书。发包人无正当理由逾期不颁发工程接收证书的，自验收合格后第 15 天起视为已颁发工程接收证书。④竣工验收不合格的，监理人应按照验收意见发出指示，要求承包人对不合格工程返工、修复或采取其他补救措施，由此增加的费用和（或）延误的工期由承包人承担。承包人在完成不合格工程的返工、修复或采取其他补救措施后，应重新提交竣工验收申请报告，并按本项约定的程序重新进行验收。⑤工程未经验收或验收不合格，发包人擅自使用的，应在转移占有工程后 7 天内向承包人颁发工程接收证书；发包人无正当理由逾期不颁发工程接收证书的，自转移占有后第 15 天起视为已颁发工程接收证书。

发包人不按照本项约定组织竣工验收、颁发工程接收证书的，每逾期一天，应以签约合同价为基数，按照中国人民银行发布的同期同类贷款基准利率支付违约金。

竣工验收程序如图 9-2 所示。

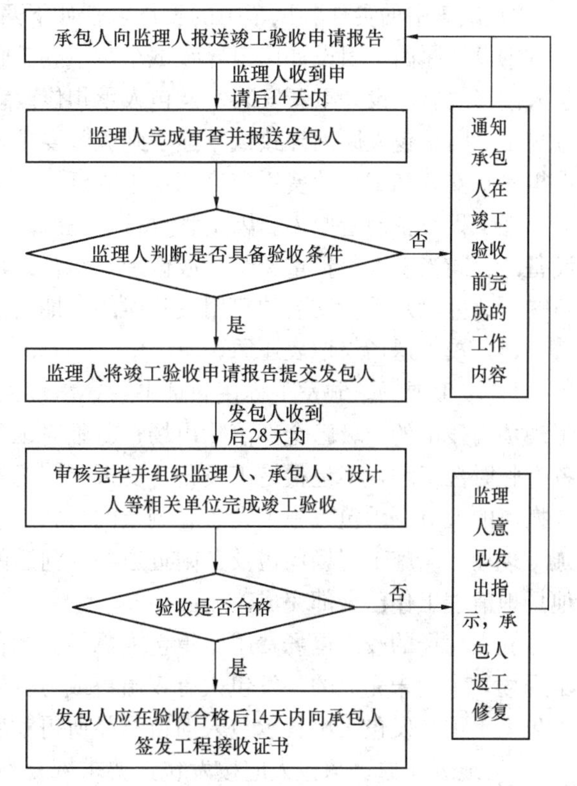

图 9-2　竣工验收程序图

（4）工程试车。工程需要试车的，试车内容应与承包人承包范围相一致，试车费用由承包人承担。

1）试车程序。工程试车应按如下程序进行：

①单机无负荷试车。具备单机无负荷试车条件，承包人组织试车，并在试车前48小时书面通知监理人，通知中应载明试车内容、时间、地点。承包人准备试车记录，发包人根据承包人要求为试车提供必要条件。试车合格的，监理人在试车记录上签字。监理人在试车合格后不在试车记录上签字，自试车结束满24小时后视为监理人已经认可试车记录，承包人可继续施工或办理竣工验收手续。

监理人不能按时参加试车，应在试车前24小时以书面形式向承包人提出延期要求，但延期不能超过48小时，由此导致工期延误的，工期应予以顺延。监理人未能在前述期限内提出延期要求，又不参加试车的，视为认可试车记录。

②无负荷联动试车。具备无负荷联动试车条件，发包人组织试车，并在试车前48小时以书面形式通知承包人。通知中应载明试车内容、时间、地点和对承包人的要求，承包人按要求做好准备工作。试车合格，合同当事人在试车记录上签字。承包人无正当理由不参加试车的，视为认可试车记录。

③投料试车。如需进行投料试车的，发包人应在工程竣工验收后组织投料试车。发包人要求在工程竣工验收前进行或需要承包人配合时，应征得承包人同意，并在专用合同条款中约定有关事项。投料试车合格的，费用由发包人承担；因承包人原因造成投料试车不合格的，承包人应按照发包人要求进行整改，由此产生的整改费用由承包人承担；非因承包人原因导致投料试车不合格的，如发包人要求承包人进行整改的，由此产生的费用由发包人承担。

2）试车中的责任。试车中的责任包括如下两方面：

①设计原因。因设计原因导致试车达不到验收要求，发包人应要求设计人修改设计，承包人按修改后的设计重新安装。发包人承担修改设计、拆除及重新安装的全部费用，工期相应顺延。因承包人原因导致试车达不到验收要求，承包人按监理人要求重新安装和试车，并承担重新安装和试车的费用，工期不予顺延。

②工程设备制造原因。因工程设备制造原因导致试车达不到验收要求的，由采购该工程设备的合同当事人负责重新购置或修理，承包人负责拆除和重新安装，由此增加的修理、重新购置、拆除及重新安装的费用及延误的工期由采购该工程设备的合同当事人承担。

（5）竣工退场与地表还原。

1）竣工退场。颁发工程接收证书后，承包人应按以下要求对施工现场进行清理：①施工现场内残留的垃圾已全部清除出场；②临时工程（即为完成合同约定的永久工程所修建的各类临时性工程，不包括施工设备）已拆除，场地已进行清理、平整或复原；③按合同约定应撤离的人员、承包人施工设备和剩余的材料，包括废弃的施工设备和材料，已按计划撤离施工现场；④施工现场周边及其附近道路、河道的施工堆积物，已全部清理；⑤施工现场其他场地清理工作已全部完成。

施工现场的竣工退场费用由承包人承担。承包人应在专用合同条款约定的期限内完成竣工退场，逾期未完成的，发包人有权出售或另行处理承包人遗留的物品，由此支出的费用由承包人承担，发包人出售承包人遗留物品所得款项在扣除必要费用后应返还承包人。

2）地表还原。承包人应按发包人要求恢复临时占地及清理场地，承包人未按发包人的要求恢复临时占地，或者场地清理未达到合同约定要求的，发包人有权委托其他人恢复或清理，所发生的费用由承包人承担。

3. 材料与工程设备的质量控制

（1）发包人供应材料设备与工程设备。

1）发包人供应材料设备与工程设备的基本要求。实行发包人供应材料与工程设备的，应在签订合同时在专用合同条款的附件《发包人供应材料设备一览表》中明确材料、工程设备的品种、规格、型号、数量、单价、质量等级和送达地点。

承包人应提前30天通过监理人以书面形式通知发包人供应材料与工程设备进场。承包人按照施工进度计划的修订条款约定修订施工进度计划时，需同时提交经修订后的发包人供应材料与工程设备的进场计划。

2）发包人供应材料与工程设备的接收与拒收。发包人应按《发包人供应材料设备一览表》约定的内容提供材料和工程设备，并向承包人提供产品合格证明及出厂证明，对其质量负责。发包人应提前24小时以书面形式通知承包人、监理人材料和工程设备到货时间，承包人负责材料和工程设备的清点、检验和接收。

发包人提供的材料和工程设备的规格、数量或质量不符合合同约定的，或因发包人原因导致交货日期延误或交货地点变更等情况的，按照发包人违约条款约定办理。

3）发包人供应材料与工程设备的保管与使用。发包人供应的材料和工程设备，承包人清点后由承包人妥善保管，保管费用由发包人承担，但已标价工程量清单或预算书已经列支或专用合同条款另有约定除外。因承包人原因发生丢失毁损的，由承包人负责赔偿；监理人未通知承包人清点的，承包人不负责材料和工程设备的保管，由此导致丢失毁损的由发包人负责。

发包人供应的材料和工程设备使用前，由承包人负责检验，检验费用由发包人承担，不合格的不得使用。

4）禁止使用不合格的材料和工程设备。发包人提供的材料或工程设备不符合合同要求的，承包人有权拒绝，并可要求发包人更换，由此增加的费用和（或）延误的工期由发包人承担，并支付承包人合理的利润。

（2）承包人采购材料与工程设备。

1）承包人采购材料与工程设备的基本要求。承包人负责采购材料、工程设备的，应按照设计和有关标准要求采购，并提供产品合格证明及出厂证明，对材料、工程设备质量负责。合同约定由承包人采购的材料、工程设备，发包人不得指定生产厂家或供应商，发包人违反本款约定指定生产厂家或供应商的，承包人有权拒绝，并由发包人承担相应责任。

2）承包人采购材料与工程设备的接收与拒收。承包人采购的材料和工程设备，应保证产品质量合格，承包人应在材料和工程设备到货前24小时通知监理人检验。承包人进行永久设备、材料的制造和生产的，应符合相关质量标准，并向监理人提交材料的样本以及有关资料，并应在使用该材料或工程设备之前获得监理人同意。

承包人采购的材料和工程设备不符合设计或有关标准要求时，承包人应在监理人要求的合理期限内将不符合设计或有关标准要求的材料、工程设备运出施工现场，并重新采购符合要求的材料、工程设备，由此增加的费用和（或）延误的工期，由承包人承担。

3）承包人采购材料与工程设备的保管与使用。承包人采购的材料和工程设备由承包人妥善保管，保管费用由承包人承担。法律规定材料和工程设备使用前必须进行检验或试验的，承包人应按监理人的要求进行检验或试验，检验或试验费用由承包人承担，不合格的不得使用。

发包人或监理人发现承包人使用不符合设计或有关标准要求的材料和工程设备时，有权要求承包人进行修复、拆除或重新采购，由此增加的费用和（或）延误的工期，由承包人承担。

4）禁止使用不合格的材料和工程设备。监理人有权拒绝承包人提供的不合格材料或工程设备，并要求承包人立即进行更换。监理人应在更换后再次进行检查和检验，由此增加的费用和（或）延误的工期由承包人承担。监理人发现承包人使用了不合格的材料和工程设备，承包人应按照监理人的指示立即改正，并禁止在工程中继续使用不合格的材料和工程设备。

（3）样品。

1）样品的报送与封存。需要承包人报送样品的材料或工程设备，样品的种类、名称、规格、数量等要求均应在专用合同条款中约定。样品的报送程序如下：①承包人应在计划采购前28天向监理人报送样品。承包人报送的样品均应来自供应材料的实际生产地，且提供的样品的规格、数量足以表明材料或工程设备的质量、型号、颜色、表面处理、质地、误差和其他要求的特征。②承包人每次报送样品时应随附申报单，申报单应载明报送样品的相关数据和资料，并标明每件样品对应的图纸号，预留监理人批复意见栏。监理人应在收到承包人报送的样品后7天内向承包人回复经发包人签认的样品审批意见。③经发包人和监理人审批确认的样品应按约定的方法封样，封存的样品作为检验工程相关部分的标准之一。承包人在施工过程中不得使用与样品不符的材料或工程设备。④发包人和监理人对样品的审批确认仅为确认相关材料或工程设备的特征或用途，不得被理解为对合同的修改或改变，也并不减轻或免除承包人任何的责任和义务。如果封存的样品修改或改变了合同约定，合同当事人应当以书面协议予以确认。

2）样品的保管。经批准的样品应由监理人负责封存于现场，承包人应在现场为保存样品提供适当和固定的场所并保持适当和良好的存储环境条件。

（4）材料与工程设备的替代。

1）需要使用替代材料和工程设备的情况。主要有如下几种：①基准日期后生效的法律规定禁止使用的；②发包人要求使用替代品的；③因其他原因必须使用替代品的。

2）承包人使用替代材料和工程设备的程序。承包人使用替代材料和工程设备时按照如下程序办理：

①承包人应在使用替代材料和工程设备28天前书面通知监理人，并附下列文件：a. 被替代的材料和工程设备的名称、数量、规格、型号、品牌、性能、价格及其他相关资料；b. 替代品的名称、数量、规格、型号、品牌、性能、价格及其他相关资料；c. 替代品与被替代产品之间的差异以及使用替代品可能对工程产生的影响；d. 替代品与被替代产品的价格差异；e. 使用替代品的理由和原因说明；f. 监理人要求的其他文件。

②监理人应在收到通知后14天内向承包人发出经发包人签认的书面指示；监理人逾期发出书面指示的，视为发包人和监理人同意使用替代品。

3）发包人认可使用替代材料和工程设备的价格确认。替代材料和工程设备的价格，按照已标价工程量清单或预算书相同项目的价格认定；无相同项目的，参考相似项目价格认定；既无相同项目也无相似项目的，按照合理的成本与利润构成的原则，由合同当事人按照商定或确定条款规定确定价格。

（5）材料、工程设备和工程的试验和检验以及现场工艺试验。

1）承包人应按合同约定进行材料、工程设备和工程的试验和检验，并为监理人对上述材料、工程设备和工程的质量检查提供必要的试验资料和原始记录。按合同约定应由监理人与承包人共同进行试验和检验的，由承包人负责提供必要的试验资料和原始记录。

2）试验属于自检性质的，承包人可以单独进行试验。试验属于监理人抽检性质的，监理人可以单独进行试验，也可由承包人与监理人共同进行。承包人对由监理人单独进行的试验结果有异议的，可以申请重新共同进行试验。约定共同进行试验的，监理人未按照约定参加试验的，承包人可自行试验，并将试验结果报送监理人，监理人应承认该试验结果。

3）监理人对承包人的试验和检验结果有异议的，或为查清承包人试验和检验成果的可靠性要求承包人重新试验和检验的，可由监理人与承包人共同进行。重新试验和检验的结果证明该项材料、工程设备或工程的质量不符合合同要求的，由此增加的费用和（或）延误的工期由承包人承担；重新试验和检验结果证明该项材料、工程设备和工程符合合同要求的，由此增加的费用和（或）延误的工期由发包人承担。

4）现场工艺试验。承包人应按合同约定或监理人指示进行现场工艺试验。对大型的现场工艺试验，监理人认为必要时，承包人应根据监理人提出的工艺试验要求，编制工艺试验措施计划，报送监理人审查。

4. 缺陷责任与保修的质量控制

（1）工程保修的原则。在工程移交发包人后，因承包人原因产生的质量缺陷，承包人应承担质量缺陷责任和保修义务。缺陷责任期届满，承包人仍应按合同约定的工程各部位保修年限承担保修义务。

（2）缺陷责任期、质量保修期。

1）竣工日期：工程经竣工验收合格的，以承包人提交竣工验收申请报告之日为实际竣工日期，并在工程接收证书中载明；因发包人原因，未在监理人收到承包人提交的竣工验收申请报告42天内完成竣工验收，或完成竣工验收不予签发工程接收证书的，以提交竣工验收申请报告的日期为实际竣工日期；工程未经竣工验收，发包人擅自使用的，以转移占有工程之日为实际竣工日期。

2）缺陷责任期：是指承包人按照合同约定承担缺陷修复义务，且发包人预留质量保证金的期限。缺陷责任期自工程实际竣工日期起计算，合同当事人应在专用合同条款约定缺陷责任期的具体期限，一般为6个月、12个月或24个月，但该期限最长不超过24个月。

3）保修期：是指承包人按照合同约定对工程承担保修责任的期限，从工程竣工验收合格之日起计算。发包人未经竣工验收擅自使用工程的，保修期自转移占有之日起算。具体分部分项工程的保修期由合同当事人在专用合同条款中约定，但不得低于法定最低保修年限。

《建设工程质量管理条例》明确规定，在正常使用条件下，建设工程的最低保修期限为：

1）基础设施工程、房屋建筑的地基基础工程和主体结构工程，为设计文件规定的该工程的合理使用年限；

2）屋面防水工程、有防水要求的卫生间、房间和外墙面的防渗漏，为5年；

3）供热与供冷系统，为2个采暖期、供冷期；

4）电气管线、给排水管道、设备安装和装修工程，为2年。

（3）质量保修责任。在工程保修期内，承包人应当根据有关法律规定以及合同约定承担保修责任。具体规定如下：

1）属于保修范围和内容的项目，乙方应在接到修理通知后24小时内派人维修。乙方不在约定期限内派人修理，甲方可委托其他人员维修，保修费用从质量保证金内扣除。

2）发生须紧急抢修事故，乙方在接到事故通知后，应立即到达事故现场抢修。若因乙方施工质量引起的事故，抢修费用由乙方承担。

3）在国家规定的工程合理使用期限内，乙方确保工程的质量。因乙方原因致使工程在合理使用期限内造成 人身和财产损害的，乙方承担全部损害赔偿责任。

9.1.5 施工合同的进度管理

进度管理条款是为促使合同当事人在合同规定的工期内完成施工任务，发包人按时做好准备工作，承包人按照施工进度计划组织施工；为监理人落实进度控制部门的人员、具体的控制任务和管理职能分工；为承包人落实具体的进度控制人员、编制合理的施工进度计划并控制其执行提供依据。

进度控制条款可以分为施工准备、施工和竣工验收等三个阶段的进度控制条款。

1. 施工准备阶段的进度控制

施工准备阶段的许多工作都对施工的开始和进度有直接的影响，包括合同当事人对合同工期的约定、施工组织设计的提交和修改、施工进度计划的编制与修订、开工等。

（1）合同工期的约定。工期是指在合同协议书约定的承包人完成工程所需的期限，包括按照合同约定所作的期限变更。

合同工期包括计划开工日期、计划竣工日期和工期总日历天数。计划开工日期是指合同协议书约定的开工日期。计划竣工日期是指合同协议书约定的竣工日期。工期总日历天数与根据前述计划开竣工日期计算的工期天数不一致的，以工期总日历天数为准。

（2）施工组织设计的提交和修改。

1）施工组织设计的提交。承包人应在合同签订后14天内，但最迟不得晚于监理人发出的开工通知中载明的开工日期前7天，向监理人提交详细的施工组织设计，并由监理人报送发包人。承包人提交的施工组织设计应包含施工方案，施工现场平面布置图，施工进度计划和保证措施，劳动力及材料供应计划，施工机械设备的选用，质量保证体系及措施，安全生产、文明施工措施，环境保护、成本控制措施以及合同当事人约定的其他内容。

2）施工组织设计的修改。发包人和监理人应在监理人收到施工组织设计后7天内确认或提出修改意见。对发包人和监理人提出的合理意见和要求，承包人应自费修改完善。根据工程实际情况需要修改施工组织设计的，承包人应向发包人和监理人提交修改后的施工组织设计。

（3）施工进度计划的编制与修订。

1）施工进度计划的编制。承包人应按照合同约定提交详细的施工进度计划，施工进度计划的编制应当符合国家法律规定和一般工程实践惯例，施工进度计划经发包人批准后实施。施工进度计划是控制工程进度的依据，发包人和监理人有权按照施工进度计划检查工程进度情况。

2）施工进度计划的修订。施工进度计划不符合合同要求或与工程的实际进度不一致的，承包人应向监理人提交修订的施工进度计划，并附具有关措施和相关资料，由监理人报送发包人。发包人和监理人应在收到修订的施工进度计划后7天内完成审核和批准或提出修改意见。发包人和监理人对承包人提交的施工进度计划的确认，不能减轻或免除承包人根据法律规定和合同约定应承担的任何责任或义务。

(4) 开工。“开工”这个界面非常重要，它是施工合同履行的起点，也是施工合同能否顺利履行重要节点。

1) 开工准备。承包人应按照合同规定的时间提前做好施工组织设计编制、图纸审查及深化等工作外，还应备好开工所需的材料、工程设备，做好劳动力安排，另外还应负责完成由其修建的施工道路、临时设施等。在完成前述工作后承包人应按照施工组织设计规定的时间节点向监理人提交开工报审表，经监理人报发包人批准后执行。开工报审表应详细说明按施工进度计划正常施工所需的施工道路、临时设施、材料、工程设备、施工设备、施工人员等落实情况以及工程的进度安排。

2) 开工通知。发包人应按照法律规定获得工程施工所需的许可。经发包人同意后，监理人发出的开工通知应符合法律规定。监理人应在计划开工日期7天前向承包人发出开工通知，工期自开工通知中载明的开工日期起算。

需要指出的是监理人在发出开工通知前应征得发包人的同意，且发出开工通知的前提是发包人已经取得了法律法规规定的工程开工所需的全部行政审批或许可，否则在不具备法定开工条件的前提下，监理人发出开工通知，承包人有权拒绝。

因发包人原因造成监理人未能在计划开工日期之日起90天内发出开工通知的，承包人有权提出价格调整要求，或者解除合同。发包人应当承担由此增加的费用和（或）延误的工期，并向承包人支付合理利润。

2. 施工阶段的进度控制

工程开工后，合同履行就进入施工阶段，直到工程竣工。这一阶段进度控制条款的作用是控制施工任务在施工合同协议书规定的工期内完成。

(1) 测量放线。

1) 测量放线相关资料提供要求。发包人应在至迟不得晚于开工通知载明的开工日期前7天通过监理人向承包人提供测量基准点、基准线和水准点及其书面资料。

2) 测量放线的责任划分。

①发包人的责任。发包人应对其提供的测量基准点、基准线和水准点及其书面资料的真实性、准确性和完整性负责。承包人发现发包人提供的测量基准点、基准线和水准点及其书面资料存在错误或疏漏的，应及时通知监理人。监理人应及时报告发包人，并会同发包人和承包人予以核实。发包人应就如何处理和是否继续施工作出决定，并通知监理人和承包人。

②承包人的责任。承包人负责施工过程中的全部施工测量放线工作，并配置具有相应资质的人员、合格的仪器、设备和其他物品。承包人应矫正工程的位置、标高、尺寸或准线中出现的任何差错，并对工程各部分的定位负责。

施工过程中对施工现场内水准点等测量标志物的保护工作由承包人负责。

(2) 工期延误。

1) 因发包人原因导致工期延误。在合同履行过程中，因下列情况导致工期延误和（或）费用增加的，由发包人承担由此延误的工期和（或）增加的费用，且发包人应支付承包人合理的利润：①发包人未能按合同约定提供图纸或所提供图纸不符合合同约定的；②发包人未能按合同约定提供施工现场、施工条件、基础资料、许可、批准等开工条件的；③发包人提供的测量基准点、基准线和水准点及其书面资料存在错误或疏漏的；④发包人未能在计划开工日期之日起 7 天内同意下达开工通知的；⑤发包人未能按合同约定日期支付工程预付款、进度款或竣工结算款的；⑥监理人未按合同约定发出指示、批准等文件的；⑦专用合同条款中约定的其他情形。

因发包人原因未按计划开工日期开工的，发包人应按实际开工日期顺延竣工日期，确保实际工期不低于合同约定的工期总日历天数。因发包人原因导致工期延误需要修订施工进度计划的，按照施工进度计划的修订约定执行。

2）因承包人原因导致工期延误。因承包人原因造成工期延误的，可以在专用合同条款中约定逾期竣工违约金的计算方法和逾期竣工违约金的上限。承包人支付逾期竣工违约金后，不免除承包人继续完成工程及修补缺陷的义务。

(3）暂停施工。暂停施工又称中止施工，引起暂停施工的原因比较复杂，可以分为因发包人原因导致的暂停施工、因承包人原因导致的暂停施工以及因不可抗力等不可归责于合同当事人的原因导致的暂停施工。

1）发包人原因引起的暂停施工（通常包括发包人违法、发包人违约、发包人提出变更等情形）。因发包人原因引起暂停施工的，监理人经发包人同意后，应及时下达暂停施工指示。情况紧急且监理人未及时下达暂停施工指示的，按照紧急情况下的暂停施工约定执行。因发包人原因引起的暂停施工所增加的费用（包括承包人合理的利润）和（或）延误的工期由发包人承担。

2）承包人原因引起的暂停施工。因承包人原因引起的暂停施工，承包人应承担由此增加的费用和（或）延误的工期，且承包人在收到监理人复工指示后 84 天内仍未复工的，视为承包人无法继续履行合同的情形，承包人应承担违约责任。

3）监理人指示暂停施工。暂停施工的指示只能由监理人发出。监理人认为有必要暂停施工时，应获得发包人的批准后，可向承包人作出暂停施工的指示，承包人应按监理人指示暂停施工。若在特殊或紧急情况下，基于监理人对工程质量、安全负有监督管理职责，如不立即暂停施工将影响工程质量、安全时，监理人应先行发出暂停施工指示。但监理人必须在合理的时间内通知发包人，并获得发包人同意。

4）紧急情况下的暂停施工。因出现不利物质条件、异常恶劣的气候条件、不可抗力等危及工程质量和安全的紧急情况需暂停施工，且监理人未及时下达暂停施工指示的，承包人可先暂停施工，并及时通知监理人。监理人应在接到通知后 24 小时内发出指示，逾期未发出指示，视为同意承包人暂停施工。监理人不同意承包人暂停施工的，应说明理由，承包人对监理人的答复有异议，按照争议解决的约定处理。

5）暂停施工后的复工。暂停施工后，发包人和承包人应采取有效措施积极消除暂停施工的影响。在工程复工前，监理人会同发包人和承包人确定因暂停施工造成的损失，并确定工程复工条件。当工程具备复工条件时，监理人应经发包人批准后向承包人发出复工通知，承包人应按照复工通知要求复工。

承包人无故拖延和拒绝复工的，承包人承担由此增加的费用和（或）延误的工期；因发包人原因无法按时复工的，按照因发包人原因导致工期延误的约定办理。

6）暂停施工持续56天以上。监理人发出暂停施工指示后56天内未向承包人发出复工通知，除该项停工属于承包人原因引起的暂停施工及不可抗力的约定的情形外，承包人可向发包人提交书面通知，要求发包人在收到书面通知后28天内准许已暂停施工的部分或全部工程继续施工。发包人逾期不予批准的，则承包人可以通知发包人，将工程受影响的部分视为可取消的工作。

暂停施工持续84天以上不复工的，且不属于承包人原因引起的暂停施工及不可抗力的约定的情形，并影响到整个工程以及合同目的实现的，承包人有权提出价格调整要求，或者解除合同。解除合同的，按照因发包人违约解除合同的情形执行。

（4）变更。因变更引起工期变化的，合同当事人均可要求调整合同工期，由合同当事人按照商定或确定的约定并参考工程所在地的工期定额标准确定增减工期天数。

3. 竣工验收阶段的进度控制

（1）提前竣工。发包人要求承包人提前竣工的，发包人应通过监理人向承包人下达提前竣工指示，承包人应向发包人和监理人提交提前竣工建议书，提前竣工建议书应包括实施的方案、缩短的时间、增加的合同价格等内容。发包人接受该提前竣工建议书的，监理人应与发包人和承包人协商采取加快工程进度的措施，并修订施工进度计划，由此增加的费用由发包人承担。承包人认为提前竣工指示无法执行的，应向监理人和发包人提出书面异议，发包人和监理人应在收到异议后7天内予以答复。任何情况下，发包人不得压缩合理工期。

（2）甩项工程。甩项工程是指某个单位工程，为了急于交付使用，把按照施工图要求还没有完成的某些工程细目甩下，而对整个单位工程先行验收。甩项工程中有些是漏项工程，或者是由于缺少某种材料、设备而造成的未完工程；有些是在验收过程中检查出来的需要返工或进行修补的工程。因上述原因，发包人要求须甩项竣工时，双方应另行订立甩项竣工协议，明确双方责任和工程价款的支付办法。

9.1.6　施工合同的投资控制

1. 合同价格形式

建设工程施工合同是发包人对拟建工程招标成果的认可，是发承包双方就拟建工程实施、调价及结算的凭证。合同类型的选择对工程施工管理及价款结算起决定作用，对规范发承包双方计量计价行为、明确双方风险分担责任、增强合同价款调整、竣工结算与建设工程实践的契合度起关键作用。

为了满足建设工程施工管理及实践的需要，《建设工程施工合同》按照合同的计量、调价及支付方式，将合同类型划分为单价合同、总价合同、其他价格形式三类。发包人和承包人应在合同协议书中选择一种合同价格形式。

（1）单价合同。单价合同是指合同当事人约定以工程量清单及其综合单价进行合同价格计算、调整和确认的建设工程施工合同，在约定的范围内合同单价不作调整。合同当事人应在专用合同条款中约定综合单价包含的风险范围和风险费用的计算方法，并约定风险范围以外的合同价格的调整方法，其中因市场价格波动引起的调整按市场价格波动引起的调整条款约定执行。

（2）总价合同。总价合同是指合同当事人约定以施工图、已标价工程量清单或预算书及有关条件进行合同价格计算、调整和确认的建设工程施工合同，在约定的范围内合同总价不作调整。合同当事人应在专用合同条款中约定总价包含的风险范围和风险费用的计算方法，并约定风险范围以外的合同价格的调整方法，其中因市场价格波动引起的调整按市场价格波动引起的调整条款约定执行，因法律变化引起的调整按法律变化引起的调整条款约定执行。

(3) 其他价格形式。合同当事人可在专用合同条款中约定其他合同价格形式。

需要指出的是，合同价格形式的选择，应结合项目的特点及项目环境审慎选定：①实行工程量清单计价的工程，应采用单价合同；②技术简单、规模偏小、工期较短的项目，且施工图设计已审查批准的，可采用总价合同。

无论是单价合同形式，还是总价合同形式，发承包双方应当在专用合同条款中约定相应单价合同、总价合同或其他合同类型条件下的风险范围。除非极少数技术简单和规模偏小的项目，合同结算价格一般均与签约合同价格不同，因此凡是引起合同价格变化的因素，在合同履行过程中均应当引起重视，并保留完整的工程资料，便于确定工程造价和控制工程成本。

2. 价格调整

(1) 市场价格波动引起的调整。当市场价格波动超过合同当事人约定的范围时，合同价格应当调整。发包人和承包人可以在专用合同条款中约定选择以下一种方式对合同价格进行调整。

1) 采用价格指数进行价格调整。

①价格调整公式。因人工、材料和设备等价格波动影响合同价格时，根据专用合同中约定的数据，按以下公式计算差额并调整合同价格：

$$\Delta P = P_0\left[A + \left(B_1 \times \frac{F_{t1}}{F_{01}} + B_2 \times \frac{F_{t2}}{F_{02}} + B_3 \times \frac{F_{t3}}{F_{03}} + \cdots + B_n \times \frac{F_{tn}}{F_{0n}}\right) - 1\right]$$

式中 ΔP——需调整的价格差额。

P_0——约定的付款证书中承包人应得到的已完成工程量的金额。此项金额应不包括价格调整、不计质量保证金的扣留和支付、预付款的支付和扣回。约定的变更及其他金额已按现行价格计价的，也不计在内。

A——定值权重（即不调部分的权重）。

B_1、B_2、B_3、…、B_n——各可调因子的变值权重（即可调部分的权重），为各可调因子在签约合同价中所占的比例。

F_{t1}、F_{t2}、F_{t3}、…、F_{tn}——各可调因子的现行价格指数，指约定的付款证书相关周期最后一天的前 42 天的各可调因子的价格指数。

F_{01}、F_{02}、F_{03}、…、F_{0n}——各可调因子的基本价格指数，指基准日期的各可调因子的价格指数。

以上价格调整公式中的各可调因子、定值和变值权重，以及基本价格指数及其来源在投标函附录价格指数和权重表中约定，非招标订立的合同，由发包人和承包人在专用合同条款中约定。价格指数应首先采用工程造价管理机构发布的价格指数，无前述价格指数时，可采用工程造价管理机构发布的价格代替。

②暂时确定调整差额。在计算调整差额时无现行价格指数的，发包人和承包人同意暂用前次价格指数计算。实际价格指数有调整的，合同当事人应进行相应调整。

③权重的调整。因变更导致合同约定的权重不合理时，按照商定或确定条款执行。

④因承包人原因工期延误后的价格调整。因承包人原因未按期竣工的，对合同约定的竣工日期后继续施工的工程，在使用价格调整公式时，应采用计划竣工日期与实际竣工日期的两个价格指数中较低的一个作为现行价格指数。

2）采用造价信息进行价格调整。

合同履行期间，因人工、材料、工程设备和机械台班价格波动影响合同价格时，人工、机械使用费按照国家或省、自治区、直辖市建设行政管理部门、行业建设管理部门或其授权的工程造价管理机构发布的人工、机械使用费系数进行调整；需要进行价格调整的材料，其单价和采购数量应由发包人审批，发包人确认需调整的材料单价及数量，作为调整合同价格的依据。

①人工单价发生变化且符合省级或行业建设主管部门发布的人工费调整规定，发包人和承包人应按省级或行业建设主管部门或其授权的工程造价管理机构发布的人工费等文件调整合同价格，但承包人对人工费或人工单价的报价高于发布价格的除外。

②材料、工程设备价格变化的价款调整按照发包人提供的基准价格，按以下风险范围规定执行：

a. 承包人在已标价工程量清单或预算书中载明材料单价低于基准价格的：合同履行期间材料单价涨幅以基准价格为基础超过5%时，或材料单价跌幅以在已标价工程量清单或预算书中载明材料单价为基础超过5%时，其超过部分据实调整。

b. 承包人在已标价工程量清单或预算书中载明材料单价高于基准价格的：合同履行期间材料单价跌幅以基准价格为基础超过5%时，材料单价涨幅以在已标价工程量清单或预算书中载明材料单价为基础超过5%时，其超过部分据实调整。

c. 承包人在已标价工程量清单或预算书中载明材料单价等于基准价格的：合同履行期间材料单价涨跌幅以基准价格为基础超过±5%时，其超过部分据实调整。

d. 承包人应在采购材料前将采购数量和新的材料单价报发包人核对，发包人确认用于工程时，发包人应确认采购材料的数量和单价。发包人在收到承包人报送的确认资料后5天内不予答复的视为认可，作为调整合同价格的依据。未经发包人事先核对，承包人自行采购材料的，发包人有权不予调整合同价格。发包人同意的，可以调整合同价格。

前述基准价格是指由发包人在招标文件或专用合同条款中给定的材料、工程设备的价格，该价格原则上应当按照省级或行业建设主管部门或其授权的工程造价管理机构发布的信息价编制。

③施工机械台班单价或施工机械使用费发生变化超过省级或行业建设主管部门或其授权的工程造价管理机构规定的范围时，按规定调整合同价格。

3）专用合同条款约定的其他方式。

（2）法律变化引起的调整。基准日期后，法律变化导致承包人在合同履行过程中所需要的费用发生除市场价格波动引起的调整条款约定以外的增加时，由发包人承担由此增加的费用；减少时，应从合同价格中予以扣减。基准日期后，因法律变化造成工期延误时，工期应予以顺延。

因法律变化引起的合同价格和工期调整，合同当事人无法达成一致的，由总监理工程师按商定或确定条款的约定处理。

因承包人原因造成工期延误，在工期延误期间出现法律变化的，由此增加的费用和（或）延误的工期由承包人承担。

3. 工程预付款

预付款是在工程开工前发包人预先支付给承包人用来进行工程准备的一笔款项。预付款应当用于材料、工程设备、施工设备的采购及修建临时工程、组织施工队伍进场等。预付款必须专用于合同工程。

实行工程预付款的，双方应当在专用条款内明确约定以下问题。

（1）预付款的支付。

预付款的支付按照专用合同条款约定执行。在专用合同条款中约定时，应明确预付款支付比例或金额、预付款支付期限和预付款扣回的方式。

1）预付款支付比例或金额。可选择以下一种方式确定。

①发包人可根据工程的特点，工期长短、市场行情、供求规律等因素，招标时在合同条件中约定工程预付款的百分比，按此百分比计算工程预付款数额，如为合同额的5%～15%等。

②可将影响工程预付款数额的每个因素作为参数，按其影响关系，进行工程预付款数额的计算，计算公式为

$$A=(BK/T)t$$

式中 A——工程预付款数额；

B——年度建筑安装工作量；

K——材料比例，即主要材料和构件费占年度建筑安装工作量的比例；

T——计划工期；

t——材料储备时间，可根据材料储备定额或当地材料供应情况确定。

2）预付款支付期限。预付款最迟应在开工通知载明的开工日期7天前支付。

3）预付款扣回的方式。预付款在进度付款中同比例扣回。在颁发工程接收证书前，提前解除合同的，尚未扣完的预付款应与合同价款一并结算。

预付款的扣回在实际当中通常主要关注的是起扣点。起扣点的确定可采用以下一种方式确定。

第一种方式：累计工作量法。

从未施工工程尚需的主要材料及构件的价值相当于工程预付款数额扣起，从每次中间结算工程价款中，按材料及构件比重抵扣工程价款，至竣工之前全部扣清。

工程预付款起扣点的公式可以采用下述公式：

$$T=P-\frac{M}{N}$$

式中 T——起扣点，即预付备料款开始扣回的累计完成工作量金额；

M——预付备料款数额；

N——主要材料，构件所占比重；

P——承包工程价款总额（或建安工作量价值）。

第二种方式：工作量百分比法。

在承包方完成金额累计达到合同总价的一定比例后（建议比例为10%），由承包方开始向发包方还款，发包方从每次应付给承包方的金额中扣回工程预付款，发包方至少在合同规定的完工期前一定时间内（建议该时间为3个月）将工程预付款的总计金额按逐次分摊的办法扣回。根据定义，假设建筑安装工程累计完成的建筑安装工程量 T，占年度建筑安装工作量的百分比达到起扣点的百分比时，开始扣还工程预付款，设其为 R，则有

$$P=\frac{T}{P}\times 100\%$$

将累计工作量法起扣点 T 的计算公式代入得

$$R=1-\frac{M}{PN}$$

4）未按时支付预付款的违约责任。发包人逾期支付预付款超过7天的，承包人有权向发包人发出要求预付的催告通知，发包人收到通知后7天内仍未支付的，承包人有权暂停施工，并按发包人违约的情形条款约定执行。

（2）预付款担保。

1）承包人提交预付款担保的期限。发包人要求承包人提供预付款担保的，承包人应在发包人支付预付款7天前提供预付款担保，

2）预付款担保的形式。可采用银行保函或担保公司担保等形式，具体由合同当事人在专用合同条款中约定。在预付款完全扣回之前，承包人应保证预付款担保持续有效。

3）预付款担保额度的规定。发包人在工程款中逐期扣回预付款后，预付款担保额度应相应减少，但剩余的预付款担保金额不得低于未被扣回的预付款金额。

4. 工程计量

（1）计量原则。工程量计量按照合同约定的工程量计算规则、图纸及变更指示等进行计量。工程量计算规则应以相关的国家标准、行业标准等为依据，由合同当事人在专用合同条款中约定。

（2）计量周期。无论是单价合同的计量，还是总价合同的计量，除专用合同条款另有约定外，工程量的计量按月进行。

（3）工程计量。

1）单价合同的计量。单价合同的计量按照下列约定执行：

①承包人应于每月25日向监理人报送上月20日至当月19日已完成的工程量报告，并附具进度付款申请单、已完成工程量报表和有关资料。

②监理人应在收到承包人提交的工程量报告后7天内完成对承包人提交的工程量报表的审核并报送发包人，以确定当月实际完成的工程量。监理人对工程量有异议的，有权要求承包人进行共同复核或抽样复测。承包人应协助监理人进行复核或抽样复测，并按监理人要求提供补充计量资料。承包人未按监理人要求参加复核或抽样复测的，监理人复核或修正的工程量视为承包人实际完成的工程量。

③监理人未在收到承包人提交的工程量报表后的7天内完成审核的，承包人报送的工程量报告中的工程量视为承包人实际完成的工程量，据此计算工程价款。

2）总价合同的计量。总价合同的计量有如下两种情况：

①按月计量支付的总价合同，按照下列约定执行：

a. 承包人应于每月25日向监理人报送上月20日至当月19日已完成的工程量报告，并附具进度付款申请单、已完成工程量报表和有关资料。

b. 监理人应在收到承包人提交的工程量报告后7天内完成对承包人提交的工程量报表的审核并报送发包人，以确定当月实际完成的工程量。监理人对工程量有异议的，有权要求承包人进行共同复核或抽样复测。承包人应协助监理人进行复核或抽样复测并按监理人要求提供补充计量资料。承包人未按监理人要求参加复核或抽样复测的，监理人审核或修正的工程量视为承包人实际完成的工程量。

c. 监理人未在收到承包人提交的工程量报表后的7天内完成复核的，承包人提交的工程量报告中的工程量视为承包人实际完成的工程量。

②总价合同采用支付分解表计量支付的，可以按照上述第一种情况总价合同的计量约定进行计量，但合同价款按照支付分解表进行支付。

3）其他价格形式合同的计量。发包人和承包人可在专用合同条款中约定其他价格形式合同的计量方式和程序。

5. 工程进度款支付

(1) 工程进度付款周期。付款周期应按照计量周期条款的约定，并与计量周期保持一致。

(2) 工程进度付款申请单的内容。付款申请单应包括下列内容：①截止到本次付款周期已完成工作对应的金额；②根据变更应增加和扣减的变更金额；③根据预付款约定应支付的预付款和扣减的返还预付款；④根据质量保证金约定应扣减的质量保证金；⑤根据索赔应增加和扣减的索赔金额；⑥对已签发的进度款支付证书中出现错误的修正，应在本次进度付款中支付或扣除的金额；⑦根据合同约定应增加和扣减的其他金额。

(3) 工程进度付款的延期责任。①发包人应在进度款支付证书或临时进度款支付证书签发后14天内完成支付，发包人逾期支付进度款的，应按照中国人民银行发布的同期同类贷款基准利率支付违约金。②发包人签发进度款支付证书或临时进度款支付证书，不表明发包人已同意、批准或接受了承包人完成的相应部分的工作。

(4) 工程进度付款的程序。

1）付款申请单的提交。根据合同所确定的合同类型，按照下列要求由承包人提交。

①单价合同进度付款申请单的提交。按照单价合同的计量约定的时间按月向监理人提交，并附上已完成工程量报表和有关资料。单价合同中的总价项目按月进行支付分解，并汇总列入当期进度付款申请单。

②总价合同进度付款申请单的提交。总价合同按月计量支付的，承包人按照总价合同的计量约定的时间按月向监理人提交进度付款申请单，并附上已完成工程量报表和有关资料；总价合同按支付分解表支付的，承包人应按支付分解表及进度付款申请单的编制的约定向监理人提交进度付款申请单。

③其他价格形式合同的进度付款申请单的提交。发包人和承包人可在专用合同条款中约定其他价格形式合同的进度付款申请单的编制和提交程序。

2）工程进度款审核和支付。

①工程进度款审核。监理人应在收到承包人进度付款申请单以及相关资料后7天内完成

审查并报送发包人，发包人应在收到后 7 天内完成审批并签发进度款支付证书。发包人逾期未完成审批且未提出异议的，视为已签发进度款支付证书。

对发包人和监理人就承包人的进度付款申请单有异议的，发包人和监理人有权要求承包人修正和提供补充资料，承包人应提交修正后的进度付款申请单。监理人应在收到承包人修正后的进度付款申请单及相关资料后 7 天内完成审查并报送发包人，发包人应在收到监理人报送的进度付款申请单及相关资料后 7 天内，向承包人签发无异议部分的临时进度款支付证书。存在争议的部分，按照争议解决条款的约定处理。

②工程进度款支付。发包人应在进度款支付证书或临时进度款支付证书签发后 14 天内完成支付，发包人逾期支付进度款的，应按照中国人民银行发布的同期同类贷款基准利率支付违约金。

③发包人签发进度款支付证书或临时进度款支付证书，不表明发包人已同意、批准或接受了承包人完成的相应部分的工作。

3）工程进度付款的修正。在对已签发的进度款支付证书进行阶段汇总和复核中发现错误、遗漏或重复的，发包人和承包人均有权提出修正申请。经发包人和承包人同意的修正，应在下期进度付款中支付或扣除。

4）支付分解表。

①支付分解表的编制要求：

a. 支付分解表中所列的每期付款金额，应为进度付款申请单的中截至本次付款周期已完成工作对应的金额的估算金额；

b. 实际进度与施工进度计划不一致的，合同当事人可商定或确定修改支付分解表；

c. 不采用支付分解表的，承包人应向发包人和监理人提交按季度编制的支付估算分解表，用于支付参考。

②总价合同支付分解表的编制与审批，如图 9-3 所示。

a. 编制依据：施工进度计划条款约定的进度计划、签约合同价、工程量、其他。

b. 编制周期：按月进行分解。

c. 报送期限：承包人应当在收到监理人和发包人批准的施工进度计划后 7 天内报送。

d. 审核期限：监理人应在收到支付分解表后 7 天内完成审核并报送发包人。

e. 审批期限：发包人应在收到经监理人审核的支付分解表后 7 天内完成审批，经发包人批准的支付分解表为有约束力的支付分解表。

f. 逾期审批的处理：发包人逾期未完成支付分解表审查的，也未及时要求承包人进行修正和提供补充资料的，则承包人提交的支付分解表视为已经获得发包人批准。

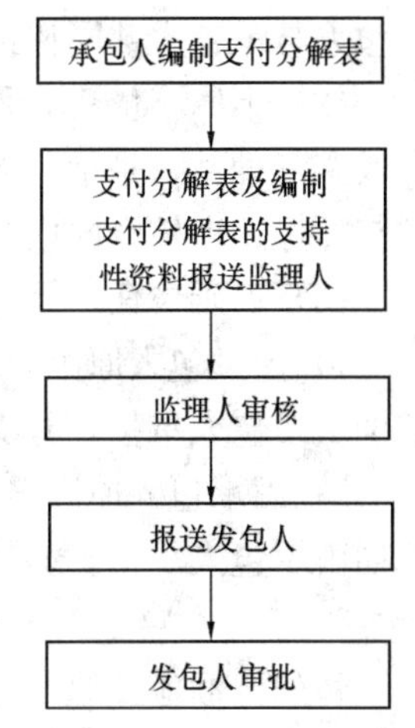

图 9-3　编制与审批程序

③单价合同的总价项目支付分解表的编制与审批。

单价合同的总价项目支付分解表的编制与审批除在编制依据方面与总价合同不一致外，其他与总价合同完全一致。

单价合同的总价项目支付分解表的编制依据为：施工进度计划、总价项目的总价构成、总价项目的费用性质、计划发生时间、相应工程量、其他。

6. 变更价款的确定

(1) 变更估价原则。变更估价按照下列约定处理：

1) 已标价工程量清单或预算书有相同项目的，按照相同项目单价认定；

2) 已标价工程量清单或预算书中无相同项目，但有类似项目的，参照类似项目的单价认定；

3) 变更导致实际完成的变更工程量与已标价工程量清单或预算书中列明的该项目工程量的变化幅度超过15%的，或已标价工程量清单或预算书中无相同项目及类似项目单价的，按照合理的成本与利润构成的原则，由合同当事人按照商定或确定条款约定确定变更工作的单价。

(2) 变更估价程序。承包人应在收到变更指示后14天内，向监理人提交变更估价申请。监理人应在收到承包人提交的变更估价申请后7天内审查完毕并报送发包人，监理人对变更估价申请有异议，通知承包人修改后重新提交。发包人应在承包人提交变更估价申请后14天内审批完毕。发包人逾期未完成审批或未提出异议的，视为认可承包人提交的变更估价申请。

因变更引起的价格调整应计入最近一期的进度款中支付。

7. 暂估价

暂估价专业分包工程、服务、材料和工程设备的明细由发包人与承包人在专用合同条款中约定。

(1) 依法必须招标的暂估价项目。对于依法必须招标的暂估价项目的确定方式有两种：一是承包人招标，发包人参与评标、审核合同内容，承包人与分包人（供应商）签约；二是发包人与承包人共同招标，共同与分包人（供应商）签约。一般采取第一种方式确定。

(2) 不属于依法必须招标的暂估价项目。对于不属于依法必须招标的暂估价项目的确定方式有三种：一是承包人选择分包人（供应商），报发包人同意；二是承包人招标，发包人参与评标、审核合同内容；三是承包人直接实施。一般采取第一种方式确定。

(3) 迟延责任。

1) 因发包人原因导致暂估价合同订立和履行迟延的，由此增加的费用和（或）延误的工期由发包人承担，并支付承包人合理的利润。

2) 因承包人原因导致暂估价合同订立和履行迟延的，由此增加的费用和（或）延误的工期由承包人承担。

8. 暂列金额

暂列金额应按照发包人的要求使用，发包人的要求应通过监理人发出。发包人与承包人人可以在专用合同条款中协商确定有关事项。

9. 计日工

计日工是指合同履行过程中，承包人完成发包人提出的零星工作或需要采用计日工计价的变更工作时，按合同中约定的单价计价的一种方式。

计日工以完成零星工作所消耗的人工工时、材料数量、机械台班进行计量，并按照计日工表中填报的适用项目的单价进行计价支付。计日工适用的所谓零星工作一般是指合同约定之外的或者因变更而产生的、工程量清单中没有相应项目的额外工作，尤其是那些时间紧迫不允许事先商定价格的额外工作。计日工为额外工作和变更的计价提供了一个方便快捷的途径。

需要采用计日工方式的，经发包人同意后，由监理人通知承包人以计日工计价方式实施相应的工作，其价款按列入已标价工程量清单或预算书中的计日工计价项目及其单价进行计算；已标价工程量清单或预算书中无相应的计日工单价的，按照合理的成本与利润构成的原则，由合同当事人按照商定或确定条款约定确定计日工的单价。

10. 施工中涉及的其他费用

（1）安全文明施工费。因基准日期（即招标发包的工程以投标截止日前28天的日期，直接发包的工程以合同签订日前28天的日期）后合同所适用的法律或政府有关规定发生变化，增加的安全文明施工费由发包人承担。

承包人经发包人同意采取合同约定以外的安全措施所产生的费用，由发包人承担。未经发包人同意的，如果该措施避免了发包人的损失，则发包人在避免损失的额度内承担该措施费。如果该措施避免了承包人的损失，由承包人承担该措施费。

（2）环境保护费。因承包人原因对施工作业过程中可能引起的大气、水、噪声以及固体废物污染引起的纠纷而导致暂停施工而增加的费用和（或）延误的工期由承包人承担。

（3）暂停施工期间的工程照管发生的费用。暂停施工期间，承包人应负责妥善照管工程并提供安全保障，由此增加的费用由责任方承担。

（4）不利物质条件下发生的费用。不利物质条件是指有经验的承包人在施工现场遇到的不可预见的自然物质条件、非自然的物质障碍和污染物，包括地表以下物质条件和水文条件以及专用合同条款约定的其他情形，但不包括气候条件。施工中承包人遇到不利物质条件时所采取合理措施而增加的费用和（或）延误的工期由发包人承担。

11. 竣工结算

（1）竣工结算程序。竣工结算程序见图9-4所示。

（2）竣工结算申请单的内容。竣工结算申请单应包括以下内容：①竣工结算合同价格；②发包人已支付承包人的款项；③应扣留的质量保证金；④发包人应支付承包人的合同价款。

（3）竣工结算迟延责任。

1）发包人在收到承包人提交竣工结算申请书后28天内未完成审批且未提出异议的，视为发包人认可承包人提交的竣工结算申请单，并自发包人收到承包人提交的竣工结算申请单后第29天起视为已签发竣工付款证书。

2）发包人应在签发竣工付款证书后的14天内，完成对承包人的竣工付款。发包

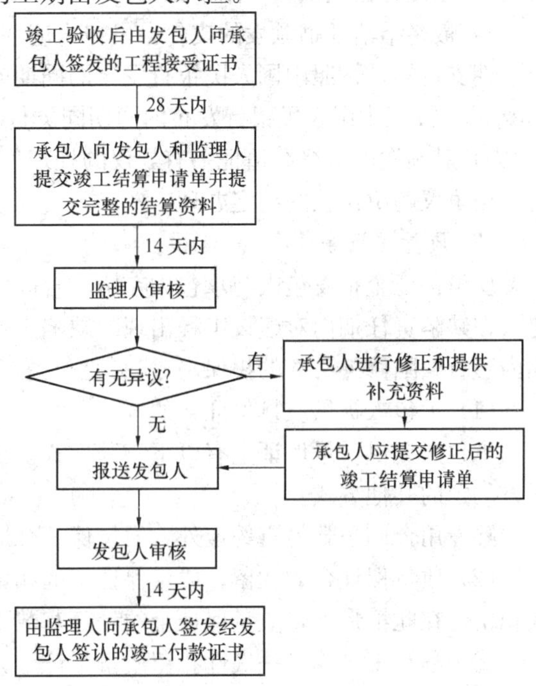

图9-4　竣工结算程序

人逾期支付的，按照中国人民银行发布的同期同类贷款基准利率支付违约金；逾期支付超过56天的，按照中国人民银行发布的同期同类贷款基准利率的两倍支付违约金。

3）承包人对发包人签认的竣工付款证书有异议的，对于有异议部分应在收到发包人签认的竣工付款证书后7天内提出异议，并由合同当事人按照专用合同条款约定的方式和程序进行复核，或按照争议解决条款约定处理。对于无异议部分，发包人应签发临时竣工付款证书，并按上述第2）项完成付款。承包人逾期未提出异议的，视为认可发包人的审批结果。

12. 最终结清

最终结清是业主完成支付、承包人责任终止的最后一个环节。最终结清的完成，表明业主和承包人双方的合同关系解除。

（1）最终结清申请单。

1）最终结清申请单提交的时间。承包人应在缺陷责任期终止证书颁发后7天内，按专用合同条款约定的份数向发包人提交最终结清申请单，并提供相关证明材料。

2）最终结清申请单内容。最终结清申请单应列明质量保证金、应扣除的质量保证金、缺陷责任期内发生的增减费用。

3）对最终结清申请单内容有异议的处理。发包人对最终结清申请单内容有异议的，有权要求承包人进行修正和提供补充资料，承包人应向发包人提交修正后的最终结清申请单。

（2）最终结清证书和支付。

1）最终结清证书颁发的时限。发包人应在收到承包人提交的最终结清申请单后14天内完成审批并向承包人颁发最终结清证书。发包人逾期未完成审批，又未提出修改意见的，视为发包人同意承包人提交的最终结清申请单，且自发包人收到承包人提交的最终结清申请单后15天起视为已颁发最终结清证书。

2）最终结清证书颁发的支付。发包人应在颁发最终结清证书后7天内完成支付。发包人逾期支付的，按照中国人民银行发布的同期同类贷款基准利率支付违约金；逾期支付超过56天的，按照中国人民银行发布的同期同类贷款基准利率的两倍支付违约金。

3）对颁发的最终结清证书有异议的处理。承包人对发包人颁发的最终结清证书有异议的，按争议解决条款的约定办理。

13. 质量保证金

质量保证金指发包人与承包人在施工合同中约定，从应付的工程款中预留，用以保证承包人在缺陷责任期内对建设工程出现的缺陷进行维修的资金。承包人用于保证其在缺陷责任期内履行缺陷修补义务的担保。

（1）承包人提供质量保证金的方式。

承包人提供质量保证金有以下三种方式：①质量保证金保函；②相应比例的工程款；③双方约定的其他方式。

除专用合同条款另有约定外，质量保证金原则上采用上述第①种方式。

（2）质量保证金的扣留。质量保证金的扣留有以下三种方式：①在支付工程进度款时逐次扣留，在此情形下，质量保证金的计算基数不包括预付款的支付、扣回以及价格调整的金额；②工程竣工结算时一次性扣留质量保证金；③双方约定的其他扣留方式。

除专用合同条款另有约定外，质量保证金的扣留原则上采用上述第①种方式。

（3）质量保证金的额度。发包人累计扣留的质量保证金不得超过结算合同价格的5%，如承包人在发包人签发竣工付款证书后28天内提交质量保证金保函，发包人应同时退还扣留的作为质量保证金的工程价款。

（4）质量保证金的退还。发包人应按最终结清的约定退还质量保证金。

9.1.7　施工合同的监督管理

施工合同的监督管理，是指各级工商行政管理部门、建设行政主管部门和金融机构以及工程发包人、承包人、监理人依据法律和行政法规、规章制度，采取法律的、行政的手段，对施工合同关系进行组织、指导、协调及监督，保护施工合同当事人的合法权益，调解施工合同纠纷，防止和制裁违法行为，保证合同的法律法规的贯彻与实施等一系列法定活动。

施工合同的监督管理，既包括各级工商行政管理部门、建设行政主管部门和金融机构对合同的监督，也包括发包人、承包人、监理人对施工合同的管理。可将这些管理划分为两个层次：第一层次为国家行政机关对施工合同的监督管理，主要侧重于宏观的依法监督；第二层次为建设工程施工合同当事人及监理单位对建设工程施工合同的具体的微观管理，是合同管理的出发点和落脚点，体现在施工合同从订立到履行的全过程中。

此外，合同双方的上级主管部门、仲裁机构或人民法院、税务部门、审计部门及合同公证鉴证机关等也从不同角度对施工合同进行监督管理。

1. 违约

（1）发包人违约。

1）发包人违约的情形。在合同履行过程中发生的下列情形，属于发包人违约：①因发包人原因未能在计划开工日期前7天内下达开工通知的；②因发包人原因未能按合同约定支付合同价款的；③发包人自行实施被取消的工作或转由他人实施的；④发包人提供的材料、工程设备的规格、数量或质量不符合合同约定，或因发包人原因导致交货日期延误或交货地点变更等情况的；⑤因发包人违反合同约定造成暂停施工的；⑥发包人无正当理由没有在约定期限内发出复工指示，导致承包人无法复工的；⑦发包人明确表示或者以其行为表明不履行合同主要义务的；⑧发包人未能按照合同约定履行其他义务的。

发包人发生除“发包人明确表示或者以其行为表明不履行合同主要义务的”以外的违约情况时，承包人可向发包人发出通知，要求发包人采取有效措施纠正违约行为。发包人收到承包人通知后28天内仍不纠正违约行为的，承包人有权暂停相应部位工程施工，并通知监理人。

2）发包人违约的责任。发包人应承担因其违约给承包人增加的费用和（或）延误的工期，并支付承包人合理的利润。此外，合同当事人可在专用合同条款中另行约定发包人违约责任的承担方式和计算方法。

（2）承包人违约。

1）承包人违约的情形。在合同履行过程中发生的下列情形，属于承包人违约：①承包人违反合同约定进行转包或违法分包的；②承包人违反合同约定采购和使用不合格的材料和工程设备的；③因承包人原因导致工程质量不符合合同要求的；④承包人违反材料与设备专用要求的约定，未经批准，私自将已按照合同约定进入施工现场的材料或设备撤离施工现场的；⑤承包人未能按施工进度计划及时完成合同约定的工作，造成工期延误的；⑥承包人在缺陷责任期及保修期内，未能在合理期限对工程缺陷进行修复，或拒绝按发包人要求进行修复的；⑦承包人明确表示或者以其行为表明不履行合同主要义务的；⑧承包人未能按照合同约定履行其他义务的。

承包人发生除“承包人明确表示或者以其行为表明不履行合同主要义务的”以外的其他违约情况时，监理人可向承包人发出整改通知，要求其在指定的期限内改正。

2）承包人违约的责任。承包人应承担因其违约行为而增加的费用和（或）延误的工期。此外，合同当事人可在专用合同条款中另行约定承包人违约责任的承担方式和计算方法。

（3）第三人造成的违约。在履行合同过程中，一方当事人因第三人的原因造成违约的，应当向对方当事人承担违约责任。一方当事人和第三人之间的纠纷，依照法律规定或者按照约定解决。

2. 不可抗力

不可抗力是指合同当事人在签订合同时不可预见，在合同履行过程中不可避免且不能克服的自然灾害和社会性突发事件，如地震、海啸、瘟疫、骚乱、戒严、暴动、战争和专用合同条款中约定的其他情形。

（1）不可抗力的确认。不可抗力发生后，发包人和承包人应收集证明不可抗力发生及不可抗力造成损失的证据，并及时认真统计所造成的损失。合同当事人对是否属于不可抗力或其损失的意见不一致的，由监理人按商定或确定的约定处理。发生争议时，按争议解决的约定处理。

（2）不可抗力的通知。合同一方当事人遇到不可抗力事件，使其履行合同义务受到阻碍时，应立即通知合同另一方当事人和监理人，书面说明不可抗力和受阻碍的详细情况，并提供必要的证明。

不可抗力持续发生的，合同一方当事人应及时向合同另一方当事人和监理人提交中间报告，说明不可抗力和履行合同受阻的情况，并于不可抗力事件结束后28天内提交最终报告及有关资料。

（3）不可抗力后果的承担。

1）不可抗力引起的后果及造成的损失由合同当事人按照法律规定及合同约定各自承担。不可抗力发生前已完成的工程应当按照合同约定进行计量支付。

2）不可抗力导致的人员伤亡、财产损失、费用增加和（或）工期延误等后果，由合同当事人按以下原则承担：

①永久工程、已运至施工现场的材料和工程设备的损坏，以及因工程损坏造成的第三人人员伤亡和财产损失由发包人承担；

②承包人施工设备的损坏由承包人承担；

③发包人和承包人承担各自人员伤亡和财产的损失；

④因不可抗力影响承包人履行合同约定的义务，已经引起或将引起工期延误的，应当顺延工期，由此导致承包人停工的费用损失由发包人和承包人合理分担，停工期间必须支付的工人工资由发包人承担；

⑤因不可抗力引起或将引起工期延误，发包人要求赶工的，由此增加的赶工费用由发包人承担；

⑥承包人在停工期间按照发包人要求照管、清理和修复工程的费用由发包人承担。

不可抗力发生后，合同当事人均应采取措施尽量避免和减少损失的扩大，任何一方当事人没有采取有效措施导致损失扩大的，应对扩大的损失承担责任。

因合同一方迟延履行合同义务，在迟延履行期间遭遇不可抗力的，不免除其违约责任。

3. 合同的解除

(1) 因发包人违约解除合同。

1) 承包人有权解除合同的情形。承包人按发包人违约的情形的约定暂停施工满 28 天后，发包人仍不纠正其违约行为并致使合同目的不能实现的，或出现“发包人明确表示或者以其行为表明不履行合同主要义务的”的违约情况，承包人有权解除合同，发包人应承担由此增加的费用，并支付承包人合理的利润。

2) 因发包人违约解除合同后的付款。承包人按照发包人违约约定解除合同的，发包人应在解除合同后 28 天内支付下列款项，并解除履约担保：①合同解除前所完成工作的价款；②承包人为工程施工订购并已付款的材料、工程设备和其他物品的价款；③承包人撤离施工现场以及遣散承包人人员的款项；④按照合同约定在合同解除前应支付的违约金；⑤按照合同约定应当支付给承包人的其他款项；⑥按照合同约定应退还的质量保证金；⑦因解除合同给承包人造成的损失。

需要指出的是：发包人与承包人未能就解除合同后的结清达成一致的，按照争议解决的约定处理。同时，承包人应妥善做好已完工程和与工程有关的已购材料、工程设备的保护和移交工作，并将施工设备和人员撤出施工现场，发包人应为承包人撤出提供必要条件。

(2) 因承包人违约解除合同。

1) 发包人有权解除合同的情形及不免除的责任。出现“发包人明确表示或者以其行为表明不履行合同主要义务的”约定的违约情况时，或监理人发出整改通知后，承包人在指定的合理期限内仍不纠正违约行为并致使合同目的不能实现的，发包人有权解除合同。合同解除后，因继续完成工程的需要，发包人有权使用承包人在施工现场的材料、设备、临时工程、承包人文件和由承包人或以其名义编制的其他文件，合同当事人应在专用合同条款约定相应费用的承担方式。发包人继续使用的行为不免除或减轻承包人应承担的违约责任。

2) 因承包人违约解除合同后的处理。因承包人原因导致合同解除的，则发包人与承包人应在合同解除后 28 天内完成估价、付款和清算，并按以下约定执行：①合同解除后，按商定或确定条款的约定，商定或确定承包人实际完成工作对应的合同价款，以及承包人已提供的材料、工程设备、施工设备和临时工程等的价值；②合同解除后，承包人应支付的违约金；③合同解除后，因解除合同给发包人造成的损失；④合同解除后，承包人应按照发包人要求和监理人的指示完成现场的清理和撤离；⑤发包人和承包人应在合同解除后进行清算，出具最终结清付款证书，结清全部款项。

需要指出的是：因承包人违约解除合同的，发包人有权暂停对承包人的付款，查清各项付款和已扣款项。发包人和承包人未能就合同解除后的清算和款项支付达成一致的，按照争议解决的约定处理。

(3) 因不可抗力解除合同。因不可抗力导致合同无法履行连续超过 84 天或累计超过 140 天的，发包人和承包人均有权解除合同。合同解除后，除专用合同条款另有约定外，发包人应在商定或确定下述款项后 28 天内完成支付：①合同解除前承包人已完成工作的价款；②承包人为工程订购的并已交付给承包人，或承包人有责任接受交付的材料、工程设备和其他物品的价款；③发包人要求承包人退货或解除订货合同而产生的费用，或因不能退货或解除合同而产生的损失；④承包人撤离施工现场以及遣散承包人人员的费用；⑤按照合同约定在合同解除前应支付给承包人的其他款项；⑥扣减承包人按照合同约定应向发包人支付的款项；⑦双方商定或确定的其他款项。

4. 保险

(1) 工程保险。发包人应投保建筑工程一切险或安装工程一切险；发包人委托承包人投保的，因投保产生的保险费和其他相关费用由发包人承担。

(2) 工伤保险。

1) 发包人的工伤保险。应依照法律规定为在施工现场的全部员工办理工伤保险，缴纳工伤保险费，并要求监理人及由发包人为履行合同聘请的第三方依法参加工伤保险。

2) 承包人的工伤保险。应依照法律规定为其履行合同的全部员工办理工伤保险，缴纳工伤保险费，并要求分包人及由承包人为履行合同聘请的第三方依法参加工伤保险。

(3) 其他保险。

1) 发包人和承包人可以为其施工现场的全部人员办理意外伤害保险并支付保险费，包括其员工及为履行合同聘请的第三方的人员，

2) 承包人应为其施工设备等办理财产保险。

5. 分包

(1) 分包的一般约定。

1) 承包人不得将其承包的全部工程转包给第三人，或将其承包的全部工程肢解后以分包的名义转包给第三人。

2) 承包人不得将工程主体结构、关键性工作及专用合同条款中禁止分包的专业工程分包给第三人，主体结构、关键性工作的范围由合同当事人按照法律规定在专用合同条款中予以明确。

3) 承包人不得以劳务分包的名义转包或违法分包工程。

(2) 分包的确定。

1) 承包人应按专用合同条款的约定进行分包，确定分包人。

2) 已标价工程量清单或预算书中给定暂估价的专业工程，按照暂估价条款的约定确定分包人。

3) 按照合同约定进行分包的，承包人应确保分包人具有相应的资质和能力。

4) 工程分包不减轻或免除承包人的责任和义务，承包人和分包人就分包工程向发包人承担连带责任。

上述所指的分包人是指按照法律规定和合同约定，分包部分工程或工作，并与承包人签订分包合同的具有相应资质的法人。

(3) 分包管理。

1) 除合同另有约定外，承包人应在分包合同签订后 7 天内向发包人和监理人提交分包合同副本。

2) 承包人应向监理人提交分包人的主要施工管理人员表，并对分包人的施工人员进行实名制管理，包括但不限于进出场管理、登记造册以及各种证照的办理。

(4) 分包合同价款。

1) 除下述 1) 约定的情况或专用合同条款另有约定外，分包合同价款由承包人与分包

人结算，未经承包人同意，发包人不得向分包人支付分包工程价款。

2）生效法律文书要求发包人向分包人支付分包合同价款的，发包人有权从应付承包人工程款中扣除该部分款项。

（5）分包合同权益的转让。分包人在分包合同项下的义务持续到缺陷责任期届满以后的，发包人有权在缺陷责任期届满前，要求承包人将其在分包合同项下的权益转让给发包人，承包人应当转让。除转让合同另有约定外，转让合同生效后，由分包人向发包人履行义务。

6. 合同争议的解决

（1）合同争议的解决方式。合同争议的解决包括和解、调解、争议评审、仲裁、诉讼五种方式。但采取仲裁与诉讼方式时，双方只能在专用条款内约定其中的一种方式解决争议。

（2）发生争议后，除非出现下列情况的，双方都应继续履行合同，保持施工连续，保护好已完工程：①单方违约导致合同确已无法履行，双方协议停止施工；②调解要求停止施工，且为双方接受；③仲裁机构要求停止施工；④法院要求停止施工。

7. 索赔

关于施工合同索赔的有关内容参见项目 4。

项目 2 建设工程施工合同谈判与签订

9.2.1 建设工程施工合同签订前的审查分析

1. 合同审查分析的目的

工程承包经过招标—投标—授标的一系列交易过程之后，根据《合同法》规定，发包人和承包人的合同法律关系就已经建立。但是，由于建设工程标的规模大、金额高、履行时间长、技术复杂，再加上可能由于时间紧、工程招标投标工作较仓促，从而可能会导致合同条款完备性不够，甚至合法性不足，给今后合同履行带来很大困难。因此，中标后，发包人和承包人在不背离原合同实质性内容的原则下，还必须通过合同谈判，将双方在招投标过程中达成的协议具体化或做某些增补或删减，对价格等所有合同条款进行法律认证，最终订立一份对双方均有法律约束力的合同文件。根据我国《招标投标法》等法律规定，发包人和承包人必须在中标通知书发出之日起 30 日内签订合同。

由于这是双方合同关系建立的最后也是最关键的一步，因而无论是发包人还是承包人都极为重视合同的措辞和最终合同条款的制定，力争在合同条款上通过谈判全力维护自己的合法利益。

业主愿意进一步通过合同谈判签订合同的原因可能是：通过签订合同前的进一步审查以降低合同价格，评标时发现其他投标人的投标文件中某些建议非常可行，而中标人并未提出，发包人非常希望中标人能够采纳这些建议等。

承包人在合同签订前对合同的审查分析主要目标有：

（1）澄清标书中某些含糊不清的条款，充分解释自己在投标文件中的某些建议或保留意见；

（2）争取改善合同条件，谋求公正和合理的权益，使承包人的权利与义务达到平衡；

（3）利用发包人的某些修改变更进行讨价还价，争取更为有利的合同价格。

2. 合同审查分析的内容

合同审查分析是一项技术性很强的综合性工作，它要求合同管理者必须熟悉与合同相关的法律法规，精通合同条款，对工程环境有全面的了解，有合同管理的实际工作经验并有足够的细心和耐心。

合同的审查包括两方面，一方面是技术条款审查，另一方面是商务条款审查。对建设工程施工合同审查分析主要包括以下几方面内容：

(1) 合同效力的审查。合同必须在合同依据的法律基础的范围内签订和实施，否则会导致合同全部或部分无效，从而给合同当事人带来不必要的损失。这是合同审查分析的最基本也是最重要的工作。合同效力的审查与分析主要从以下几方面入手：

①合同当事人资格的审查。合同当事人资格的审查即合同主体资格的审查。无论是发包人还是承包人必须具有发包和承包工程、签订合同的资格，即具备相应的民事权利能力和民事行为能力。有些招标文件或当地法规对外地或外国承包人有一些特别规定，如在当地注册、获取许可证等。在我国，承包人要承包工程不仅必须具备相应的民事权利能力（营业执照、许可证），而且还必须具备相应的民事行为能力（资质等级证书）。对业主而言，这个工作应该在招标的资格预审阶段已进行，但在正式合同签订前完全有必要再严格、仔细审查一遍，以保不出差错。

②工程项目合法性审查。工程项目合法性审查即合同客体资格的审查。主要审查工程项目是否具备招标投标、签订和实施合同的一切条件，如业主是否具备工程项目建设所需要的各种批准文件、工程项目是否已经列入年度建设计划以及建设资金与主要建筑材料和设备来源是否已经落实等。

③合同订立过程的审查。合同订立过程的审查如审查招标人是否有规避招标行为和隐瞒工程真实情况的现象；投标人是否有串通作弊、哄抬标价或以行贿的手段谋取中标的现象；招标代理机构是否有泄露应当保密的与招标投标活动有关的情况和资料的现象，以及其他违反公开、公平、公正原则的行为。有些合同需要公证或由官方批准后才能生效，这应当在招标文件中说明。在国际工程中，有些国家项目、政府工程，在合同签订后，或业主向承包人发出中标通知书后，还得经过政府批准后，合同才能生效。对此，应当特别注意。

④合同内容合法性审查。主要审查合同条款和所指的行为是否符合法律规定，如分包的规定、劳动保护的规定、环境保护的规定、赋税和免税的规定、外汇额度条款、劳务进出口等条款是否符合相应的法律规定。

(2) 合同的完备性审查。由于建设工程的工程活动多，涉及面广，合同履行中不确定性因素多，从而给合同履行带来很大风险。如果合同不够完备，就可能会给当事人造成重大损失；因此，必须对合同的完备性进行审查。合同的完备性审查包括：

①合同文件完备性审查，即审查属于该合同的各种文件是否齐全，如发包人提供的技术文件等资料是否与招标文件中规定的相符、合同文件是否能够满足工程需要等。

②合同条款完备性审查。这是合同完备性审查的重点，即审查合同条款是否齐全，对工程涉及的各方面问题都有规定，合同条款是否存在漏项等。

合同条款完备性程度与采用何种合同文本有很大关系：如果采用的是合同示范文本，则一般认为该合同条款较完备，此时，应重点审查专用合同条款是否与通用合同条款相符，是否有遗漏等；如果未采用合同示范文本，在审查时应当以示范文本为样板，将拟签订的合同与示范文本的对应条款一一对照，从中寻找合同漏洞；在标准合同文本情况下，如联营合同，无论是发包人还是承包人在审查该类合同的完备性时，应尽可能多地收集实际工程中的同类合同文本，并进行对比分析，以确定该类合同的范围和合同文本结构形式。再将被审查的合同按结构拆分开，并结合工程的实际情况，从中寻找合同漏洞。

(3) 合同条款的公正性审查。当事人无论是签订合同还是履行合同，都必须遵守《合同法》所赋予的诚信原则。但是，在实际操作中，由于建筑市场竞争异常激烈，而合同的起草权掌握在发包人手中，承包人往往只能处于被动应付的地位，因此业主所提供的合同条款实际很难达到公平公正的程度。所以，承包人应逐条审查合同条款是否公平公正，对明显缺乏公平公正的条款，在合同谈判时，通过寻找合同漏洞、向发包人提出自己合理化建议、利用发包人澄清合同条款的机会，力争使发包人对合同条款作出有利于自己的修改。同时，发包人应当认真审查研究承包人的投标文件，从中分析投标报价过程中承包人是否存在欺诈等违背诚实信用原则的现象。

此外，在合同审查时，还必须注意合同中关于保险、担保、工程保修、变更、索赔、争议的解决及合同的解除等条款的约定是否完备、公平合理。

合同审查后，对上述分析研究结果可以用合同审查表进行归纳整理。合同审查表的格式见表 9-2。

表 9-2　　某承包人的合同审查表

审查项目编号	审查项目	条款号	条款内容	条款说明	建议或对策
J02020	工程范围	3.1	工程范围包括 BQ 单中所列出的工程，及承包人可合理推知需要提供的为本工程服务所需的一切辅助工程	工程范围不清楚，业主可以随意扩大工程范围，增加新项目	(1) 限定工程范围仅为工程量清单中所列出的工程 (2) 增加对新增工程可重新约定价格条款
S06021	责任和义务	6.1	承包人严格遵守监理人对本工程的各项指令并使工程师满意	监理人权限过大，使监理人满意对承包人产生极大约束	监理人指令及满意仅限于技术规范及合同条件范围内，并增加反约束条款
S08082	工程质量	16.2	承包人在施工中应加强质量管理工作，确保交工时工程达到设计生产能力，否则应对业主损失给予赔偿	达不到设计生产能力的原因很多，责权不平衡	(1) 赔偿责任仅限于因承包人原因造成 (2) 对因业主原因达不到设计生产能力的，承包人有权获得补偿
S08082	支付保证	无	无	这一条极为重要，必须补上	要求业主提供支付银行出具的资金到位证明或资金支付担保
……	……	……	……	……	……

9.2.2　建设工程施工合同的谈判

合同的谈判是一个工程项目执行成败的关键。谈判成功，可以得到合同，可以为合同的实施创造有利的条件，给项目带来可观的经济效益；谈判失误或失败，可能失去合同，或给合同的实施带来无穷的隐患，甚至灾难，导致项目的严重亏损或失败。

合同双方都希望签订一个有利的、风险较少的合同，但在工程项目实施过程中许多风险是客观存在的，问题是由谁来承担。减少或避免风险，是合同谈判的重点。合同双方都希望推卸和转嫁风险，所以在合同谈判中常常几经磋商，有许多讨价还价。这是在实际工作中使用最广泛也是最有效的防范风险的对策。

1. 合同谈判的主要内容

合同谈判的内容因项目和合同性质、招标文件规定、业主的要求等不同，而有所不同。

决标前的谈判主要进行两方面的谈判：技术性谈判（也叫技术答辩）和经济性谈判（主要是价格问题）。在国际招标活动中，有时在决标前的谈判中允许招标人提出压价的要求；在利用世界银行贷款项目和我国国内项目的招标活动中，开标后不许压低标价，但在付款条件、付款期限、贷款和利率，以及外汇比率等方面是可以谈判的。候选中标单位还可以探询招标人的意图，投其所好，以许诺使用当地劳务或分包、免费培训施工和生产技术工人以及竣工后无偿赠送施工机械设备等优惠条件，增强自己的竞争力，争取最后中标。

决标后的谈判一般来讲会涉及合同的商务和技术的所有条款，下面是可能涉及的主要内容：

（1）承包内容和范围的确认；

（2）技术要求、技术规范和技术方案；

（3）价格调整条款；

（4）合同款支付方式；

（5）工期和维修期；

（6）争端的解决；

（7）其他有关改善合同条款的问题。

2. 合同谈判的原则

（1）客观性原则。要求谈判人全面搜集资料；客观分析信息材料；寻求客观标准，如法律规定、国际惯例；不屈从压力，只服从事实和真理。

（2）求同存异的原则。谈判的前提是各方需要和利益的不同，但谈判的目的不是扩大分歧，而是弥合分歧，使各方成为谋求共同利益、解决问题的伙伴。

（3）公平竞争的原则。谈判是为了谋求一致，需求合作，但合作并不排斥竞争。要做到公平竞争，首先各方地位一律平等。其二，标准要公平。这个标准不应以一方认定的标准判断，而应以各方都认同的标准为标准。其三，给人以选择机会，即从各自提出的众多方案中筛选出最优方案——最大限度地满足各方需要的方案，没有选择就无从谈判。其四，协议公平。只有协议公平，才能保证协议的真正履行。强权之下达成的协议是没有持久约束力的。正如尼尔伦伯格所说："谈判获得成功的基本哲理是：每方都是胜者。"即我们今天所说的"双赢"。

（4）妥协互补的原则。所谓妥协就是用让步的方法避免冲突和争执。但妥协不是目的，而是求得利益的互补，在谈判中出现许多僵局，而唯有某种妥协才能打破僵局，使谈判得以继续，直至协议达成。至于妥协，有根本妥协和非根本妥协之分。谈判各方的利益都不是单一的，这表现在谈判的方案的多项条款中，其中某些主要条款必须是志在必得、不得放弃的，妥协只能在非根本利益上的条款体现，有时即使谈判破裂也在所不惜，因为这时在非根本利益得到补偿，也不足以弥补根本的损失。所以，谈判前，各方都必须明确自己的根本利益。

(5) 依法谈判的原则。合同双方谈判，自然应遵守我国有关的法律和法规。

3. 合同谈判程序

(1) 合同谈判的准备工作。承发包双方在合同签订前，对合同条款审查之后，应就合同审查过程中发现的不利条款与对方尽心协商、谈判。合同谈判是业主与承包人面对面的直接较量，谈判的结果直接关系到合同条款的订立是否与己有利，因此，在合同正式谈判前，无论是业主还是承包人，必须深入细致地做好充分的思想准备、组织准备、资料准备等，做到知己知彼，心中有数，为合同谈判的成功奠定坚实的基础。

1) 谈判的思想准备。合同谈判是一项艰苦复杂的工作，只有有了充分的思想准备，才能在谈判中坚持立场，适当妥协，最后达到目标。因此，在正式谈判之前，应对以下两个问题做好充分的思想准备：

①谈判目的。这是必须明确的首要问题，因为不同的目标决定了谈判方式与最终谈判结果，一切具体的谈判行为方式和技巧都是为谈判的目的服务的。因此，首先必须确定自己的谈判目标，同时，要分析揣摩对方谈判的真实意图，从而有针对性地进行准备并采取相应的谈判方式和谈判策略。

②确立己方谈判的基本原则和谈判中的态度。明确谈判目的后，必须确立己方谈判的基本立场和原则，从而确定在谈判中哪些问题是必须坚持的、哪些问题可以作出一定的合理让步以及让步的程度等。同时，还应具体分析在谈判中可能遇到的各种复杂情况及其对谈判目标实现的影响，谈判有无失败的可能，遇到实质性问题争执不下该如何解决等。做到既保证合同谈判能够顺利进行，又保证自己能够获得与己有利的合同条款。

2) 合同谈判的组织准备。在明确了谈判目标并做好了应付各种复杂局面的思想准备后，就必须着手组织一个精明强干、经验丰富的谈判班子具体进行谈判准备和谈判工作。谈判班子成员的专业知识结构、综合业务能力和基本素质对谈判结果有着重要的影响。一个合格的谈判小组应由有着实质性谈判经验的技术人员、财务人员、法律人员组成。谈判组长应由思维敏捷、思路清晰、具备高度组织能力与应变能力、熟悉业务并有着丰富经验的谈判专家担任。

3) 合同谈判的资料准备。合同谈判必须有理有据，因此谈判前必须收集整理各种基础资料和背景材料，包括对方的资信状况、履约能力、发展阶段、项目由来及资金来源，土地获得情况、项目目前进展情况等，以及在前期接触过程中已经达成的意向书、会议纪要、备忘录等。并将资料分成三类：一是准备原招标文件中的合同条件、技术规范及投标文件、中标函等文件，以及向对方提出的建议等资料；二是准备好谈判时对方可能索取的资料以及在充分估计对方可能提出各种问题的基础上准备好适当的资料论据，以便对这些问题作出恰如其分的回答；三是准备好能够证明自己能力和资信程度等的资料，使对方能够确信自己具备履约能力。

4) 背景材料的分析。在获得上述基础资料及背景材料后，必须对这些资料进行详细分析。包括：

①对己方的分析。签订工程合同之前，必须对自己的情况进行详细分析。

对发包人来说，应按照可行性研究的有关规定，作定性和定量的分析研究，在此基础上论证项目在技术上、经济上的可行性，经过方案比较推荐最佳方案。在此基础上，了解自己建设准备工作情况，包括技术准备、征地拆迁、现场准备及资金准备等情况，以及自己对项目在质量、工期、造价等方面的要求，以确定己方的谈判方案。

对承包人而言，在接到中标函后，应当详细分析项目的合法性与有效性，项目的自然条件和施工条件，己方在承包该项目有哪些优势、存在哪些不足，以确立己方在谈判中的地位。同时，必须熟悉合同审查表中的内容，以确立己方的谈判原则和立场。

②对对方的分析。对对方的基本情况的分析主要从以下几个方面入手：一是分析对方是否为合法主体、资信情况如何。这是首先必须要确定的问题。如果承包人越级承包，或者承包人履约能力极差，就可能会造成工程质量低劣，工期严重延误，从而导致合同根本无法顺利进行，给发包人带来巨大损害。相反，如果工程项目本身因为缺少政府批文而不合法、发包主体不合法，或者发包人的资信状况不良，也会给承包人带来巨大损失。因此在谈判前必须确认对方是履约能力强、资信情况好的合法主体；否则，就要慎重考虑是否与对方签订合同。二是分析谈判对手的真实意图。只有在充分了解对手的谈判诚意和谈判动机后，并对此做好充分的思想准备，才能在谈判中始终掌握主动权。三是分析对方谈判人员的基本情况。包括对方谈判人员的组成，谈判人员的身份、年龄、健康状况、性格、资历、专业水平、谈判风格等，以便己方有针对性地安排谈判人员并做好思想上和技术上的准备，并注意与对方建立良好的关系，发展谈判双方的友谊，争取在到达谈判桌以前就有亲切感和信任感，为谈判创造良好的氛围。同时，还要了解对方是否熟悉己方。另外，必须了解对方各谈判人员对谈判所持的态度、意见，从而尽量分析并确定谈判的关键问题和关键人物的意见和倾向。

5）谈判方案的准备。在确立己方的谈判目标及认真分析己方和对手情况的基础上，拟定谈判提纲。同时，要根据谈判目标，准备几个不同的谈判方案，还要研究和考虑其中哪个方案较好以及对方可能倾向于哪个方案。这样，当对方不易接受某一方案时，就可以改换另一种方案，通过协商就可以选择一个为双方都能够接受的最佳方案。谈判中切忌只有一个方案，当对方拒不接受时，易使谈判陷入僵局。

6）会议具体事务的安排准备。这是谈判开始前必需的准备工作，包括三方面内容：选择谈判的时机、谈判的地点以及谈判议程的安排。尽可能选择有利于己方的时间和地点，同时要兼顾对方能否接受。应根据具体情况安排议程，议程安排应松紧适度。

(2）缔约谈判。合同是双方意思表示一致的法律文件，缔约谈判则是达成一致的主要过程。现实中，缔约谈判的具体表现形式多样，有的是双方坐在谈判桌前面对面地交流，有的是通过电话、传真等反复磋商。但无论是何种形式的缔约谈判，都是要经过要约邀请、要约、反/新要约、反新/反要约、……、承诺这一系列的程序，才可能就合同内容达成一致。

收到对方的要约邀请后，首先要针对要约邀请作出判断、是接受要约邀请发出要约，(如招标文件中工程范围不清楚，可以要求招标人进一步澄清）还是撤销要约作出承诺的准备。往往在招标文件中所开列的一些条款是要约，如工程范围、技术规范、标准、施工条件、施工方案、施工进度、质量检验、竣工验收等，又明确了不允许有替代方案，承包人只能作出承诺。但是可以进行商榷的条款双方都可以发出新要约，如合同价款的支付条件、支付方式、预付款、保留金、货币风险的防范、合同价格的调整等，一种方案达不成可以在推出新的谈判方案或交易条件、……如此往复，直至一方作出承诺并到达另一方后，才算达成一致意见。此时，双方应制作谈判文书，确认谈判成果，缔约谈判过程方告结束。

(3）确认谈判成果。在谈判的过程中，应倾听对方提出的每一个交易条件，并根据情况适时作出回应，但不能轻易推出本方谈判方案，更要审慎对对方的要约作出承诺。

缔约谈判完成后，为防止双方在一些已达成一致的问题上再出现反复，应及时制作谈判文书，将谈判成果确定下来。首先，要有明确、有效的方式将谈判成果予以确认，作为双方签订正式合同的依据。确认谈判成果的法律文书，包括谈判备忘录、谈判纪要、缔约意向书等。虽然每一种文书的具体内容或格式各不相同，但时间、地点、当事人以及谈判成果（双方达成一致的条件）是任何确认谈判成果文书都应当记载清楚的内容要点。确认谈判成果的文书虽然不是正式合同，但是要使其对方当事人产生约束力，必须像签合同那样，经法定代表人或合法授权人签字；如果有必要，还应加盖单位印章确认。其次，经双方签署的谈判备忘录、谈判纪要、缔约意向书等，是日后订立合同的基础，双方应当妥善保存。除非在缔约谈判结束后即刻签订正式合同，以缔约意向书、会谈纪要等形式确认谈判成果，以备正式签订合同时参照，是实践中常见的做法。

在法律效力上，缔约意向书、会谈纪要等具有以下几个特点：

1）这些文书毕竟不具有正式合同的效力，因此还难以产生要求双方当事人按照达成一致的意见行事的法律效力。但是，作为一种法律文件，其效力在于使双方产生了应按照意向书的框架与原则签订正式合同的义务。按照《合同法》，如果一方最终无故拒绝签订正式合同，则应承担缔约过失责任，赔偿对方因缔约而遭受的损失。

2）这些文书的内容在理论上应当与日后签订的合同保持一致，但是不一致或者矛盾的情况也是可能出现的。这种情况下，以正式签订的合同内容为准。

3）这些文书有时可以起到补充正式合同内容的重要作用。当正式合同对有关事项约定不明或者没有约定，而该事项又对合同的履行或者争议处理不可或缺，那么依据《合同法》的规定，可以按照这些文书记载的内容处理合同中的有关问题。

4）这些文书有时可以解释合同的条款。当正式合同条款的约定不明确、不具体，而文书的记载比较详尽时，可用文书中的内容解释合同条款。

4. 合同谈判策略和技巧

（1）谈判的目标。合同谈判和其他谈判一样，都是一个双方为了各自利益说服对方的过程，而实质上又是一个双方相互让步、最后达成协议的过程。一般地讲，谈判的最高境界就是在合适的时机作出合适的让步。

承包人承包工程是将承包工程作为手段，他的目标是为了获取利润；而业主则恰好相反，是期望支付最少的工程价款，获得所希望的工程。二者手段和目的的置换，很大程度上决定了双方的立场、观点和方法的差异。但他们之所以能坐到一起，表明他们能够找到共同点，即通过谈判，增进了解，缩小分歧，解决矛盾，以便最终取得一致意见，圆满地完成项目。

有人说承包谈判犹如跳伞，已方应从一开始就使对方能看到一个影子，然后通过多次谈判，逐渐摸清对方，进而了解对方期望的范围，最后确定自己的着陆点。这个着陆点乃是可实现的看得见摸得着的“最高目标”，也是我们所应尽力争取的“最高目标”。一旦确定了现实的“最高目标”，就要千方百计排除一切干扰，包括运用各种必要手段，如运用实力、变换话题、使用暗示等，争取获得所能得到的最佳效果。任何时候都不要太轻易地放弃自己所渴望达到的“最高目标”。

合同谈判是一门综合的艺术，需要经验，讲求技巧。在合同谈判中投标人往往处于防守的下风位，因此除了做好谈判的准备外，更需要在谈判过程中确定和掌握自己一方的谈判策略和技巧，抓住重点问题，适时地控制谈判气氛，掌握谈判局势，以便最终实现谈判目标。

（2）谈判策略。谈判策略就是谈判过程中使用的计策谋略，即为实现自己的目标而采取的手段。谈判策略具有强烈的攻击性、唯我性和较大的灵活性。合同谈判者的最高宗旨是以最有利的条件实现合同的签约。策略是根据客观环境变化而不断变化和丰富的，如鸿门宴、蘑菇战、疲劳战、声东击西等，不胜枚举。正确的策略选择主要体现在针对性、适应性和效益性三方面。

谈判能否成功取决于策略的制订与实施。商业谈判中人们最常采用的策略莫过于四种，即强制、劝诱、教育、说服。

强制的策略通常是那些具备强大的谈判力的一方使用的，而且最易激起对方的反感，应该避免使用。如果实属不得已，那就要干得出其不意，泰山压顶，以使对方无力反击。

劝诱这个策略是企图通过给对方一些其梦寐以求的好处，足以克服对方在其他方面的抵抗。劝诱改变着整个交易的平衡砝码，使对方觉得有利可图。增添服务项目、许以有利于工程建设的种种诺言等，所有上述方法均可列为劝诱。

教育的策略旨在改变对方基本态度和信念，使其作出有利的响应。教育与说服的过程有异曲同工之妙。

说服的策略是通过对方认识在交易中的自然利益而获得其成效的。它的感染力能够抵达对方的逻辑思维，能触及对方的情感意识，还能影响对方的价值观念。

（3）谈判技巧。谈判中如何说服对方，要涉及很多因素，其中很重要的一个就是谈判技巧。所谓谈判技巧，概括地说，就是说服对方的工作技巧，包括派谁去，采取什么样的方法和选择什么样的机会、什么样的地点场合等。我们通常说的谈判技巧和谈判经验，就是指对这些问题的综合处理和运用的能力。

要想取得预期的收获，技巧的运用是必不可少的。谈判多种多样，谈判的技巧更是因事而异，在合同谈判过程中，像优势重复、对等让步、调和折中、先成交后抬价等会经常用到。

优势重复是指反复阐述自己的优势，特别是对于第一次的合作对象，更是经常使用这个方法，以使对方进一步了解本单位。最常见的一种阐述方式就是使用比较法，即把本单位的实力、能力和优势与其他单位比较，促使对方感到与自己单位合作是放心的。

对等让步就是当己方准备对某些条件作出让步时，可以要求对方在其他方面也应作出相应的让步，就是说我让一步，你也得让一步，这叫对等让步。要力争把对方的让步作为自己让步的前提和条件。轻易让步也是不可取的。

调和折中是最终确定价格时常用到的一种方法。谈判中，当双方就价格问题谈到一定程度以后，虽然各方都作了让步，但并没有达成一致的协议，这时只要各方再作一点让步，就很有可能拍板成交，在这种情况下往往要采用折中的办法，即在双方所提的价格之间，取一大约的平均数。

先成交后抬价是某些有经验的谈判者常采用的手法，即先作出某种许诺，或采取让对方能够接受的合作行动。一旦对方接受并作出相应的行动而无退路时，此时再以种种理由抬价，迫使对方接受自己更高的条件。因此，在谈判中，不要轻易接受对方的许诺，要看到许诺背后的真实意图，以防被诱进其圈套而上当。

在谈判中，谈判人员应敢于和善于提出问题，毕竟谈判双方各自代表自己的利益，敢于向对方提出问题，也就等于维护了自己的利益；不管是在谈判前，还是在谈判过程中，凡事都应该问个为什么。我们应理直气壮地“看护自己的花园”，同时也决不“践踏别人的草地”。

9.2.3　建设工程施工合同的签订

经过合同谈判，双方对新形成的合同条款一致同意并形成合同草案后，即进入合同签订阶段。这是确立承发包双方权利义务关系的最后一步工作，一个符合法律规定的合同一经签订，即对合同当事人双方产生法律约束力。因此，无论发包人还是承包人，应当抓住这最后的机会，再认真审查分析合同草案，检查其合法性、完备性和公正性，争取改变合同草案中的某些内容，以最大限度地维护自己的合法权益。

1. 订立建设工程施工合同的基本原则及具体要求

工程施工合同的签订直接关系到合同的履行和实现，关系到合同当事人各方的利益和信誉，因此在签订工程施工合同时，双方必须采取严格认真的态度，必须遵循一定的基本原则：

(1) 平等自愿原则。所谓平等原则，是指当事人之间在合同的订立、履行和承担违约责任等方面都处于平等的法律地位，彼此的权利、义务对等。签订工程施工合同的双方当事人，不论是发包人，还是承包人；不论发包人是政府部门、企事业单位，还是私营业主，只要他们就某一项目的建设与承包人之间订立工程施工合同，双方就发生了以合同形式体现出来的经济关系，但彼此之间并不存在隶属关系，双方的法律地位是完全平等的，法律予以平等的保护。

所谓自愿原则，是指是否订立合同、与谁订立合同、订立合同的内容以及变更不变更合同，都要由当事人依法自愿决定。订立工程施工合同必须遵守自愿原则。然而实践中，有些地方行政管理部门如消防、环保、供气等部门通常要求发包方、总包方接受并与其指定的专业承包人签订专业工程分包合同，发包方、总包方如果不同意，上述部门在工程竣工验收时就会故意找麻烦，拖延验收、通过。这种行为严重违背了在订立合同时当事人之间应当遵守的自愿原则。

(2) 公平原则。所谓公平原则，是指当事人在设立权利、义务、承担民事责任方面，要公正、公允、合情、合理。实践中，发包人常常利用自身在建筑市场中的优势地位，要求工程质量达到优良标准，但又不愿优质优价；要求承包人大幅度缩短工期，但又不愿支付赶工措施费用；提前竣工，发包人又不愿意奖励或奖励很低；延迟竣工，发包人却要求承包人承担逾期竣工一倍甚至几倍于奖金的违约金。上述情况均违背了订立工程施工合同时承发包双方应该遵循的公平原则。

(3) 诚实信用原则。所谓诚实信用原则，是指当事人在订立、履行合同的整个过程中，应当抱着真诚的善意，相互协作，密切配合，言行一致，表里如一，说到做到，正确、适当地行使合同规定的权利，全面履行合同规定的义务，不弄虚作假、尔虞我诈，不做损害对方和国家、集体、第三人以及社会公共利益的事情。在工程施工合同的订立过程中，常常会出现工程项目虽然经过招标投标，发包方确定了中标人，却不愿与中标人订立工程施工合同，而另行与其他承包人订立合同的情况。发包人此行为严重违背了诚实信用原则。

(4) 合法原则。所谓合法原则，主要是指在合同法律关系中，合同主体、合同的订立形式、订立合同的程序、合同的内容、履行合同的方式、对变更或者解除合同权利的行使等都必须符合我国的法律、行政法规。实践中，下列工程施工合同，常常因为违反法律、行政法规的强制性规定而无效或部分无效：①没有从事建筑经营活动资格或超越资质等级订立的合同；②未取得《建设工程规划许可证》或者违反《建设工程规划许可证》的规定进行建设，严重影响城市规划的合同；③未取得《建设用地规划许可证》而签订的合同；④未依法取得土地使用权而签订的合同；⑤必须招标投标的项目，未办理招标投标手续而签订的合同；⑥根据无效中标结果所订立的合同；⑦非法转包合同及不符合分包条件而分包的合同；⑧违法带资、垫资施工的合同等。

2. 订立建设工程施工合同的形式与程序

（1）订立工程施工合同的形式。《合同法》规定："工程施工合同应当采用书面形式。""书面形式是指合同书、信件和数据电文（包括电报、电传、传真、电子数据交换和电子邮件）等可以有形地表现所载内容的形式。"

（2）订立工程施工合同的程序。根据我国《合同法》、《招标投标法》及《房屋建筑和市政基础设施工程施工招标投标管理办法》的规定，工程合同的订立有两种方式：一种是遵循合同的一般订立程序（即要约－承诺）订立工程合同；另一种是通过特殊的方式，即招标投标的方式订立合同，即通过招标公告或招标邀请（要约邀请）→投标（要约）→中标通知书（承诺）→签订书面工程合同四个阶段订立工程施工合同。

目前，在我国工程建设领域广泛采用后一种方式订立工程施工合同。但需要注意的是工程施工合同的内容必须与中标通知书、招标文件和中标人的投标文件等内容基本一致，招标人和中标人不得再订立背离合同实质性内容的其他协议。

这里需要指出的是，对于不需要通过招标投标方式订立的工程合同，合同文件常常就是一份合同或协议书，最多在正式的合同或协议书后附一些附件，并说明附件与合同或协议书具有同等效力。

项目3 建设工程施工合同履约管理

9.3.1 合同履约管理概述

1. 合同履约概念

合同的签订，只是履行合同的前提和基础。合同的最终实现，还需要当事人双方严格按照合同约定，认真全面地履行各自的合同义务。工程合同一经签订，即对合同当事人双方产生法律约束力，任何一方都无权擅自修改或解除合同。如果任何一方违反合同规定，不履行合同义务，或履行合同义务不符合合同约定而给对方造成损失时，都应当承担赔偿责任。由于建设工程施工合同具有合同款额大、履约周期长的特点，合同能否顺利履行将直接对当事人的经济效益乃至社会效益产生很大影响。因此，在合同订立后，当事人必须认真分析合同条款，明确自己的责任和义务，做好合同交底和合同控制工作，以保证合同能够顺利履行。

建设工程施工合同的履行是指工程建设项目的发包方和承包方根据合同规定的时间、地点、方式、内容及标准等要求，各自完成合同义务的行为。根据当事人履行合同义务的程度，合同履行可分为全部履行、部分履行和不履行。建设工程施工合同的履行，其内容之丰富、经历时间之长，是其他合同所无法比拟的，因此对建设工程施工合同的履行，尤应强调贯彻合同的履行原则。

2. 建设工程施工合同履约原则

建设工程施工合同履行的基本原则包括以下几方面：

（1）实际履行原则。当事人订立合同的目的是为了满足一定的经济利益，满足特定的生产经营活动的需要。因此当事人一定要按合同约定履行义务，不能用违约金或赔偿金来代替合同的标的。任何一方违约时，不能以支付违约金或赔偿损失的方式来代替合同的履行，守约一方要求继续履行的，应当继续履行。这是建筑工程的特点所决定的。

（2）全面履行原则。当事人应当严格按合同约定的数量、质量、标准、价格、方式、地点、期限等完成合同义务。全面履行原则对合同的履行具有重要意义，它是判断合同各方是否违约以及违约应当承担何种违约责任的根据和尺度。

（3）协作履行原则。即合同当事人各方在履行合同过程中，应当互谅、互助，尽可能为对方履行合同义务提供相应的便利条件。

贯彻协作履行原则对建设工程施工合同的履行具有重要意义，因为工程承包合同的履行过程是一个经历时间长、涉及面广、影响因素多的施工过程，一方履行合同义务的行为往往就是另一方履行合同义务的必要条件，只有贯彻协作履行原则，才能达到双方预期的合同目的。因此，承发包双方必须严格按照合同约定履行自己的每一项义务；本着共同的目的，相互之间应进行必要的监督检查，及时发现问题，平等协商解决，保证工程顺利实施；当对方遇到困难时，在自身能力许可且不违反法律和社会公共利益的前提下给予必要的帮助，共渡难关；当一方违约给工程实施带来不良影响时，另一方应及时指出，违约方应及时采取补救措施；发生争议时，双方应顾全大局，尽可能不出现极端化等。

（4）诚实信用原则。诚实信用原则是《合同法》的基本原则，它是指当事人在签订和执行合同时，应讲究诚实，恪守信用，实事求是，以善意的方式行使权利并履行义务，不得回避法律和合同，以使双方所期待的正当利益得以实现。对施工合同来说，业主在合同实施阶段应当按合同规定向承包方提供施工场地，及时支付工程款，聘请监理人进行公正的现场协调和监理；承包方应当认真计划，组织好施工，努力按质按量在规定时间内完成施工任务，并履行合同所规定的其他义务。在遇到合同文件没有作出具体规定或规定矛盾或含糊时，双方应当善意地对待合同，在合同规定的总体目标下公正行事。

（5）情事变更原则。情事变更原则是指在合同订立后，如果发生了订立合同时当事人不能预见并且不能克服的情况，改变了订立合同时的基础，使合同的履行失去意义或者履行合同将使当事人之间的利益发生重大失衡，应当允许受不利影响的当事人变更合同或者解除合同。情事变更原则实质上是按诚实信用原则履行合同的延伸，其目的在于消除合同因情事变更所产生的不公平后果。理论上一般认为，适用情事变更原则应当具备以下条件：

1）有情事变更的事实发生，即作为合同环境及基础的客观情况发生了异常变动。

2）情事变更发生于合同订立后履行完毕之前。

3）该异常变动无法预料且无法克服。如果合同订立时当事人已预见该变动将要发生，或当事人能予以克服的，则不能适用该原则。

4）该异常变动不可归责于当事人。如果是因一方当事人的过错所造成或是当事人应当预见的，则应当由其承担风险或责任。

5）该异常变动应属于非市场风险。如果该异常变动其实是市场中的正常风险，则当事人不能主张情事变更。

6）情事变更将使维持原合同显失公平。

9.3.2 建设工程施工合同条款分析

1. 建设工程施工合同条款分析的概念、作用及基本要求

(1) 建设工程施工合同条款分析的概念。建设工程施工合同条款分析是指从执行的角度分析、补充、解释施工合同，将施工合同目标和合同约定落实到合同实施的具体问题上和具体事件上，用以指导具体工作，使合同能符合日常工程管理的需要。

合同签订后，合同当事人的主要任务是按合同约定圆满地实现合同目标，完成合同责任。而整个合同责任的履行是靠在一段段时间内，完成一项项工程和一个个工程活动实现的。因此对承包人来说，必须将合同目标和责任贯彻落实在合同实施的具体问题上和各工程小组以及各分包商的具体工程活动中。承包人的各职能人员和各工程小组都必须熟练地掌握合同，用合同指导工程实施和工作，以合同作为行为准则。

从项目管理的角度来看，合同分析就是为合同控制确定依据。合同分析确定合同控制目标，并结合项目进度控制、质量控制、成本控制的计划，为合同控制提供相应的合同工作、合同对策、合同措施。从此意义上讲，合同分析是承包人项目实施的起点。

合同履行阶段的合同分析不同于合同谈判阶段的合同审查与分析。合同谈判时的合同分析主要是对尚未生效的合同草案的合法性、完备性和公正性进行审查，其目的是针对审查发现的问题，争取通过合同谈判改变合同草案中于己不利的条款，以维护己方的合法权益。而合同履行阶段的合同分析主要是对已经生效的合同进行分析，其目的主要是明确合同目标，并进行合同结构分解，将合同落实到合同实施的具体问题上和具体事件上，用以指导具体工作，保证合同能够顺利履行。

(2) 建设工程施工合同条款分析作用。如上所述，工程施工合同条款的分析是工程实施阶段的开始和前提，通过合同分解，将合同落实到合同实施的具体问题上和具体事件上，用以指导具体工作，保证合同能够顺利履行。具体来说，工程合同条款分析作用有以下几方面：

1) 分析合同漏洞，解释争议内容；

2) 分析合同风险，制定风险对策；

3) 分解合同工作，落实合同责任；

4) 进行合同交底，简化管理工作。

(3) 建设工程施工合同条款分析基本要求。建设工程施工合同条款分析，应达到准确客观、简明清晰、全面完整，满足上述功能的要求，具体表现在以下几方面：

1) 准确客观。施工合同分析的结果应准确、全面地反映施工合同内容。如果不能透彻、准确地分析合同，就不可能有效、全面地履行合同，从而导致合同实施产生较大失误。事实证明，许多工程失误和合同争议都起源于不能准确地理解合同条款。

对合同分析，划分双方合同责任和权益，都必须实事求是地根据合同约定和法律规定，客观地按照合同目的和精神来进行，而不能以当事人的主观愿望解释合同，否则必然导致合同争执。

2) 简明清晰。合同分析的结果必须采用使不同层次的管理人员、工作人员都能够接受的表达方式，使用简单易懂的工程语言，如图、表等形式，对不同层次的管理人员提供不同要求、不同内容的合同分析资料。

3) 协调一致。合同双方及双方的所有人员对合同的理解应一致。合同分析实质上是双

方对合同的详细解释、落实各方面的责任的过程。因此，双方在合同分析时应尽可能协调一致，分析的结果应能为对方认可，以减少合同争执。

4）全面完整。合同分析应全面地对合同文件进行解释。对合同中的每一条款、每句话，甚至每个词都应认真推敲，细心琢磨，全面落实。合同分析要看大局、抓大问题，更不能错过一些细节问题，这是合同实施阶段的特点所决定的。比如在工程实施过程中，解决索赔问题时，合同条款中的一个词甚至一个标点符号就能关系到争执的性质，关系到一项索赔的成败，关系到工程的盈亏。

同时，应当从整体上分析合同，不能断章取义，特别是当不同文件、不同合同条款之间规定不一致或有矛盾时，更应当全面整体地理解合同。

2. 合同总体分析与合同结构分解

（1）合同的总体分析。合同协议书和合同条件是合同总体分析的主要对象。通过合同的总体分析，将合同条款和合同规定落实到一些带全局性的具体问题上。

由于承包人在工程施工合同履行过程中，处于不利的一方，因此，这里所述的合同总体分析主要是针对承包人而言，其分析的重点包括：承包人的主要合同责任及权力、工程范围；业主（包括监理人）的主要合同责任和权力；合同价格、计价方法和价格补偿条件；工期要求和顺延条件；合同双方的违约责任；合同变更方式、程序；工程验收方法；索赔规定及合同解除的条件和程序；争议的解决等。

需要指出的是，在分析中应对合同执行中的风险及应注意的问题作出特别的说明和提示。

合同总体分析的结果是工程施工总的指导性文件，应将它以最简单的形式和最简洁的语言表达出来，以便进行合同的结构分解和合同交底。

（2）合同的结构分解。合同结构分解是指按照系统规则和要求将合同对象分解成互相独立、互相影响、互相联系的单元。根据结构分解的一般规律和施工合同条件自身的特点，施工合同条件结构分解应遵守如下规则：

1）保证施工合同条件的系统性和完整性。施工合同条件分解和结果应包含所有的合同要素，这样才能保证应用这些分解结果时，能等同于应用施工合同条件。

2）保证各分解单元间界限清晰、意义完整、内容大体上相当，这样才能保证应用分解结果明确、有序且各部分工作量相当。

3）易于理解和接受，便于应用，即要充分尊重人们已经形成的概念和习惯，只在根本违背合同原则的情况下才作出更改。

4）便于按照项目的组织分工落实合同工作和合同责任。

3. 合同的漏洞补充和歧义解释

在合同总体分析及进行合同结构分解时，可能会发现已订立的合同有缺陷，如合同条款不完整或约定不明、合同条款规定含糊甚至有些条款相互矛盾等，这就需要合同当事人对这些合同瑕疵根据法律规定及行业惯例进行修正，作出特殊的解释，以保证能够得到公正、合理、顺利地履行。合同缺陷的修正包括漏洞补充和歧义分析。

（1）漏洞补充。合同漏洞是指当事人应当约定的合同条款而未约定或者约定不明确、无效和被撤销而使合同处于不完整的状态。为鼓励交易、节约交易成本，法律要求对合同漏洞应尽量予以补充，使之足够明确、清楚，达到使合同全面、适当履行的条件。根据《合同法》的有关规定，补充合同漏洞有以下三种方式：

1）约定补充。当事人享有订立合同的自由，也就享有补充合同漏洞的自由。因此，《合同法》规定，当事人可以通过协议补充合同漏洞。即当事人对合同的疏漏之处按照合同订立的规则，在平等自愿的基础上另行协商，达成一致意见，作为合同的补充协议，并与原合同共同构成一份完整的合同。

2）解释补充。解释补充是指以合同缔约内容为基础，依据诚实信用原则并斟酌交易惯例对合同的漏洞作出符合合同目的的填补。解释补充分为两种：①按照合同有关明示条款合理推定。因为合同条款虽相互独立，但更相互关联。例如，履行方式条款与履行地点条款、合同价款等就存在较为密切的联系。如果履行地点不明，但合同规定了履行方式，就有可能从中确定履行的地点。②根据交易习惯确定。交易习惯既包括某种行业或者交易的惯例，也包括当事人之间已经形成的习惯做法。

3）法定补充。所谓法定补充，是指根据法律的直接规定，对合同的漏洞加以补充。《合同法》规定：①对于标准不明确的，按照国家标准、行业标准履行；没有国家标准、行业标准的，按照通常标准或者符合合同目的的特定标准履行。质量等级要求不明确的，最低应当按质量合格的标准进行施工，不允许质量不合格的工程交付使用。如发包方要求质量等级为优良的，承包方可适时主张优质优价。②对于价款或者报酬不明确的，按照订立合同时履行地的市场价格履行；依法应当执行政府定价或者政府指导价的，按照规定执行。工程价款不明确的，根据国家建设标准定额进行计算。③对于合同工期不明确的，除国务院另有规定外，应当执行各省、市、自治区和国务院主管部门颁发的工期定额，按照工期定额计算得出合同工期。法律暂时没有规定工期定额的特殊工程，合同工期由双方协商。协商不成的，报建设工程所在地的定额管理部门审定。④对于付款期限不明确的，根据承包方的工作报表在开工前发包方即应支付进场费和工程备料款，经审核后即应拨付工程进度款，以免影响后续施工；工程竣工后，工程造价一经确认，即应在合理的期限内付清。⑤对于履行方式不明确的，按照有利于实现合同目的的方式履行。⑥履行费用的负担不明确的，由履行义务一方负担。

(2) 歧义解释。合同应当是合同当事人双方完全一致的意思表示。但是，在实际操作中，由于各方面的原因，如当事人的经验不足、素质不高、出于疏忽或是故意，对合同中应当包括的条款未作明确规定，或者对有关条款用词不够准确，从而导致合同内容表达不清楚。表现在：合同中出现错误、矛盾以及二义性解释；合同中未作出明确解释，但在合同履行过程中发生了事先未考虑到的事；合同履行过程中出现超出合同范围的事件，使得合同全部或者部分归于无效等。

一旦在合同履行过程中产生上述问题，合同当事人双方往往就可能会对合同文件的理解出现偏差，从而导致双方当事人产生合同争议。因此，如何对内容表达不清楚的合同进行正确的解释就显得尤为重要。

1) 解释原则。根据工程施工合同的国际惯例，合同文件间的歧义一般按“最后用语规则”进行解释。即认为“每一个被接纳的文件都被看作一个新要约，这样最后一个文件便被看作为收到者以沉默的方式接受”，也就是后形成的合同文件优先于先形成的合同文件。合同文件内歧义一般按“不利于文件提供者规则”进行解释。这是对定式合同的一种限制，作为一方凭借自己优势将有歧义条款强加给另一方的一种平衡。

《合同法》规定："当事人对合同条款的理解有争议的，应当按照合同所使用的词句、合同的有关条款、合同的目的、交易习惯以及诚实信用原则，确定该条款的真实意思。合同文本采用两种以上文字订立并约定具有同等效力的，对各文本使用的词句推定具有相同含义。各文本使用的词句不一致的，应当根据合同的目的予以解释。"由此可见，合同的解释方法主要有：

①字面解释。即首先应当确定当事人双方的共同意图，据此确定合同条款的含义。合同词句中没有明确指明的，不能强行解释加入。如果仍然不能作出明确解释，就应当根据与当事人具有同等地位的人处于相同情况下可能作出的理解来进行解释。

②整体解释。即当双方当事人对合同产生争议后，应当从合同整体出发，联系合同条款上下文，从总体上对合同条款进行解释，而不能断章取义，割裂合同条款之间的联系来进行片面解释。

③合同目的解释。即肯定符合合同目的的理解，排除不符合合同目的的解释。例如在某装修工程合同中没有对材料防火阻燃等要求进行事先约定，在施工过程中，承包人采用了易燃材料，业主对此产生异议。

在此例中，虽然业主未对材料的防火性能作出明确规定，但是根据合同目的，装修好的工程必须符合我国《消防法》的规定。所以，承包人应当采用防火阻燃材料进行装修。

④交易习惯解释。即按照该国家、该地区、该行业所采用的惯例进行解释。运用交易习惯解释时，应遵循以下两条规则：第一，必须是双方均熟悉该交易时，方可参照交易习惯。第二，交易习惯是双方已经知道或应当知道而没有明确排斥者；交易习惯依其范围可分为一般习惯、特殊习惯及当事人之间的习惯。在合同没有明示时，当事人之间的习惯应优先于特殊习惯，特殊习惯应优先于一般习惯。

⑤诚实信用原则解释。诚实信用原则是合同订立和合同履行的最根本的原则，因此，无论对合同的争议采用何种方法进行解释，都不能违反诚实信用原则。

2）建设工程施工合同文件解释的惯例。除遵循合同文件优先顺序，第一语言规则优先的解释惯例外，还应遵循具体、详细的规定优先于一般、笼统的规定，详细条款优先于总论；合同的专用条件、特殊条件优先于通用条件。

3）文字说明优先于图示说明，工程说明、规范优先于图纸；数字的文字表达优先于阿拉伯数字表达；手写文件优先于打印文件，打印文件优先于印刷文件；对于总价合同，总价优先于单价；对于单价合同，单价优先于总价；合同中的各种变更文件，如补充协议、备忘录、修正案等，按照时间最近的优先的解释规则。

【案例背景】 我国的云南鲁布革水电工程采用FIDIC条款，承包人为国外某公司，我国某承包公司分包了隧道工程。分包合同规定：隧道挖掘中，在设计挖方尺寸基础上，超挖不得超过40cm，在40cm以内的超挖工作量由总包负责，超过40cm的超挖由分包负责。

由于地质条件复杂，工期要求紧，分包商在施工中出现许多局部超挖超过40cm的情况，总包拒付超挖超过40cm部分的工程款。分包就此向总包提出索赔，因为分包商一直认为合同所规定的"40cm以内"是指平均的概念，即只要总超挖量在40cm之内，则不是分包的责任，总包应付款；而且分包商强调，这是我国水电工程中的惯例解释。

最终总承包人以合同条款中没有约定超挖工作量为"平均"而不认可分承包人的索赔要求。

【案例分析】 当然，如果总包和分包都是中国的公司，这个惯例解释常常是可以被认可的。但在本合同中，没有“平均”两字，在解释中就不能加上这两字，这符合“字面解释原则”。因为，如果局部超挖达到50cm，则按本合同字面解释，40～50cm范围的挖方工作量确实属于“超过40cm”的超挖，应由分包负责。既然字面解释已经准确，则不必再引用惯例解释。这样分包商损失数百万元就属分包商承担的风险了。

4. 合同风险分析与对策

风险一般是指一种客观存在的、损失的发生具有不确定性的状态。而工程合同风险是指合同中的以及由合同引起的不确定性。在工程施工合同中涉及的风险有如下两类：

(1) 外来风险。

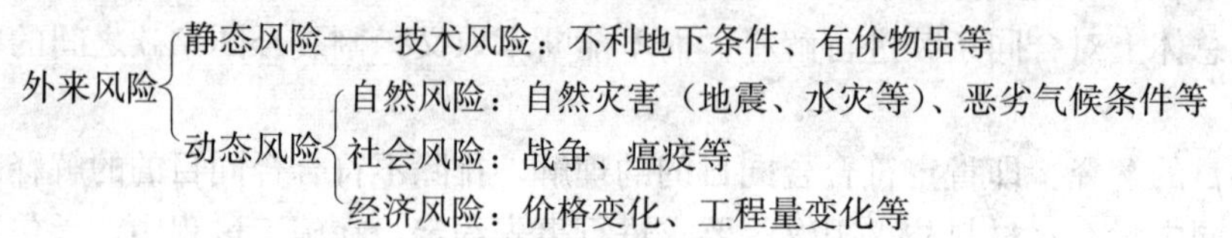

(2) 内部风险。

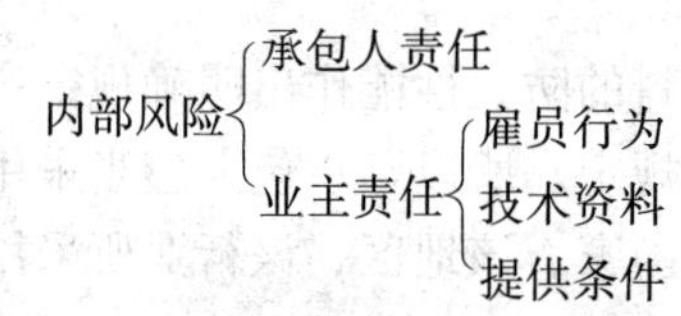

这些风险将会影响到的对象为：

影响对象
- 内部对象
  - 业主方面：工程材料设备、业主雇员生命、合同权利
  - 承包人方面：承包人设备、承包人雇员生命、合同权利
- 外部对象——第三方财产、第三方权利

风险与影响对象的关系可分为四类：①外来风险——内部对象；②外来风险——外部对象；③内部风险——内部对象；④内部风险——外部对象。

第①类情况，即外来风险对内部对象造成影响的情况是工程施工合同分析中应分析讨论的风险。第②类情况对合同双方不构成风险。第③类情况和第④类情况均因合同的一方未履行其义务造成的，对此，工程施工合同主要将该两种情况作为违约来处理，由责任方对对方财产和人身的损失或损害承担责任。

在工程项目招标投标过程中，承包人可以采取工程保险、工程担保、工程分包、联合承包，通过合同约定、风险准备金等办法转移或规避风险。承包人履约前合同风险分析主要是进一步明确自己所应承担的风险，特别是对可能发生的风险及可能造成巨大经济损失的风险，而明确风险的依据是合同的约定及法律的规定。对合同约定不明确的，一般可根据让最有能力控制风险的一方去承担风险的原则进行风险分担，以使合同整体风险最低。具体地说就是技术风险、经济风险对合同权利的损害责任由业主承担；社会风险、自然风险对财产的损害责任按所有权分担，对人身的损害责任按雇佣关系分担，由此延误的工期应相应顺延，由此发生的费用由承包人承担。

通过合同分析，承包人在明确了自己所应承担的风险之后，进一步的工作是制订相应的技术、经济与管理等方面防范风险的措施与对策，具体如下：①对风险大的项目，采用成熟的施工方法、优良的施工设备，选派经验丰富的管理人员和技术人员。②制订对风险的预测、跟踪办法，准备好备用方案。③制订详尽的工程变更管理、索赔管理制度。④制订严密的信息管理制度，保证信息的畅通、证据资料的全面、翔实。

5. 合同工作分析

合同工作分析是在合同总体分析和进行合同结构分解的基础上，依据合同协议书、合同条件、规范、图纸、工作量表等，确定工程项目部技术与管理人员及各工程小组的合同工作，以及划分各责任人的合同责任。合同工作分析涉及承包人签约后的所有活动，其结果实质上是承包人的合同执行计划，它包括：①工程项目的结构分解，即工程活动的分解和工程活动逻辑关系的安排。②技术会审工作。③工程项目管理规划（施工组织设计）。在投标书中虽然已包括这些内容，但是在施工前，应根据实际工程项目的特点和现场具体情况进一步细化，作详细的安排。④工程详细的成本计划。⑤与承包合同同级的各个合同的协调，包括各个分合同的工作安排和各分合同之间的协调。

根据合同工作分析，落实各分包人、项目部技术管理人员及各工程小组的合同责任。合同责任必须通过经济手段来保证。对分包人，主要通过分包合同确定双方的责权利关系，以保证分包人能及时按质、按量地完成合同约定的任务。如果出现分包人违约，可对他进行合同处罚和索赔。对承包人的工程小组可以通过内部经济责任制来保证。落实工期、质量、消耗等目标后，应将它们与工程小组经济利益挂钩，建立一套经济奖罚制度，以保证目标的实现。

合同工作分析的结果是合同事件表。合同事件表反映了合同工作分析的一般方法，它是工程施工中最重要的文件之一，它从各个方面定义了该合同事件。其实质上是承包人详细的合同执行计划，有利于项目部在工程施工中落实责任，安排工作，进行合同监督、跟踪、分析和处理索赔事项。

合同事件表格式见表9-3。

表9-3　　合同事件表

子项目：	事件编码：	日期变更次数：
事件名称和简要说明		
事件内容说明		
前提条件		
本事件的主要活动		
负责人（单位）		
费用：	其他参加者：	工期：
计划：		计划：
实际：		实际：

表中各项内容具体说明如下：

①事件编码。这是为了计算机数据处理的需要，对事件的各种数据处理都靠编码识别。所以编码要能反映事件的各种特性，如所属的项目、单项工程、单位工程、专业性质、空间位置等。通常它应与网络事件（或活动）的编码有一致性。

②事件名称和简要说明。对一个确定的承包合同，承包人的工程范围、合同责任是一定的，则相关的合同事件和工程活动也是一定的。在一个工程中，这样的事件通常可能有几百甚至几千件。

③变更次数和最近一次的变更日期。它记载着与本事件相关的工程变更。在接到变更指令后，应落实变更，修改相应栏目的内容。最近一次的变更日期表示，从这一天以来的变更

尚未考虑到。这样可以检查每个变更指令落实情况，既防止重复，又防止遗漏。

④事件的内容说明。主要为该事件的目标，如某一分项工程的数量、质量、技术要求以及其他方面的要求。这由工程量清单、工程说明、图纸、规范等定义，是承包人应完成的任务。

⑤前提条件。该事件进行前应有哪些准备工作？应具备什么样的条件？这些条件有的应由事件的责任人承担，有的应由其他工程小组、其他承包人或业主承担。这里不仅确定事件之间的逻辑关系，而且确定了各参加者之间的责任界限。

⑥本事件的主要活动。即完成该事件的一些主要活动和它们的实施方法、技术与组织措施。这要完全从施工过程的角度进行分析，这些活动组成该事件的子网络。

⑦责任人。即负责该事件实施的工程小组负责人或分包人。

⑧成本（或费用）。这里包括计划成本和实际成本，有如下两种情况：a. 若该事件由分包人承担，则计划费用为分包合同价格。如果在总包和分包之间有索赔，则应修改这个值，而相应的实际费用为最终实际结算账单金额总和。b. 若该事件由承包人的工程小组承担，则计划成本可由成本计划得到，一般为直接费成本，而实际成本为会计核算的结果，在事件完成后填写。

⑨计划和实际的工期。计划工期由网络分析得到（因为网络计划中有事件的开始期、结束期和持续时间）。实际工期按实际施工进度情况，在该事件结束后填写。

⑩其他参加人。即对该事件的实施提供帮助的其他人员。

6. 合同交底

合同交底是指合同管理人员在对合同的主要内容作出解释和说明的基础上，通过组织项目管理人员和各工程小组负责人学习合同条文和合同总体分析结果，使大家熟悉合同中的主要内容、各种规定、管理程序，了解承包人的合同责任和工程范围、各种行为的法律后果等，使大家都树立全局观念，避免在执行中的违约行为，同时使大家的工作协调一致。

（1）合同交底的必要性。

1）合同交底是项目部技术和管理人员了解合同、统一理解合同的需要。合同是当事人正确履行义务、保护自身合法利益的依据。因此，项目部全体成员必须首先熟悉合同的全部内容，并对合同条款有一个统一的理解和认识，以避免不了解或对合同理解不一致带来工作上的失误。由于项目部成员知识结构和水平的差异，加之合同条款繁多，条款之间的联系复杂，合同语言难以理解，因此难于保证每个成员都能吃透整个合同内容和合同关系，这样势必影响其在遇到实际问题时处理办法的有效性和正确性，影响合同的全面顺利实施。因此，在合同签订后，合同管理人员对项目部全体成员进行合同交底是必要的，特别是合同工作范围、合同条款的交叉点和理解的难点。

2）合同交底是规范项目部全体成员工作的需要。界定合同双方当事人（业主与监理、业主与承包人）的权利义务界限，规范各项工程活动，提醒项目部全体成员注意执行各项工程活动的依据和法律后果，以使在工程实施中进行有效的控制和处理，是合同交底的基本内容之一，也是规范项目部工作所必需的。由于不同的公司对其所属项目部成员的职责分工要求不尽一致，工作习惯和组织管理方法也不尽相同，但面对特定的项目，其工作都必须符合合同的基本要求和合同的特殊要求，必须用合同规范自己的工作。要达到这一点，合同交底也是必不可少的工作。通过交底，可以让内部成员进一步了解自己权利的界限和义务的范围、工作的程序和法律后果，摆正自己在合同中的地位，有效防止由于权利义务的界限不清引起的内部职责争议和外部合同责任争议的发生，提高合同管理的效率。

3）合同交底有利于发现合同问题，并利于合同风险的事前控制。合同交底就是合同管理人员向项目部全体成员介绍合同意图、合同关系、合同基本内容、业务工作的合同约定和要求等内容。它包括合同分析、合同交底、交底的对象提出问题、再分析、再交底的过程。因此，它有利于项目部成员领会意图，集思广益，思考并发现合同中的问题，如合同中可能隐藏着的各类风险、合同中的矛盾条款、用词含糊及界限不清条款等。合同交底可以避免因在工作过程中才发现问题带来的措手不及和失控，同时也有利于调动全体项目成员完善合同风险防范措施，提高他们的合同风险防范意识。

4）合同交底有利于提高项目部全体成员的合同意识，使合同管理的程序、制度及保证体系落到实处。合同管理工作包括建立合同管理组织、保证体系、管理工作程序、工作制度等内容，其中比较重要的是建立诸如合同文档管理、合同跟踪管理、合同变更管理、合同争议处理等工作制度，其执行过程是一个随实施情况变化的动态过程，也是全体项目成员有序参与实施的过程。每个人的工作都与合同能否按计划执行完成密切相关，因此项目部管理人员都必须有较强的合同意识，在工作中自觉地执行合同管理的程序和制度，并采取积极的措施防止和减少工作失误和偏差。为达到这一目标，在合同实施前进行详细的合同交底是必要的。

（2）合同交底的程序。合同交底是公司合同签订人员和精通合同管理的专家向项目部成员陈述合同意图、合同要点、合同执行计划的过程，通常可以分层次按一定程序进行。层次一般可分为三级，即公司向项目部负责人交底、项目部负责人向项目职能部门负责人交底、职能部门负责人向其所属执行人员交底。这三个层次的交底内容和重点可根据被交底人的职责有所不同。笔者根据多年的实践，认为按以下程序交底是有效可行的。

1）公司合同管理人员向项目负责人及项目合同管理人员进行合同交底，全面陈述合同背景、合同工作范围、合同目标、合同执行要点及特殊情况处理，并解答项目负责人及项目合同管理人员提出的问题，最后形成书面合同交底记录。

2）项目负责人或由其委派的合同管理人员向项目部职能部门负责人进行合同交底，陈述合同基本情况、合同执行计划、各职能部门的执行要点、合同风险防范措施等，并解答各职能部门提出的问题，最后形成书面交底记录。

3）各职能部门负责人向其所属执行人员进行合同交底，陈述合同基本情况、本部门的合同责任及执行要点、合同风险防范措施等，并解答所属人员提出的问题，最后形成书面交底记录。

4）各部门将交底情况反馈给项目合同管理人员，由其对合同执行计划、合同管理程序、合同管理措施及风险防范措施进行进一步修改完善，最后形成合同管理文件，下发到各执行人员，指导其活动。

总之，合同交底是合同管理的一个重要环节，需要各级管理和技术人员在合同交底前，认真阅读合同，进行合同分析，发现合同问题，提出合理建议，避免走形式，以使合同管理有一个良好的开端。

（3）合同交底的内容。合同交底是以合同分析为基础、以合同内容为核心的交底工作，因此涉及合同的全部内容，特别是关系到合同能否顺利实施的核心条款。合同交底的目的是将合同目标和责任具体落实到各级人员的工程活动中，并指导管理人员及技术人员以合同作为行为准则。

合同交底一般包括以下主要内容：①工程概况及合同工作范围；②合同关系及合同涉及各方之间的权利、义务与责任；③合同工期控制总目标和阶段控制目标，目标控制的网络表示及关键线路说明；④合同质量控制目标及合同规定执行的规范、标准和验收程序；⑤合同对本工程的材料、设备采购、验收的规定；⑥投资及成本控制目标，特别是合同价款的支付及调整的条件、方式和程序；⑦合同双方争议问题的处理方式、程序和要求；⑧合同双方的违约责任；⑨索赔的机会和处理策略；⑩合同风险的内容及防范措施；⑪合同进展文档管理的要求。

9.3.3 建设工程施工合同实施控制

1. 合同实施主要工作

在施工阶段项目管理的基本目标是：保证全面地完成合同责任，按合同规定的工期、质量、价格（成本）要求完成工程。项目管理人员在合同实施阶段的主要工作有如下几个方面：

（1）建立合同实施的保证体系，以保证合同实施过程中的一切日常事务性工作有秩序地进行，使工程项目的全部合同事件处于控制中，保证合同目标的实现。

（2）监督承包人的工程小组和分包商按合同施工，并做好各分合同的协调和管理工作。承包人应以积极合作的态度完成自己的合同责任，努力做好自我监督。同时也应督促并协助业主和监理人完成他们的合同责任，以保证工程顺利进行。

（3）对合同实施情况进行跟踪；收集合同实施的信息，收集各种工程资料，并作出相应的信息处理；将合同实施情况与合同分析资料进行对比分析，找出其中的偏离，对合同履行情况作出诊断；向项目经理及时通报合同实施情况及问题，提出合同实施方面的意见、建议，甚至警告。

（4）进行合同变更管理。主要包括参与变更谈判、对合同变更进行事务性处理、落实变更措施、修改变更相关的资料、检查变更措施落实情况。

（5）日常的索赔和反索赔。

2. 合同实施保障体系

现代工程项目的特点，使得施工中的合同管理极为困难和复杂，日常的事务性工作极多。为了使工作有秩序、有计划地进行，必须建立工程承包合同实施的保障体系。

（1）作“合同交底”，落实合同责任，实行目标管理。合同和合同分析的资料是工程实施管理的依据。合同分析后，应向各层次管理者（如承包人工程作业小组或分包商）作“合同交底”，把合同责任具体地落实到各责任人和具体工作上，使大家熟悉合同中的主要内容、各种规定、管理程序，了解承包人的合同责任和工程范围、各种行为的法律后果等，使大家都树立全局观念，工作协调一致，避免在执行中出现违约行为。

在我国传统的施工项目管理系统中，人们十分注重“图纸交底”工作，但却没有“合同交底”工作，所以项目组和各工程小组对项目的合同体系、合同基本内容不甚了解。我国工程管理者和技术人员有十分牢固的“按图施工”的观念，这并不错，但在现代市场经济中必须转变到“按合同施工”上来。特别在工程使用非标准的合同文本或项目组不熟悉的合同文本时，“合同交底”工作就显得十分重要。

（2）建立合同管理工作程序。在工程实施过程中，合同管理的日常事务性工作很多。为了协调好各方面的工作，使合同管理工作程序化、规范化，应订立如下工作程序：

1）定期和不定期的工程例会制度。在合同履行过程中，业主、监理人和各承包人之间，承包人和分包商之间以及承包人的项目管理职能人员和各工程小组负责人之间都应有定期的协商。通过协商可以解决以下问题：①检查合同实施进度和各种计划落实情况；②协调各方面的工作，对后期工作作安排；③讨论和解决目前已经发生的和以后可能发生的各种问题，并作出相应的决议；④讨论合同变更问题，作出合同变更决议，落实变更措施，决定合同变更的工期和费用补偿数量等。

2）建立一些特殊工作程序。对于一些经常性工作应订立工作程序，使大家有章可循，如图纸批准程序，工程变更程序，分包商的索赔程序，分包商的账单审查程序，材料、设备、隐蔽工程、已完工程的检查验收程序，工程进度付款账单的审查批准程序，工程问题的请示报告程序等。这些程序在合同中一般都有总体规定，在合同实施过程中必须详细、具体化，并落实到具体人员。在合同实施中，承包人的合同管理人员、成本、质量（技术）、进度、安全、信息管理人员都必须脚踏现场，相互之间应进行经常性的沟通。

3）建立文档系统。合同管理人员负责各种合同资料和工程资料的收集、整理和保存工作。这项工作非常烦琐和复杂，要花费大量的时间和精力。工程的原始资料在合同实施过程中产生，它必须由各职能人员、工程小组负责人、分包商提供。任何合同都有风险，都可能产生争议，甚至会产生重大争议，这时候都会用到诸如记录和文件等这些原始记录。

4）工程过程中严格的检查验收制度。合同管理人员应主动地抓好工程和工作质量，协助做好全面质量管理工作，建立、健全一整套质量检查和验收制度，例如：每道工序结束应有严格的检查和验收；工序之间、工程小组之间应有交接制度；材料进场和使用应有一定的检验措施等。再如，要防止由于承包人自己的工程质量问题造成被监理人检查验收不合格，试生产失败而承担违约责任。杜绝在工程中由于工程质量问题引起的返工、窝工损失，工期的拖延使承包人自己得不到赔偿。

5）建立报告和行文制度。承包人和业主、监理工程师、分包商之间的沟通都应以书面形式进行，或以书面形式作为最终依据。这是合同的要求，也是法律的要求，也是工程管理的需要。在实际工作中这项工作特别容易被忽略。

3. 合同实施控制

（1）合同控制的地位。一般而言，工程项目实施控制包括成本控制、质量控制、进度控制和合同控制。其中，合同控制是核心，它与项目其他控制的关系是：

1）成本控制、质量控制、进度控制由合同控制协调一致。成本、质量、工期是由合同定义的三大目标，承包人最根本的合同责任是达到这三大目标，所以合同控制是其他控制的保证。通过合同控制可以使质量控制、进度控制和成本控制协调一致，形成一个有序的项目管理过程。

2）合同控制的范围较成本控制、质量控制、进度控制广得多。承包人除了必须按合同规定的质量要求和进度计划完成工程的设计、施工和进行保修外，还必须对实施方案的安全、稳定负责，对工程现场的安全、清洁和工程保护负责，遵守法律，执行监理人的指令，对自己的工作人员和分包商承担责任，按合同规定及时地提供履约担保、购买保险等。同时，承包人有权获得合同规定的必要的工作条件，如场地、道路、图纸、指令，要求监理人公平、正确地解释合同，有及时如数获得工程付款的权力，有决定工程实施方案并选择更为科学合理的实施方案的权力，有对业主和监理人违约行为的索赔权力等。这一切都必须通过合同控制来实施和保障。

3）合同控制较成本控制、质量控制、进度控制更具动态性。这种动态性表现在两个方面：一方面，合同实施受到外界干扰，常常偏离目标，要不断地进行调整；另一方面，合同目标本身不断改变，如在工程过程中不断出现合同变更，使工程的质量、工期、合同价格发生变化，导致合同双方的责任和权益发生变化。这样，合同控制就必须是动态的，合同实施就必须随当时的情况和目标不断调整。

各种控制的目的、目标和依据见表 9-3。

表 9-4　　合同控制的目的、目标和依据

序号	控制内容	控制目的	控制目标	控制依据
1	成本控制	保证按计划成本完成工程，防止成本超支和费用增加	计划成本	各分部分项工程、总工程的计划成本，人力、材料、资金计划，计划成本曲线
2	质量控制	保证按合同规定的质量完成工程，使工程顺利通过验收，交付使用，达到预定的功能要求	合同规定的质量标准	工程说明，规范，图纸，工作量表
3	进度控制	按预定进度计划进行施工，按期交付工程，防止承担工期拖延责任	合同规定的工期	合同规定的总工期计划，业主或监理人批准的详细施工进度计划
4	合同控制	按合同全面完成承包人的责任，防止违约	合同规定的各项责任	合同范围内的各种文件，合同分析资料

（2）合同控制的日常工作。

1）参与落实计划。合同管理人员与项目的其他职能人员一起落实合同实施计划，为各工程小组、分包商的工作提供必要的保证，如施工现场的安排，人工、材料、机械等计划的落实，工序间的搭接关系和安排，以及其他一些必要的准备工作。

2）协调各方关系。在合同范围内协调业主、监理人、项目管理各职能人员、所属的各工程小组和分包商之间的工作关系，解决相互之间出现的问题，如合同责任界面之间的争执、工程活动之间在时间上和空间上的不协调。合同责任界面争执是工程实施中很常见的。承包人与业主、与业主的其他承包人、与材料和设备供应商、与分包商，以及承包人的各分包商之间、工程小组与分包商之间常常互相推卸一些合同中或合同事件表中未明确划定的工程活动的责任，这就会引起内部和外部的争执，对此，合同管理人员必须做好判定和调解工作。

3）指导合同工作。合同管理人员对各工程小组和分包商进行工作指导，作经常性的合同解释，使各工程小组都有全局观念，对工程中发现的问题提出意见、建议或警告。合同管理人员在工程实施中起“漏洞工程师”的作用，但他不是寻求与业主、监理人、各工程小组、分包商的对立，他的目标不仅仅是索赔和反索赔，而且还要将各方面在合同关系上联系起来，防止漏洞和弥补损失，更完善地完成工程。例如，促使监理人放弃不适当、不合理的要求（指令），避免对工程的干扰、工期的延长和费用的增加；协助监理人工作，弥补监理人工作的遗漏，如及时提出对图纸、指令、场地等的申请，尽可能提前通知工程师，让监理人有所准备，使工程更为顺利。

4）参与其他项目控制工作。合同项目管理的有关职能人员每天检查、监督各工程小组和分包商的合同实施情况，对照合同要求的数量、质量、技术标准和工程进度，发现问题并及时采取对策措施。对已完工程作最后的检查核对，对未完成的或有缺陷的工程责令其在一定的期限内采取补救措施，防止影响整个工期。按合同要求，会同业主及监理人等对工程所用材料和设备检查验收，看是否符合质量、图纸和技术规范等的要求，进行隐蔽工程和已完工程的检查验收，负责验收文件的起草和验收的组织工作，参与工程结算，会同造价工程师对向业主提出的工程款账单和分包商提交的收款账单进行审查和确认。

5）合同实施情况的追踪、偏差分析及参与处理。合同管理者除上述工作之外，还包括审查承包人与业主或分包商之间的往来信函、工程变更管理、工程索赔管理及工程争议的处理，而且，这些工作是合同管理者更重要的工作。

（3）合同跟踪。在工程实施过程中，由于实际情况千变万化，导致合同实施与预定目标（计划和设计）的偏离，如果不及时采取措施，这种偏差常常会由小到大。这就需要对合同实施情况进行跟踪，以便及时发现偏差，不断调整合同实施，使之与总目标一致。

1）合同跟踪的依据。合同跟踪时，判断实际情况与计划情况是否存在差异的依据主要有：

①合同和合同分析的结果，如各种计划、方案、合同变更文件等，它们是比较的基础，是合同实施的目标和方向；

②各种实际的工程文件，如原始记录、各种工程报表、报告、验收结果等；

③工程管理人员每天对现场情况的直观了解，如对施工现场的巡视，与各种人谈话，召集小组会议，工程质量检查，或通过报表、报告了解等。

2）合同跟踪的对象。合同实施情况追踪的对象主要有如下几个方面：

①具体的合同事件。对照合同事件表的具体内容，分析该事件的实际完成情况；并通过分析可以得到偏差的原因和责任，从中可以发现索赔机会。

②工程小组或分包商的工程和工作。一个工程小组或分包商可能承担许多专业相同、工艺相近的分项工程或许多合同事件，所以必须对它们实施的总情况进行检查分析。在实际工程中常常因为某一工程小组或分包商的工作质量不高或进度拖延而影响整个工程施工。合同管理人员在这方面应给他们提供帮助，如协调他们之间的工作，对工程缺陷提出意见、建议或警告，责成他们在一定时间内提高质量、加快工程进度等。

作为分包合同的发包商，总承包人必须对分包合同的实施进行有效的控制。这是总承包人合同管理的重要任务之一。分包合同控制的目的如下：

a. 控制分包商的工作，严格监督他们按分包合同完成工程责任。分包合同是总承包合同的一部分，如果分包商不履行他的合同义务，则总包商就不能顺利完成总包合同任务。

b. 为向分包商索赔和对分包商反索赔作准备。总包和分包之间的利益是不一致的，双方之间常常有尖锐的利益争执。在合同实施中，双方都在进行合同管理，都在寻求向对方索赔的机会，所以双方都有索赔和反索赔的任务。

c. 对分包商的工程和工作，总承包人负有协调和管理的责任，并承担由此造成的损失。所以分包商的工程和工作必须纳入总承包工程的计划和控制中，防止因分包商工程管理失误而影响全局。

③业主和监理人的工作。业主和监理人是承包人的主要工作伙伴，对他们的工作进行监督和跟踪十分重要。有关业主和监理人的工作包括：

a. 业主和监理人必须正确、及时地履行合同责任，及时提供各种工程实施条件，如及时发布图纸、提供场地，及时下达指令、作出答复，及时支付工程款等，这常常是承包人推卸工程责任的托词，所以要特别重视。在这里，合同工程师应寻找合同中以及对方合同执行中的漏洞。

b. 在工程中承包人应积极主动地做好工作，如提前催要图纸、材料，对工作事先通知。这样不仅可以让业主和监理人及时准备，以建立良好的合作关系，保证工程顺利实施，而且可以推卸自己的责任。

c. 有问题及时与监理人沟通，多向监理人汇报情况，及时听取他的指示（书面的）；

d. 及时收集各种工程资料，对各种活动、双方的交流做好记录。

e. 对有恶意的业主提前防范，并及时采取措施。

④工程总的实施状况。工程总的实施状况包括：

a. 工程整体施工秩序状况。如果出现以下情况，合同实施必定存在问题：现场混乱、拥挤不堪，承包人与业主的其他承包人、供应商之间协调困难，合同事件之间和工程小组之间协调困难，出现事先未考虑到的情况和局面，发生较严重的工程事故等。

b. 已完工程没有通过验收，出现大的工程质量事故，工程试运行不成功或达不到预定的生产能力等。

c. 施工进度未能达到预定计划，主要的工程活动出现拖期，在工程周报和月报上计划和实际进度出现大的偏差。

d. 计划和实际的成本曲线出现大的偏离。在工程项目管理中，工程累计成本曲线对合同实施的跟踪分析起很大作用。计划成本累计曲线通常在网络分析、各事件计划成本确定后得到，在国外它又被称为工程项目的成本模型，而实际成本曲线由实际施工进度安排和实际成本累计得到，两者对比，可以分析出实际和计划的差异。

通过合同实施情况追踪、收集、整理，能反映工程实施状况的各种工程资料和实际数据，如各种质量报告、各种实际进度报表、各种成本和费用收支报表及其分析报告。将这些信息与工程目标，如合同文件、合同分析的资料、各种计划、设计等进行对比分析，可以发现两者的差异。根据差异的大小确定工程实施偏离目标的程度。如果没有差异或差异较小，则可以按原计划继续实施工程。

（4）合同实施偏差分析。合同实施情况偏差表明工程实施偏离了工程目标，应加以分析调整，否则这种差异会逐渐积累，越来越大，最终导致工程实施远离目标，使承包人或合同双方受到很大的损失，甚至可能导致工程的失败。

合同实施情况偏差分析，指在合同实施情况追踪的基础上，评价合同实施情况及其偏差，预测偏差的影响及发展的趋势，并分析偏差产生的原因，以便对该偏差采取调整措施。

合同实施情况偏差分析的内容包括：

1）合同执行差异的原因分析。通过对不同监督跟踪对象的计划和实际的对比分析，不仅可以得到合同执行的差异，而且可以探索引起这个差异的原因。原因分析可以采用因果关系分析图（表）、成本量差、价差、效率差分析等方法定性或定量地进行。

例如，通过计划成本和实际成本累计曲线的对比分析，不仅可以得到总成本的偏差值，而且可以进一步分析差异产生的原因。引起上述计划和实际成本累计曲线偏离的原因可能有：整个工程加速或延缓；工程施工次序被打乱；工程费用支出增加，如材料费、人工费上升；增加新的附加工程，使主要工程的工程量增加；工作效率低下，资源消耗增加等。

上述每一类偏差原因还可进一步细分，如引起工作效率低下可以分为内部干扰和外部干扰。内部干扰，如施工组织不周，夜间加班或人员调遣频繁；机械效率低，操作人员不熟悉新技术，违反操作规程，缺少培训；经济责任不落实，工人劳动积极性不高等。外部干扰，如图纸出错，设计修改频繁；气候条件差；场地狭窄，现场混乱，施工条件如水、电、道路等受到影响等。

在上述基础上还应分析出各原因对偏差影响的权重。

2）合同差异责任分析。合同差异责任分析即针对上述偏差，分析其原因和责任，这常常是争议的焦点，尤其是合同事件重叠、责任交错时更是这样。一般只要原因分析有根据，则责任分析自然清楚。责任分析必须以合同为依据，按合同规定落实双方的责任。

3）合同实施趋向预测。分别考虑不采取调控措施和采取调控措施，以及采取不同的调控措施情况下合同的最终执行结果：

①最终的工程状况，包括总工期的延误与否、总成本的超支与否、质量标准实现与否、所能达到的生产能力或功能满足要求与否等；②承包人将承担什么样的后果，如被罚款、被清算，甚至被起诉，对承包人资信、企业形象、经营战略的影响等；③最终工程经济效益（利润）水平。

（5）合同实施情况偏差处理。根据合同实施情况偏差分析的结果，承包人应采取相应的调整措施。调整措施可分为：组织措施、技术措施、经济措施和合同措施。组织措施有增加人员投入，重新进行计划或调整计划，派遣得力的管理人员；技术措施有变更技术方案，采用新的更高效率的施工方案；经济措施有增加投入、对工作人员进行经济激励等；合同措施有进行合同变更，签订新的附加协议、备忘录，通过索赔解决费用超支问题等。

合同措施是承包人的首选措施，该措施主要由承包人的合同管理机构来实施。

承包人采取合同措施时通常应考虑以下问题：①如何保护和充分行使自己的合同权力，例如通过索赔以降低自己的损失。②如何利用合同使对方的要求降到最低，即如何充分限制对方的合同权力，找出业主的责任。

如果通过合同诊断，承包人已经发现业主有恶意、不支付工程款或自己已经陷入到合同陷阱中，或已经发现合同亏损，而且估计亏损会越来越大，则要及早确定合同执行战略。如及早解除合同，降低损失；争取道义索赔，取得部分补偿；采用以守为攻的办法拖延工程进度，消极怠工。因为在这种情况下，承包人投入的资金越多，工程完成得越多，承包人就越被动，损失会越大。等到工程完成交付使用，承包人的主动权就没有了。

9.3.4 建设工程施工合同变更管理

1. 合同变更的概念

合同变更是指合同工程实施过程中由发包人提出或由承包人提出经发包人批准的合同工程任何一项工作的增、减、取消或施工工艺、顺序、时间的改变；设计图纸的修改；施工条件的改变；招标工程量清单的错漏从而引起合同条件的改变或工程量的增减变化。

2. 合同变更的起因

合同内容频繁变更是工程合同的特点之一。一项工程合同变更的次数、范围和影响的大小与该工程招标文件（特别是合同条件）的完备性、技术设计的正确性以及实施方案和实施计划的科学性直接相关。合同变更一般主要有以下几方面的原因：

(1) 业主新的变更指令、对建筑的新要求，如业主有新的意图，业主修改项目总计划、削减预算等。

(2) 由于设计人员、监理人、承包人事先没能很好地理解业主的意图，或设计的错误，导致图纸修改。

(3) 工程环境的变化，预定的工程条件不准确，要求实施方案或实施计划变更。

(4) 由于产生新的技术和知识，有必要改变原设计、实施方案或实施计划，或由于业主指令及业主责任的原因造成承包人施工方案的改变。

(5) 政府部门对工程新的要求，如国家计划变化、环境保护要求、城市规划变动等。

(6) 由于合同实施出现问题，必须调整合同目标或修改合同条款。

3. 合同变更的范围

合同履行过程中发生以下情形的，应按照本条约定进行变更：

(1) 增加或减少合同中任何工作，或追加额外的工作；

(2) 取消合同中任何工作，但转由他人实施的工作除外；

(3) 改变合同中任何工作的质量标准或其他特性；

(4) 改变工程的基线、标高、位置和尺寸；

(5) 改变工程的时间安排或实施顺序。

需要指出的是：发包人可以取消任何工作，但不得转由他人实施。这属于违约行为，且涉嫌肢解分包。

4. 合同变更程序

发包人和监理人均可以提出变更，其变更程序如下：

(1) 发包人提出变更。发包人提出变更的，应通过监理人向承包人发出变更指示，变更指示应说明计划变更的工程范围和变更的内容。

(2) 监理人提出变更建议。监理人提出变更建议的，需要向发包人以书面形式提出变更计划，说明计划变更工程范围和变更的内容、理由，以及实施该变更对合同价格和工期的影响。发包人同意变更的，由监理人向承包人发出变更指示。发包人不同意变更的，监理人无权擅自发出变更指示。

(3) 变更执行。承包人收到监理人下达的变更指示后，认为不能执行，应立即提出不能执行该变更指示的理由。承包人认为可以执行变更的，应当书面说明实施该变更指示对合同价格和工期的影响，且合同当事人应当按照变更估价条款约定确定变更估价。

需要说明的是：承包人对发包人提供的图纸、技术要求以及其他方面提出的合理化建议，均应以书面形式提交监理人。监理人应与发包人协商是否采纳建议，建议被采纳则构成变更，按变更程序处理。如果提出的合理化建议降低了合同价格，缩短了工期或者提高了工程经济效益的，发包人按国家有关规定和专用合同条款约定给予奖励。

5. 变更权

发包人和监理人均可以提出变更。变更指示均通过监理人发出，监理人发出变更指示前应征得发包人同意。承包人收到经发包人签认的变更指示后，方可实施变更。未经许可，承包人不得擅自对工程的任何部分进行变更。

涉及设计变更的，应由设计人提供变更后的图纸和说明。如变更超过原设计标准或批准的建设规模时，发包人应及时办理规划、设计变更等审批手续。

6. 工程变更价格调整

工程变更价格调整的内容已在9.1.6“6”变更估价中做了详细阐述，这里不再赘述。

7. 变更的管理

(1) 注意对变更条款的合同分析。对变更条款的合同分析应特别注意以下三点：

1) 变更不能超过合同规定的工程范围，如果超过这个范围，承包人有权不执行变更或坚持先商定价格后再进行变更。

2) 业主和监理人的认可权必须限制。业主常常通过监理人对材料、设计、施工工艺等的认可权而提高其相应的质量标准。如果合同条文规定比较含糊或设计不详细，则容易产生争执。但是，如果这种认可权超过合同明确规定的范围和标准，承包人应争取业主或监理人的书面确认，进而提出工期和费用索赔。

3) 与业主、与总（分）包之间的任何书面信件、报告、指令等都应经合同管理人员进行技术和法律方面的审查，这样才能保证任何变更都在控制中。

(2) 促成监理人提前作出变更。在实际工作中，变更决策时间过长和变更程序太慢会造成很大的损失。通常有两种现象：一是施工停止，承包人等待变更指令或变更会谈决议；二是变更指令不能迅速作出，而现场继续施工，造成更大的返工损失。因此，这就要求变更程序应尽量快捷，同时承包人也应尽早发现可能导致工程变更的种种迹象，促使监理人提前作出变更。如果施工中发现图纸错误或其他问题，需进行变更时，承包人应首先通知监理人，经监理人同意或通过变更程序再进行变更。否则，承包人可能不仅得不到应有的补偿，而且还会带来麻烦。

(3) 对监理人发出的变更应进行识别。在工程实践中，特别在国际工程中，变更不能免去承包人的合同责任。对已收到的变更指令，尤其对重大的变更指令或在图纸上作出的修改意见，应予以核实。对超出监理人权限范围的变更，监理人须出具业主的书面批准文件。对涉及双方责权利关系的重大变更，必须有业主的书面指令、认可或双方签署的变更协议。

(4) 迅速、全面落实变更指令。变更指令作出后，承包人应迅速、全面、系统地落实变更指令。具体包括：

1) 应全面修改相关的各种文件，如有关图纸、规范、施工计划、采购计划等，使它们能反映最新的变更。

2) 应在相关的工程小组和分包人的工作中落实变更指令，并提出相应的措施，对新出现的问题作解释和提出对策，同时也要协调好各方面工作。

3) 合同变更指令应立即在工程实施中贯彻并体现出来。由于合同变更与合同签订不一样，没有一个合理的计划期，变更时间紧，难以详细地计划和分析，使责任落实不全面，容易造成计划、安排、协调方面的漏洞，引起混乱，导致损失。而这个损失往往被认为是承包人管理失误造成的，难以得到补偿。因此，承包人应特别注意工程变更的实施。

(5) 分析工程变更的影响。变更是索赔机会，应在合同规定的索赔有效期内完成对它的索赔处理。在变更过程中就应记录、收集、整理所涉及的各种文件，如图纸、各种计划、技术说明、规范和业主或监理人的变更指令，以作为进一步分析的依据和索赔的证据。

在实际工作中，承包人最好在合同变更前事先能就工程价款及工程的谈判达成一致后再进行变更。在变更执行前应就补偿范围、补偿方法、索赔值的计算方法、补偿款的支付时间等加以明确。但在现实中，工程变更的实施、价格谈判和业主批准三者之间存在时间上的矛盾，往往是监理人先发出变更指令要求承包人执行，但价格谈判及工期谈判迟迟达不成协议，或业主对承包人的补偿要求不予批准，此时承包人应采取应对措施来保护自身的利益。

1）控制（即拖延）施工进度，等待变更谈判结果，这样不仅损失较小，而且谈判回旋余地较大。

2）争取以点工或按承包人的实际费用支出计算费用补偿，如采取成本加酬金方法，从而避免价格谈判中的争执。

3）应有完整的变更实施记录和照片，并及时请业主、监理人签字，为索赔做准备。在工程变更中，应特别注意因变更造成返工、停工、窝工、修改计划等方面引起的损失的证据收集，以便为今后索赔奠定基础。

9.3.5 建设工程施工合同履约管理需注意的时间节点

根据住房和城乡建设部和国家工商行政管理总局颁布的《建设工程施工合同（示范文本）》（GF—2013—0201）的有关条款的规定，将建设工程施工合同履约管理中的时间节点进行归纳，见表9-5。

表9-5 建设工程施工合同示范文本（GF—2013—0201）涉及的时间点

序号		条目	标题	内　容	时间	条　　件
1	合同协议	二	合同工期	工期日历天数		工期日历天数
2	通用条款	1.1.4.6	日期和期限	基准日	28天	招标发包的工程以投标截止日前28天的日期为基准日期，直接发包的工程以合同签订日前28天的日期为基准日期
3	通用条款	1.6.1	图纸的提供和交底	向承包人提供图纸	14天	发包人最迟不得晚于“开工通知”条款中载明的开工日期前14天向承包人提供图纸
4	通用条款	1.6.4	承包人文件	监理人审查承包人文件	7天	监理人应在收到承包人文件后7天内审查
5	通用条款	1.7.2	联络	指定的接收人或送达地点发生变动的	3天	应提前3天以书面形式通知对方
6	通用条款	2.2	发包人代表	发包人更换发包人代表的	7天	应提前7天书面通知承包人
7	通用条款	2.4.1	提供施工现场	向承包人移交施工现场	7天	发包人应最迟于开工日期7天前
8	通用条款	2.5	资金来源证明及支付担保	向承包人提供能够按照合同约定支付合同价款的相应资金来源证明	28天	除专用合同条款另有约定外，发包人应在收到承包人要求提供资金来源证明的书面通知后28天内，向承包人提供能够按照合同约定支付合同价款的相应资金来源证明

续表

序号		条目	标题	内　容	时间	条　件
9	通用条款	3.2.2	项目经理	向发包人代表和总监理工程师提交书面报告	48小时	在紧急情况下为确保施工安全和人员安全，在无法与发包人代表和总监理工程师及时取得联系时，项目经理有权采取必要的措施保证与工程有关的人身、财产和工程的安全，但应在48小时内
10	通用条款	3.2.3	项目经理	承包人需要更换项目经理的，应书面通知发包人和监理人	14天	承包人需要更换项目经理的，应提前14天书面通知发包人和监理人，并征得发包人书面同意
11	通用条款	3.2.4	项目经理	承包人应在接到发包人更换项目经理通知后，向发包人提出书面的改进报告	14天	发包人有权书面通知承包人更换其认为不称职的项目经理，通知中应当载明要求更换的理由。承包人应在接到更换通知后14天内向发包人提出书面的改进报告
12	通用条款	3.2.4	项目经理	发包人收到改进报告后仍要求更换的，承包人应更换	28天	承包人应在接到第二次更换通知的28天内进行更换
13	通用条款	3.2.5	项目经理	项目经理因特殊情况授权其下属人员履行其某项工作职责的，书面通知监理人	7天	并应提前7天将上述人员的姓名和授权范围书面通知监理人，并征得发包人书面同意
14	通用条款	3.3.1	承包人人员	向监理人提交承包人项目管理机构及施工现场人员安排的报告	7天	除专用合同条款另有约定外，承包人应在接到开工通知后7天内向监理人提交承包人项目管理机构及施工现场人员安排的报告
15	通用条款	3.3.2	承包人人员	承包人更换主要施工管理人员时	7天	应提前7天书面通知监理人，并征得发包人书面同意
16	通用条款	3.3.4	承包人人员	承包人的主要施工管理人员离开施工现场每月累计不超过	5天	承包人的主要施工管理人员离开施工现场每月累计不超过5天的，应报监理人同意；离开施工现场每月累计超过5天的，应通知监理人，并征得发包人书面同意
17	通用条款	3.5.2	分包的确定	承包人应在分包合同签订后	7天	除合同另有约定外，承包人应在分包合同签订后7天内向发包人和监理人提交分包合同副本
18	通用条款	4.2	监理人员	更换总监理工程师的，监理人应提前	7天	更换总监理工程师的，监理人应提前7天书面通知承包人
19	通用条款	4.2	监理人员	书面通知承包人	48小时	更换其他监理人员，监理人应提前48小时书面通知承包人

续表

序号		条目	标题	内 容	时间	条 件
20	通用条款	4.3	监理人的指示	补发书面监理指示	24小时	紧急情况下，为了保证施工人员的安全或避免工程受损，监理人员可以口头形式发出指示，该指示与书面形式的指示具有同等法律效力，但必须在发出口头指示后24小时内补发书面监理指示
21	通用条款	4.3	监理人的指示	对该指示予以确认、更改或撤销	48小时	承包人对监理人发出的指示有疑问的，应向监理人提出书面异议，监理人应在48小时内作出答复
22	通用条款	5.3.2	检查程序	书面通知监理人检查	48小时	除专用合同条款另有约定外，工程隐蔽部位经承包人自检确认具备覆盖条件的，承包人应在共同检查前48小时书面通知监理人
23	通用条款	5.3.2	检查程序	向承包人提交书面延期要求	24小时	除专用合同条款另有约定外，监理人不能按时进行检查的，应在检查前24小时向承包人提交书面延期要求
24	通用条款	5.3.2	检查程序	向承包人提交书面延期要求	48小时	延期不能超过48小时
25	通用条款	6.1.3	特别安全生产事项	实施爆破作业，在放射、毒害性环境中施工(含储存、运输、使用)及使用毒害性、腐蚀性物品施工时，承包人应在施工前	7天	承包人应在施工前7天以书面通知发包人和监理人，并报送相应的安全防护措施，经发包人认可后实施
26	通用条款	6.1.4	治安保卫	编制施工场地治安管理计划，并制定应对突发治安事件的紧急预案	7天	除专用合同条款另有约定外，发包人和承包人应在工程开工后7天内共同编制与制定
27	通用条款	6.1.6	安全文明施工费	预付安全文明施工费总额的50%	28天	除专用合同条款另有约定外，发包人应在开工后28天内预付
28	通用条款	7.1.2	施工组织设计的提交和修改	向监理人提交详细的施工组织设计，并由监理人报送发包人	14天	承包人应在合同签订后14天内，但最迟不得晚于“开工通知”条款中载明的开工日期前7天
29	通用条款	7.1.2	施工组织设计的提交和修改	向监理人提交详细的施工组织设计，并由监理人报送发包人	7天	承包人应在合同签订后14天内，但最迟不得晚于“开工通知”条款中载明的开工日期前7天
30	通用条款	7.1.2	施工组织设计的提交和修改	确认或提出修改意见	7天	除专用合同条款另有约定外，发包人和监理人应在监理人收到施工组织设计后7天内确认或提出修改意见
31	通用条款	7.2.2	施工进度计划的修订	完成审核和批准或提出修改意见	7天	除专用合同条款另有约定外，发包人和监理人应在收到修订的施工进度计划后7天内完成审核和批准或提出修改意见

续表

序号		条目	标题	内　容	时间	条　　件
32	通用条款	7.3.2	开工通知	向承包人发出开工通知	7天	经发包人同意后，监理人发出的开工通知应符合法律规定。监理人应在计划开工日期7天前发出
33	通用条款	7.3.2	开工通知	未能开工通知的	90天	除专用合同条款另有约定外，因发包人原因造成监理人未能在计划开工日期之日起90天内发出开工通知的，承包人有权提出价格调整要求，或者解除合同。发包人应当承担由此增加的费用和（或）延误的工期，并向承包人支付合理利润
34	通用条款	7.4.1	测量放线	通过监理人向承包人提供测量基准点、基准线和水准点及其书面资料	7天	除专用合同条款另有约定外，发包人应在最迟不得晚于“开工通知”条款中载明的开工日期前7天通过监理人向承包人提供测量基准点、基准线和水准点及其书面资料
35	通用条款	7.5.1	因发包人原因导致工期延误	发包人原因导致工期延误	7天	发包人未能在计划开工日期之日起7天内同意下达开工通知的
36	通用条款	7.8.2	承包人原因引起的暂停施工	仍未复工的	84天	因承包人原因引起的暂停施工，承包人应承担由此增加的费用和（或）延误的工期，且承包人在收到监理人复工指示后84天内仍未复工的，视为“承包人违约的情形”第（7）目约定的承包人无法继续履行合同的情形
37	通用条款	7.8.4	紧急情况下的暂停施工	发出指示	24小时	因紧急情况需暂停施工，且监理人未及时下达暂停施工指示的，承包人可先暂停施工，并及时通知监理人。监理人应在接到通知后24小时内发出通知
38	通用条款	7.8.6	暂停施工持续56天以上	暂停施工持续	56天	监理人发出暂停施工指示后56天内未向承包人发出复工通知，除该项停工属于“承包人原因引起的暂停施工”及“不可抗力”约定的情形外，承包人可向发包人提交书面通知
39	通用条款	7.8.6	暂停施工持续56天以上	暂停施工持续	28天	要求发包人在收到书面通知后28天内准许已暂停施工的部分或全部工程继续施工。发包人逾期不予批准的，则承包人可以通知发包人，将工程受影响的部分视为按“变更的范围”条款第（2）项的可取消工作
40	通用条款	7.9.1	提前竣工	承包人认为提前竣工指示无法执行的，应向监理人和发包人提出书面异议	7天	发包人和监理人应在收到异议后7天内予以答复

续表

序号		条目	标题	内 容	时间	条 件
41	通用条款	8.1	发包人供应材料与工程设备	通过监理人以书面形式通知发包人供应材料与工程设备进场	30天	承包人应提前30天通过监理人以书面形式通知发包人
42	通用条款	8.3.1	材料与工程设备的接收与拒收	以书面形式通知承包人、监理人材料和工程设备到货时间	24小时	发包人应按《发包人供应材料设备一览表》约定的内容提供材料和工程设备，并向承包人提供产品合格证明及出厂证明，对其质量负责。发包人应提前24小时以书面形式通知承包人、监理人
43	通用条款	8.3.2	材料与工程设备的接收与拒收	通知监理人检验	24小时	承包人采购的材料和工程设备，应保证产品质量合格，承包人应在材料和工程设备到货前24小时通知监理人
44	通用条款	8.6.1	样品的报送与封存	向监理人报送样品	28天	承包人应在计划采购前28天向监理人报送
45	通用条款	8.6.1	样品的报送与封存	向承包人回复经发包人签认的样品审批意见	7天	监理人应在收到承包人报送的样品后7天向承包人回复
46	通用条款	8.7.2	材料与工程设备的替代	书面通知监理人	28天	承包人应在使用替代材料和工程设备28天前书面通知监理人
47	通用条款	8.7.2	材料与工程设备的替代	向承包人发出经发包人签认的书面指示	14天	监理人应在收到通知后14天内向承包人发出指示
48	通用条款	10.4.2	变更估价程序	向监理人提交变更估价申请	14天	承包人应在收到变更指示后14天内向监理人提交申请
49	通用条款	10.4.2	变更估价程序	审查完毕并报送发包人	7天	监理人应在收到承包人提交的变更估价申请后7天内审查完毕并报送发包人
50	通用条款	10.4.2	变更估价程序	审批完毕	14天	发包人应在承包人提交变更估价申请后14天内审批完毕
51	通用条款	10.5	承包人的合理化建议	审查完毕并报送发包人	7天	除专用合同条款另有约定外，监理人应在收到承包人提交的合理化建议后7天内审查完毕并报送发包人
52	通用条款	10.7.1	依法必须招标的暂估价项目	将招标方案通过监理人报送发包人审查	14天	对于依法必须招标的暂估价项目，由承包人招标。承包人应当根据施工进度计划，在招标工作启动前14天将方案通过监理人报送发包人
53	通用条款	10.7.1	依法必须招标的暂估价项目	批准或提出修改意见	7天	发包人应当在收到承包人报送的招标方案后7天内批准或提出修改意见
54	通用条款	10.7.1	依法必须招标的暂估价项目	将招标文件通过监理人报送发包人审批	14天	承包人应当根据施工进度计划，提前14天将招标文件通过监理人报送发包人审批

续表

序号		条目	标题	内　容	时间	条　　件
55	通用条款	10.7.1	依法必须招标的暂估价项目	完成审批或提出修改意见	7天	发包人应当在收到承包人报送的相关文件后7天内完成审批或提出修改意见
56	通用条款	10.7.1	依法必须招标的暂估价项目	将确定的中标候选供应商或中标候选分包人的资料报送发包人	7天	承包人与供应商、分包人在签订暂估价合同前，应当提前7天将供应商或分包人的资料报送发包人
57	通用条款	10.7.1	依法必须招标的暂估价项目	与承包人共同确定中标人	3天	发包人应在收到资料后3天内与承包人共同确定
58	通用条款	10.7.1	依法必须招标的暂估价项目	通知发包人	14天	对于依法必须招标的暂估价项目，由发包人和承包人共同招标确定暂估价供应商或分包人的，承包人应按照施工进度计划，在招标工作启动前14天通知发包人
59	通用条款	10.7.1	依法必须招标的暂估价项目	确认	7天	发包人应在收到后7天内确认
60	通用条款	10.7.2	不属于依法必须招标的暂估价项目	向监理人提出书面申请	28天	对于不属于依法必须招标的暂估价项目，按本项约定确认和批准：承包人应根据施工进度计划，在签订暂估价项目的采购合同、分包合同前28天向监理人提出书面申请
61	通用条款	10.7.2	不属于依法必须招标的暂估价项目	报送发包人	3天	监理人应当在收到申请后3天内报送发包人
62	通用条款	10.7.2	不属于依法必须招标的暂估价项目	给予批准或提出修改意见	14天	发包人应当在收到申请后14天内给予批准或提出修改意见
63	通用条款	10.7.2	不属于依法必须招标的暂估价项目	将暂估价合同副本报送发包人留存	7天	承包人应当在签订暂估价合同后7天内将合同副本报送发包人
64	通用条款	10.9	计日工	提交以下报表和有关凭证报送监理人审查	每天	采用计日工计价的任何一项工作，承包人应在该项工作实施过程中，每天向监理人报送相关报表和有关凭证进行审核
65	通用条款	11.1	市场价格波动引起的调整	各可调因子的价格指数	42天	各可调因子的现行价格指数，指约定的付款证书相关周期最后一天的前42天的价格指数
66	通用条款	11.1	市场价格波动引起的调整	不予答复的视为认可	5天	发包人在收到承包人报送的采购数量和新的材料单价确认资料后5天内不予答复的视为认可
67	通用条款	12.2.1	预付款的支付	支付	7天	预付款的支付按照专用合同条款约定执行，但至迟应在开工通知载明的开工日期7天前支付

续表

序号		条目	标题	内　容	时间	条　　件
68	通用条款	12.2.1	预付款的支付	承包人有权向发包人发出要求预付的催告通知	7天	发包人逾期支付预付款超过7天的，承包人有权向发包人发出催告通知
69	通用条款	12.2.1	预付款的支付	仍未支付的	7天	发包人收到通知后7天内承包人有权暂停施工，并按〔发包人违约的情形〕约定执行
70	通用条款	12.2.2	预付款担保	提供预付款担保	7天	发包人要求承包人提供预付款担保的，承包人应在发包人支付预付款7天前提供，专用合同条款另有约定除外
71	通用条款	12.3.3	单价合同的计量	完成对承包人提交的工程量报表的审核并报送发包人	7天	监理人应在收到承包人提交的工程量报告后7天内完成审核并报送发包人
72	通用条款	12.3.3	单价合同的计量	完成审核	7天	监理人未在收到承包人提交的工程量报表后的7天内完成审核的，承包人报送的工程量报告中的工程量视为承包人实际完成的工程量，据此计算工程价款
73	通用条款	12.3.4	总价合同的计量	完成对承包人提交的工程量报表的审核并报送发包人	7天	监理人应在收到承包人提交的工程量报告后7天内完成审核并报送发包人
74	通用条款	12.3.4	总价合同的计量	完成复核	7天	监理人未在收到承包人提交的工程量报表后的7天内完成审核的，承包人提交的工程量报告中的工程量视为承包人实际完成的工程量
75	通用条款	13.1.2	分部分项工程验收	通知监理人进行验收	48小时	除专用合同条款另有约定外，分部分项工程经承包人自检合格并具备验收条件的，承包人应提前48小时通知监理人
76	通用条款	13.1.2	分部分项工程验收	向承包人提交书面延期要求	24小时	监理人不能按时进行验收的，应在验收前24小时向承包人提交书面延期要求
77	通用条款	13.1.2	分部分项工程验收	向承包人提交书面延期要求	48小时	延期不能超过48小时
78	通用条款	13.2.2	竣工验收程序	完成审查并报送发包人	14天	除专用合同条款另有约定外，承包人申请竣工验收的，应当按照以下程序进行：承包人向监理人报送竣工验收申请报告，监理人应在收到竣工验收申请报告后14天内完成审查并报送发包人
79	通用条款	13.2.2	竣工验收程序	审批完毕并组织监理人、承包人、设计人等相关单位完成竣工验收	28天	监理人审查后认为已具备竣工验收条件的，应将竣工验收申请报告提交发包人，发包人应在收到经监理人审核的竣工验收申请报告后28天内审批完毕并组织相关单位完成竣工验收

续表

序号		条目	标题	内 容	时间	条 件
80	通用条款	13.2.2	竣工验收程序	向承包人签发工程接收证书	14天	竣工验收合格的，发包人应在验收合格后14天内向承包人签发工程接收证书
81	通用条款	13.2.2	竣工验收程序	视为已颁发工程接收证书	15天	发包人无正当理由逾期不颁发工程接收证书的，自验收合格后第15天起视为已颁发
82	通用条款	13.2.2	竣工验收程序	向承包人颁发工程接收证书	7天	工程未经验收或验收不合格，发包人擅自使用的，应在转移占有工程后7天内向承包人颁发工程接收证书
83	通用条款	13.2.2	竣工验收程序	起视为已颁发工程接收证书	15天	发包人无正当理由逾期不颁发工程接收证书的，自转移占有后第15天起起视为已颁发
84	通用条款	13.2.2	竣工验收程序	应以签约合同价为基数，按照中国人民银行发布的同期同类贷款基准利率支付违约金	1天	除专用合同条款另有约定外，发包人不按照本项约定组织竣工验收、颁发工程接收证书的，每逾期一天按银行发布的同期贷款基准利率支付违约金
85	通用条款	13.2.3	竣工日期	完成竣工验收，或完成竣工验收不予签发工程接收证书的，以提交竣工验收申请报告的日期为实际竣工日期；工程未经竣工验收，发包人擅自使用的，以转移占有工程之日为实际竣工日期	42天	因发包人原因，未在监理人收到承包人提交的竣工验收申请报告42天内完成竣工验收
86	通用条款	13.2.5	移交、接收全部与部分工程	完成工程的移交	7天	除专用合同条款另有约定外，合同当事人应当在颁发工程接收证书后7天内完成工程的移交
87	通用条款	13.3.1	试车程序	书面通知监理人	48小时	具备单机无负荷试车条件，承包人组织试车，并在试车前48小时书面通知监理人
88	通用条款	13.3.1	试车程序	视为监理人已经认可试车记录	24小时	监理人在试车合格后不在试车记录上签字，自试车结束满24小时后视为已经认可
89	通用条款	13.3.1	试车程序	以书面形式向承包人提出延期要求	24小时	监理人不能按时参加试车，应在试车前24小时以书面形式向承包人提出延期要求
90	通用条款	13.3.1	试车程序	以书面形式向承包人提出延期要求	48小时	延期不能超过48小时
91	通用条款	13.3.1	试车程序	以书面形式通知承包人	48小时	具备无负荷联动试车条件，发包人组织试车，并在试车前48小时以书面形式通知承包人
92	通用条款	14.1	竣工结算申请	向发包人和监理人提交竣工结算申请单	28天	除专用合同条款另有约定外，承包人应在工程竣工验收合格后28天内提交竣工结算申请单

续表

序号		条目	标题	内容	时间	条件
93	通用条款	14.2	竣工结算审核	完成核查并报送发包人	14天	除专用合同条款另有约定外，监理人应在收到竣工结算申请单后14天内
94	通用条款	14.2	竣工结算审核	完成审批	14天	发包人应在收到监理人提交的经审核的竣工结算申请单后14天内完成审批
95	通用条款	14.2	竣工结算审核	未完成审批且未提出异议的，视为发包人认可承包人提交的竣工结算申请单	28天	发包人在收到承包人提交竣工结算申请书后28天内未完成审批且未提出异议的，视为认可承包人提交的竣工结算申请单
96	通用条款	14.2	竣工结算审核	视为已签发竣工付款证书	29天	并自发包人收到承包人提交的竣工结算申请单后第29天起视为已签发
97	通用条款	14.2	竣工结算审核	完成对承包人的竣工付款	14天	除专用合同条款另有约定外，发包人应在签发竣工付款证书后的14天内完成竣工付款
98	通用条款	14.2	竣工结算审核	按照中国人民银行发布的同期同类贷款基准利率的两倍支付违约金	56天	除专用合同条款另有约定外，逾期支付超过56天的
99	通用条款	14.2	竣工结算审核	提出异议	7天	承包人对发包人签认的竣工付款证书有异议的，对于有异议部分应在收到发包人签认的竣工付款证书后7天内提出
100	通用条款	14.4.1	最终结清申请单	按专用合同条款约定的份数向发包人提交最终结清申请单，并提供相关证明材料	7天	除专用合同条款另有约定外，承包人应在缺陷责任期终止证书颁发后7天内提交
101	通用条款	14.4.2	最终结清证书和支付	完成审批并向承包人颁发最终结清证书	14天	除专用合同条款另有约定外，发包人应在收到承包人提交的最终结清申请单后14天内完成审批并向承包人颁发最终结清证书
102	通用条款	14.4.2	最终结清证书和支付	视为已颁发最终结清证书	15天	发包人逾期未完成审批，又未提出修改意见的，视为发包人同意承包人提交的最终结清申请单，且自发包人收到承包人提交的最终结清申请单后15天起视为已颁发最终结清证书
103	通用条款	14.4.2	最终结清证书和支付	完成支付	7天	除专用合同条款另有约定外，发包人应在颁发最终结清证书后7天内完成支付
104	通用条款	14.4.2	最终结清证书和支付	按照中国人民银行发布的同期同类贷款基准利率的两倍支付违约金	56天	发包人逾期支付的，按照中国人民银行发布的同期同类贷款基准利率支付违约金；逾期支付超过56天的，按银行发布的同期贷款基准利率的两倍支付违约金

续表

序号		条目	标题	内　容	时间	条　件
105	通用条款	15.2.4	缺陷责任期	向发包人发出缺陷责任期届满通知	7天	除专用合同条款另有约定外，承包人应于缺陷责任期届满后7天内向发包人发出缺陷责任期届满通知
106	通用条款	15.2.4	缺陷责任期	核实承包人是否履行缺陷修复义务，承包人未能履行缺陷修复义务的，发包人有权扣除相应金额的维修费用	14天	发包人应在收到缺陷责任期满通知后14天内核实
107	通用条款	15.2.4	缺陷责任期	向承包人颁发缺陷责任期终止证书	14天	发包人应在收到缺陷责任期届满通知后14天内向承包人颁发缺陷责任期终止证书
108	通用条款	15.3.2	质量保证金的扣留	提交质量保证金保函	28天	发包人累计扣留的质量保证金不得超过结算合同价格的5%，如承包人在发包人签发竣工付款证书后28天内提交质量保证金保函，发包人同时退还质量保证金
109	通用条款	15.4.3	修复通知	书面确认	48小时	在保修期内，发包人在使用过程中，发现已接收的工程存在缺陷或损坏的，应书面通知承包人予以修复，但情况紧急必须立即修复缺陷或损坏的，发包人可以口头通知承包人并在口头通知后48小时内书面确认
110	通用条款	15.4.5	承包人出入权	通知发包人进场修复的时间	24小时	在保修期内，为了修复缺陷或损坏，承包人有权出入工程现场，除情况紧急必须立即修复缺陷或损坏外，承包人应提前24小时通知发包人
111	通用条款	16.1.1	发包人违约的情形	未下达开工通知的	7天	因发包人原因未能在计划开工日期前7天内下达开工通知的
112	通用条款	16.1.1	发包人违约的情形	仍不纠正违约行为的，承包人有权暂停相应部位工程施工，并通知监理人	28天	发包人发生除本项第(7)目以外的违约情况时，承包人可向发包人发出通知，要求发包人采取有效措施纠正违约行为。发包人收到承包人通知后28天内仍不纠正违约行为的，承包人有权暂停相应部位工程施工，并通知监理人
113	通用条款	16.1.3	因发包人违约解除合同	发包人仍不纠正其违约行为并致使合同目的不能实现的，或出现第16.1.1项〔发包人违约的情形〕第(7)目约定的违约情况，承包人有权解除合同，发包人应承担由此增加的费用，并支付承包人合理的利润	28天	除专用合同条款另有约定外，承包人按〔发包人违约的情形〕约定暂停施工满28天后承包人有权解除合同，发包人承担由此增加的费用与合理利润

续表

序号	通用条款	条目	标题	内容	时间	条件
114	通用条款	16.1.4	因发包人违约解除合同后的付款	支付下列款项，并解除履约担保	28天	承包人按照本款约定解除合同的，发包人应在解除合同后28天内支付解除合同后的直接损失以及合理利润
115	通用条款	16.2.4	因承包人违约解除合同后的处理	完成估价、付款和清算，并按以下约定执行	28天	因承包人原因导致合同解除的，则合同当事人应在合同解除后28天内完成估价、付款和清算
116	通用条款	16.2.5	采购合同权益转让	协助发包人与采购合同的供应商达成相关的转让协议	14天	因承包人违约解除合同的，发包人有权要求承包人将其为实施合同而签订的材料和设备的采购合同的权益转让给发包人，承包人应在收到解除合同通知后14天内协助发包人与采购合同的供应商达成相关的转让协议
117	通用条款	17.2	不可抗力的通知	提交最终报告及有关资料	28天	不可抗力持续发生的，合同一方当事人应及时向合同另一方当事人和监理人提交中间报告，说明不可抗力和履行合同受阻的情况，并于不可抗力事件结束后28天内提交最终报告及有关资料
118	通用条款	17.4	因不可抗力解除合同	发包人和承包人均有权解除合同	84天	因不可抗力导致合同无法履行连续超过84天发、承包人均有权解除合同
119	通用条款	17.4	因不可抗力解除合同	发包人和承包人均有权解除合同	140天	因不可抗力导致合同无法履行连续超过84天或累计超过140天的发、承包人均有权解除合同
120	通用条款	17.4	因不可抗力解除合同	完成上述款项的支付	28天	除专用合同条款另有约定外，合同解除后，发包人应在商定或确定上述款项后28天内完成上述款项的支付
121	通用条款	19.1	承包人的索赔	向监理人递交索赔意向通知书，并说明发生索赔事件的事由	28天	承包人应在知道或应当知道索赔事件发生后28天内向监理人递交索赔意向通知书
122	通用条款	19.1	承包人的索赔	未发出索赔意向通知书的，丧失要求追加付款和（或）延长工期的权利	28天	承包人未在前述28天内发出发出索赔意向通知书的，丧失要求追加付款和（或）延长工期的权利
123	通用条款	19.1	承包人的索赔	向监理人正式递交索赔报告	28天	承包人应在发出索赔意向通知书后28天内向监理人正式递交索赔报告
124	通用条款	19.1	承包人的索赔	承包人应向监理人递交最终索赔报告	28天	在索赔事件影响结束后28天内承包人应向监理人递交最终索赔报告
125	通用条款	19.2	对承包人索赔的处理	完成审查并报送发包人	14天	监理人应在收到索赔报告后14天内完成审查

续表

序号		条目	标题	内 容	时间	条 件
126	通用条款	19.2	对承包人索赔的处理	由监理人向承包人出具经发包人签认的索赔处理结果	28天	发包人应在监理人收到索赔报告或有关索赔的进一步证明材料后的28天内。发包人逾期答复的，则视为认可承包人的索赔要求
127	通用条款	19.3	发包人的索赔	通过监理人向承包人提出索赔意向通知书	28天	发包人应在知道或应当知道索赔事件发生后28天内通过监理人向承包人提出索赔意向通知书
128	通用条款	19.3	发包人的索赔	未发出索赔意向通知书的	28天	发包人未在前述28天内发出索赔意向通知书的，丧失要求赔付金额和（或）延长缺陷责任期的权利
129	通用条款	19.3	发包人的索赔	通过监理人向承包人正式递交索赔报告	28天	发包人应在发出索赔意向通知书后28天内通过监理人向承包人正式递交索赔报告
130	通用条款	19.4	对发包人索赔的处理	将索赔处理结果答复发包人	28天	承包人应在收到索赔报告或有关索赔的进一步证明材料后28天内。如果承包人未在上述期限内作出答复的，则视为对发包人索赔要求的认可
131	通用条款	20.3.1	争议评审小组的确定	选定争议评审员	28天	合同当事人应当自合同签订后28天内选定
132	通用条款	20.3.1	争议评审小组的确定	选定争议评审员	14天	或者争议发生后14天内选定
133	通用条款	20.3.2	争议评审小组的决定	作出书面决定，并说明理由	14天	争议评审小组应秉持客观、公正原则，充分听取合同当事人的意见，依据相关法律、规范、标准、案例经验及商业惯例等，自收到争议评审申请报告后14天内作出书面决定
134	附件3工程保修书	四	质量保修责任	派人保修	7天	属于保修范围、内容的项目，承包人应当在接到保修通知之日起7天内派人保修
135	附件8履约担保	3	履约担保	无条件支付	7天	在本担保有效期内，因承包人违反合同约定的义务给你方造成经济损失时，我方在收到你方以书面形式提出的在担保金额内的赔偿要求后，在7天内无条件支付
136	附件9预付款担保	3	预付款担保	无条件支付	7天	在本保函有效期内，因承包人违反合同约定的义务而要求收回预付款时，我方在收到你方的书面通知后，在7天内无条件支付
137	附件10支付担保	四	代偿的安排	无条件支付	7天	我方收到你方的书面索赔通知及相应的证明材料后7天内无条件支付

项目4 建设工程施工索赔

9.4.1 工程索赔概述

在市场经济条件下，工程索赔在建筑工程市场中是一种正常的现象。工程索赔在国际建筑市场上是合同当事人保护自身正当权益、弥补工程损失、提高经济效益的重要和有效的手段。许多国际工程项目，承包人通过成功的索赔能使工程收入的增加达到工程造价的10%～20%，有些工程的索赔额甚至超过了合同额本身。“中标靠低标，盈利靠索赔”便是许多国际承包人的经验总结，也是国际建筑工程界的一个现实。索赔管理以其本身花费较小、经济效果明显而受到承包人的高度重视。因此，应当加强对索赔理论和方法的研究，认真对待和搞好工程索赔。

1. 索赔的基本概念

(1) 索赔的定义。

关于索赔的定义，在朗曼词典里的解释是：索赔作为合法的所有者，根据自己的权利提出的有关某一资格、财产、金钱等方面的要求。对于工程索赔来讲，通常是指在工程合同履行过程中，合同当事人一方因非己方的原因而遭受损失，按合同约定或法律法规规定应由对方承担责任，从而向对方提出补偿的要求。索赔是一种正当的权利要求，也是发包人、监理人和承包人之间的一种以法律和合同为依据的、合情合理的行为。

从索赔的基本定义可以看出，索赔具有如下特征：

1) 索赔是双向的，不仅承包人可以向发包人索赔，发包人同样也可以向承包人索赔。由于工程实践中发包人向承包人索赔发生的频率相对较低，而且在索赔处理中，发包人始终处于主动和有利的地位，他可以直接从应付工程款中抵扣或没收履约保函、扣留保留金甚至留置承包人的材料设备作为抵押等来实现自己的索赔要求，不存在“索”，因此在工程中，大量发生的、处理比较困难的是承包人向发包人的索赔，这也是索赔管理的主要对象和重点内容。承包人的索赔范围非常广泛，一般认为，只要因非承包人自身责任造成工程工期延长或成本增加，都有可能向发包人提出索赔。

2) 只有实际发生了经济损失或权利损害，一方才能向对方索赔。经济损失是指发生了合同以外的额外支出，如人工费、材料费、机械费、管理费等额外开支；权利损害是指虽然没有经济上的损失，但造成了一方权利上的损害，如由于恶劣气候条件对工程进度的不利影响、承包人有权要求工期延长等。因此，发生了实际的经济损失或权利损害，应是一方提出索赔的一个基本前提条件。

3) 索赔是一种未经对方确认的单方行为。它与通常所说的工程签证不同。在施工过程中签证是承发包双方就额外费用补偿或工期延长等达成一致的书面证明材料和补充协议，它可以直接作为工程款结算或最终增减工程造价的依据；而索赔则是单方面行为，对对方尚未形成约束力，这种索赔要求能否得到最终实现，必须要通过确认（如双方协商、谈判、调解或仲裁、诉讼）后才能实现。

归纳起来，索赔具有如下一些本质特征：①索赔是要求给予补偿（赔偿）的一种权利主张、要求；②索赔的依据是法律法规、合同文件及工程建设惯例，但主要是合同文件；③索赔的发生是因非自身原因导致的，要求索赔方没有过错；④与合同比较，已经发生了额外的经济损失或工期延迟；⑤索赔必须有切实有效的证据；⑥索赔是单方行为，双方还没有达成协议。

在工程实践中，许多人一听到"索赔"二字，就很容易联想到争议的仲裁、诉讼或双方激烈的对抗，因此往往会躲避索赔，担心因索赔而影响双方的合作或感情。实质上，索赔是一种正当的权利或要求，是合情、合理、合法的行为，它是在正确履行合同的基础上争取合理的偿付，不是无中生有、无理争利。索赔同守约、合作并不矛盾、对立。相反，索赔恰恰是在符合有关规定或者有关惯例的基础上而做出的合同行为。索赔的关键在于"索"，你不"索"，对方就没有任何义务主动地来"赔"。同样，"索"得乏力、无力，即索赔依据不充分、证据不足、方式方法不当，也是很难获得"赔"。国际工程承包的实践经验告诉我们，一个不敢、不会索赔的承包人最终必然是要亏损的。

(2) 索赔与违约责任的区别。

1) 索赔事件的发生，不一定在合同文件中有约定；而工程合同的违约责任，则必然是合同所约定的。

2) 索赔事件的发生，可以是一定行为造成（包括作为和不作为）的，也可以是不可抗力事件所引起的；而追究违约责任，必须要有合同不能履行或不能完全履行的违约事实的存在，发生不可抗力可以免除追究当事人的违约责任。

3) 索赔事件的发生，可以是合同当事人一方引起，也可以是任何第三人行为引起；而违反合同则是由于当事人一方或双方的过错造成的。

4) 一定要有造成损失的结果才能提出索赔，因此索赔具有补偿性；而合同违约不一定要造成损失结果，因为违约具有惩罚性。

5) 索赔的损失结果与被索赔人的行为不一定存在法律上的因果关系，如因业主（发包人）指定分包人原因造成承包人损失的，承包人可以向业主索赔等；而违反合同的行为与违约事实之间存在因果关系。

2. 工程索赔的起因

引起工程索赔的原因非常多和复杂，主要有以下方面：

(1) 工程项目的特殊性。现代工程规模大、技术性强、投资额大、工期长、材料设备价格变化快，使得工程项目在实施过程中存在许多不确定因素。而工程合同则必须在工程开工前签订，它不可能对工程项目所有的问题都能作出合理的预见和规定，而且发包人在工程实施过程中还会有许多新的决策，这一切使得工程合同变更更为频繁，然而合同变更必然会导致项目工期和成本的变化。

(2) 工程项目内外部环境的复杂性和多变性。工程项目的技术环境、经济环境、社会环境、法律环境的变化，诸如地质条件变化、材料价格上涨、货币贬值、国家政策、法规的变化等，会在工程实施过程中经常发生，使得工程的实际情况与计划实施过程不一致，这些因素同样会导致工程工期和费用的变化。

(3) 参与工程建设主体的多元性。由于工程参与单位多，一个工程项目往往会有发包人、总承包人、监理人、分包人、指定分包人、材料设备供应人等众多参加单位，各方面的技术、经济关系错综复杂，相互联系又相互影响，只要一方失误，不仅会造成自己的损失，而且会影响其他合作者，造成他人损失，从而导致索赔和争执。

(4) 工程合同的复杂性及易出错性。工程合同文件多而复杂，经常会出现措词不当、缺陷、图纸错误，以及合同文件前后自相矛盾或者意思解释上的差异等问题，容易造成合同双方对合同文件理解不一致，从而出现索赔。

(5) 投标的竞争性。现代建筑市场竞争激烈，承包人的利润水平逐步降低，在竞标时，大部分靠低标价甚至保本价中标，回旋余地较小。特别是在工程项目招标投标过程中，每个合同专用文件内的具体条款，一般是由发包人自己或委托监理人、咨询单位编写后列入招标文件，编制过程中承包人没有发言权，虽然承包人在投标书的致函内和与发包人进行谈判过程中，可以要求修改某些对自己风险较大的条款内容，但不能要求修改的条款数目过多，否则就构成对招标文件有实质上的背离被发包人拒绝，因而工程合同在实践中往往发包人与承包人风险分担不公，把主要风险转嫁于承包人一方，稍遇条件变化，承包人即处于亏损的边缘，这必然迫使承包人寻找一切可能的索赔机会来减轻自己承担的风险。因此索赔实质上是工程实施阶段承包人和发包人之间在承担工程风险比例上的合理再分配，这也是目前国内外建筑市场上，施工索赔在数量、款额上呈增长趋势的一个重要原因。

以上这些问题会随着工程的逐步开展而不断暴露出来，使工程项目必然受到影响，导致工程项目成本和工期的变化，这就是索赔形成的根源。因此，索赔的发生，不仅是一个索赔意识或合同观念的问题，从本质上讲，索赔也是一种客观存在。

3. 工程索赔管理的特点和原则

(1) 工程索赔管理的特点。要健康地开展工程索赔工作，必须全面认识索赔，完整理解索赔，端正索赔动机，这样才能正确对待索赔，规范索赔行为，合理地处理索赔事件。因此，发包人、监理人和承包人应对施工索赔工作的特点有个全面地认识和理解。

1) 索赔工作贯穿于工程项目始终。合同当事人要做好索赔工作，必须从签订合同起，直至履行合同的全过程中，要注意采取预防保护措施，建立健全索赔业务的各项管理制度。在工程项目的招标、投标和合同签订阶段，作为承包人应仔细研究工程所在国的法律、法规及合同条件，特别是关于合同范围、义务、付款、工程变更、违约及罚款、特殊风险、索赔时限和争议解决等条款，必须在合同中明确规定当事人各方的权利和义务，以便为将来可能的索赔提供合法的依据和基础。在合同执行阶段，合同当事人应密切注视对方的合同履行情况，不断地寻求索赔机会；同时，自身应严格履行合同义务，防止被对方索赔。

一些缺乏工程承包经验的承包人，由于对索赔工作的重要性认识不够，往往在工程开始时并不重视，等到发现不能获得应当得到的偿付时才匆忙研究合同中的索赔条款，汇集所需要的数据和论证材料，但已经陷入被动局面；有的经过旷日持久的争执、交涉乃至诉诸法律程序，仍难以索回应得的补偿或损失，影响了自身的经济效益。

2) 索赔是一门融工程技术和法律于一体的综合学问和艺术。索赔问题涉及的层面相当广泛，既要求索赔人员具备丰富的工程技术知识与实际施工经验，使得索赔问题的提出具有科学性和合理性，符合工程实际情况，又要求索赔人员通晓法律与合同知识，使得提出的索赔具有法律依据和事实证据，并且还要求在索赔报告的准备、编制和谈判等方面具有一定的艺术性，使索赔的最终解决表现出一定程度的伸缩性和灵活性。这就对索赔人员的素质提出了很高的要求，他们的个人品格和才能对索赔成功的影响很大。索赔人员应当是头脑冷静、思维敏捷、处事公正、性格刚毅且有耐心，并具有以上多种才能的综合人才。

3) 影响索赔成功的相关因素多。索赔能否获得成功，除了以上所述的特点外，还与企业的项目管理基础工作密切相关。如在合同管理方面，要收集、整理施工中发生事件的一切记录，包括图纸、订货单、会谈纪要、来往信件、变更指令、气象图表、工程图像等，并及时地予以科学归档和管理，形成一个能清晰描述和反映整个工程全过程的数据库，为索赔及时提供全面、正确、合法有效的各种证据。在进度管理方面，通过计划工期与实际进度的比较、研究和分析，找出影响工期的各种因素，分清各方责任，及时地向对方提出延长工期及相关费用的索赔，并为工期索赔值的计算提供依据和各种基础数据。在成本管理方面，主要通过编制成本计划，控制和审核成本支出，进行计划成本与实际成本的动态比较分析等，为费用索赔提供各种费用的计算数据。在信息管理方面，要运用计算机对工程项目施工过程中的各种有关信息进行适时的存储，为索赔报告的提出、准备和编制提供大量工程施工中的各种信息资料。

（2）索赔管理的原则。工程索赔应遵循以下原则：

1）客观性原则。合同当事人提出的任何索赔要求，首先必须是真实的。合同当事人必须认真、及时、全面地收集有关证据，实事求是地提出索赔要求。

2）合法性原则。当事人的任何索赔要求，都应当限定在法律和合同许可的范围内。没有法律上或合同上的依据不要盲目索赔，或者当事人所提出的索赔要求至少不为法律所禁止。

3）合理性原则。索赔要求应合情合理，一方面要采取科学合理的计算方法和计算基础，真实反映索赔事件所造成的实际损失；另一方面也要结合工程的实际情况，兼顾对方的利益，不要滥用索赔，多估冒算，漫天要价。

4. 工程索赔的作用

工程索赔的健康开展，对于培育和发展建筑市场，促进建筑业的发展，提高工程建设的效益，将发挥非常重要的作用。工程索赔的作用主要表现在以下几个方面：

（1）索赔是合同和法律赋予正确履行合同者免受意外损失的权利，索赔是当事人保护自己、避免损失、增加利润、提高效益的一种重要手段。

（2）索赔既是落实和调整合同双方经济责、权、利关系的手段，也是合同双方风险分担的又一次合理再分配。离开了索赔，合同责任就不能全面体现，合同双方的责、权、利关系就难以平衡。

（3）索赔是合同实施、履行的保证措施。索赔是合同法律效力的具体体现，对合同双方形成约束条件，特别是能对违约者起到警戒作用，违约方必须考虑违约后的后果，从而尽量减少其违约行为的发生。

（4）索赔对提高企业和工程项目管理水平起着重要的促进作用。我国承包人在许多项目上提不出或不能很好地提出索赔，与其企业管理松散、计划实施不严、成本控制不力等有着直接关系；没有正确的工程进度网络计划，就难以证明工期延误的发生及天数；没有完整翔实的记录，就缺乏索赔定量要求的基础。因此，索赔有利于促进双方加强内部管理，严格履行合同，有助于双方提高管理素质，加强合同管理，维护市场正常秩序。

（5）索赔有助于政府转变职能，使合同当事人双方依据合同和实际情况，实事求是地协商工程造价和工期，可以使政府从烦琐的调整概算和协调双方关系等微观管理工作中解脱出来。

（6）索赔有助于承发包双方更快地熟悉国际惯例，熟练掌握索赔和处理索赔的方法与技巧，有助于对外开放和对外工程承包的开展。

在工程实践中，往往一些承包人采取有意压低标价的方法以获取工程。得标后，为了弥补自己的损失，又试图靠施工索赔的方式来得到利润。从某种意义上讲，这种经营方式有很大的风险。能否得到这种索赔的机会是难以确定的，其结果也不可靠，采用这种策略的企业也很难维持长久。因此，承包人运用索赔手段来维护自身利益，以求增加企业效益和谋求自身发展，应基于对索赔概念的正确理解和全面认识，既不必畏惧索赔，也不可利用索赔搞投机。

5. 索赔的分类

从不同的角度，按不同的标准，索赔有不同的分类方法。常见的分类方法如表 9-6 所示。

表 9-6　　索赔的分类表

序号	分类	内　容	具体内涵	说　明
1	按索赔当事人分类	(1) 承包人与业主间的索赔	这类索赔大多是有关工程量计算、变更、工期、质量和价格方面的争议，也有中断或终止合同等其他违约行为的索赔。这是施工过程中最常见的索赔形式	涉及施工条件或施工技术、施工范围等变化引起的索赔，一般发生频率高，索赔费用大，有时也称为施工索赔
		(2) 总承包人与分包人间的索赔	这类索赔的内容与第一项大致相似，但大多数是分包人向总承包人索要付款或赔偿及总承包人向分包人罚款或扣留支付款等	
		(3) 承包人与供货人间的索赔	这类索赔多系商贸方面的争议，如货品、建筑材料等质量不符合技术要求、数量短缺、交货拖延、运输损坏等	涉及物资采购、运输、保管、工程保险等方面活动引起的索赔事项，又称商务索赔
		(4) 承包人与供货人间的索赔	这类索赔多系被保险人受到灾害、事故或其他损害或损失，按保险单向其投保的保险人索赔	
2	按索赔的依据分类	(1) 合同内索赔	合同内索赔是指索赔所涉及的内容可以在合同文件中找到依据，并可根据合同规定明确划分责任。一般情况下，合同内索赔的处理和解决要顺利一些	
		(2) 合同外索赔	合同外索赔是指索赔所涉及的内容和权利难以在合同文件中找到依据，但可从合同条文隐含含义和合同适用法律或政府颁发的有关法规中找到索赔的依据	
		(3) 道义索赔	道义索赔是指承包人在合同内或合同外都找不到可以索赔的依据，因而没有提出索赔的条件和理由，但承包人认为自己有要求补偿的道义基础，而对其遭受的损失提出具有补偿性质的要求	道义索赔的主动权在业主手中，有时可能会同意并接受

续表

序号	分类	内　　容	具体内涵	说　　明
3	按索赔事件的性质分类	（1）工程延期索赔	因业主未按合同要求提供施工条件，如未及时交付设计图纸、施工现场、道路等，或因业主指令工程暂停或不可抗力事件等原因造成工期拖延的，承包人对此提出索赔	
		（2）工程变更索赔	由于业主或监理人指令增加或减少工程量或增加附加工程、修改设计、变更施工顺序等，造成工期延长和费用增加，承包人对此提出索赔	
		（3）工程终止索赔	由于业主违约或发生了不可抗力事件等造成工程非正常终止，承包人因蒙受经济损失而提出索赔	
		（4）工程加速索赔	由于业主或监理人指令承包人加快施工速度，缩短工期，引起承包人的人、财、物的额外开支而提出的索赔	
		（5）意外风险和不可预见因素索赔	在工程实施过程中，因人力不可抗拒的自然灾害、特殊风险以及一个有经验的承包人通常不能合理预见的不利施工条件或客观障碍，如地下水、地质断层、溶洞、地下障碍物等引起的索赔	
		（6）其他索赔	如因货币贬值、汇率变化、物价、工资上涨、政策法令变化等原因引起的索赔	
4	按索赔目的分类	（1）工期索赔	由于非承包人自身原因造成拖期的，承包人向业主要求延长工期，合理顺延合同工期，以避免承担误期罚款等	
		（2）费用索赔	承包人要求业主补偿不应由自己承担的费用损失，调整合同价格，弥补经济损失	
5	按索赔处理方式分类	（1）单项索赔	单项索赔就是采取一事一索赔的方式，即在每一索赔事项发生后，报送索赔通知书，编写索赔报告，要求单项解决支付，不与其他的索赔事项混在一起。单项索赔是针对某一干扰事件提出的，在影响原合同正常运行的干扰事件发生时或发生后，由合同管理人员立即处理，并在合同规定的索赔有效期内向业主或监理人提交索赔要求和报告。单项索赔通常原因单一，责任明确，涉及的金额一般较小，分析处理比较简单，因此合同双方应尽可能地用此种方式来处理索赔	
		（2）综合索赔	综合索赔又称一揽子索赔，一般在工程竣工前和工程移交前，承包人将工程实施过程中因各种原因未能及时解决的单项索赔集中起来进行综合考虑，提出一份综合索赔报告，由合同双方在工程交付前后进行最终谈判，以一揽子方案解决索赔问题	

9.4.2 索赔依据与证据

1. 索赔事件

索赔事件又称干扰事件，是指那些使实际情况与合同约定不符，最终引起工期与费用变化的事件。在工程实践中，发包人与承包人可以提出的索赔事件如图 9-5 和图 9-6 所示。

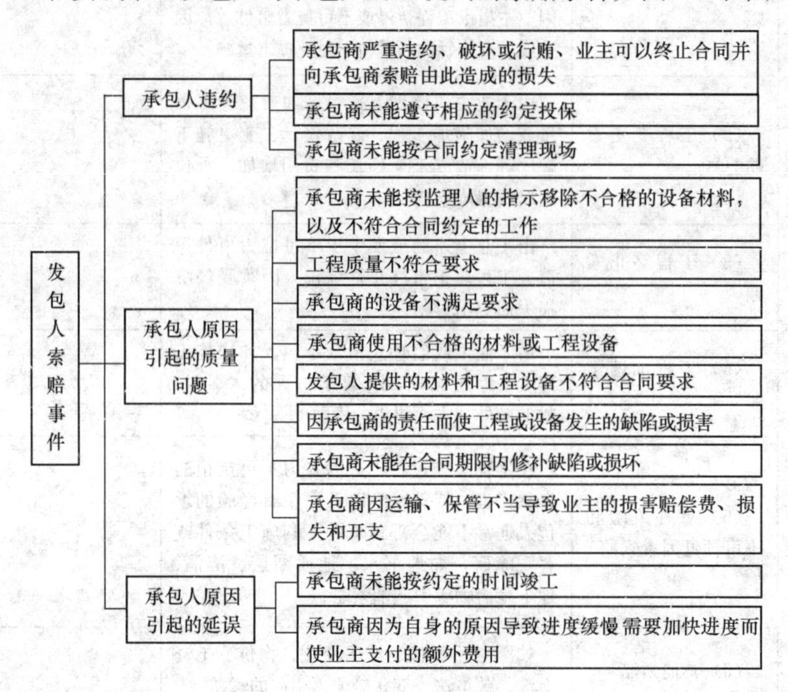

图 9-5 发包人索赔事件

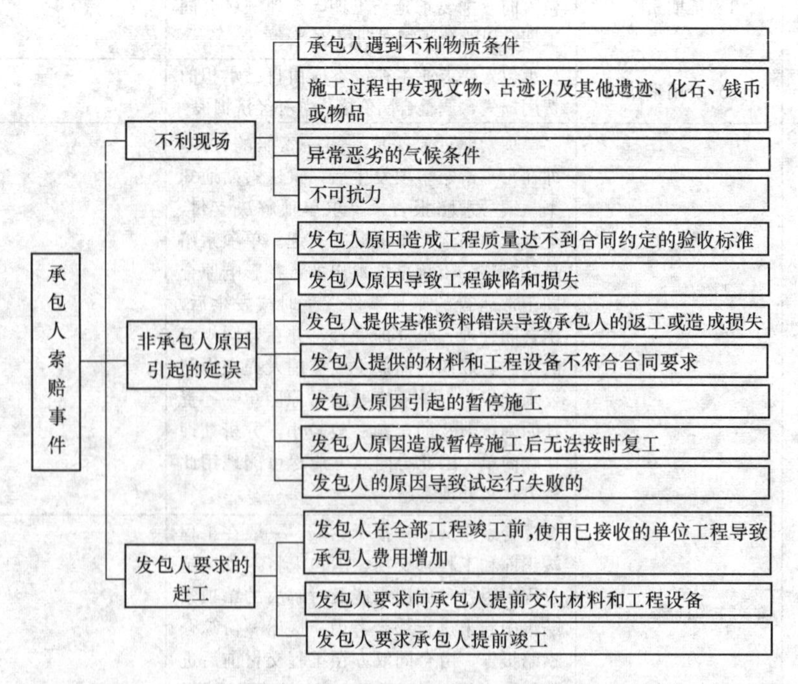

图 9-6 承包人的索赔事件

上述事件承包人能否作为索赔事件，进行有效索赔，还要看具体的工程项目和合同背景、合同条件，不可一概而论。

2. 索赔依据

索赔的依据主要是合同文件、法律、法规及工程建设惯例，主要是双方签订的工程合同文件。

由于不同的具体工程有不同的合同文件，索赔的依据也就不完全相同，合同当事人的索赔权利也不同。

3. 索赔证据

索赔证据是当事人用来支持其索赔成立及与索赔有关的证明文件和资料。索赔证据作为索赔报告的组成部分，在很大程度上关系到索赔的成功与否。证据不全、证据不足或没有证据，索赔是很难获得成功的。索赔证据必须真实、全面、有法律效力、有当事人认可、有充分说服力，同时也必须是书面材料。

(1) 索赔证据的要求。

1) 真实性。索赔证据必须是在实施合同过程中确实存在和实际发生的，是施工过程中产生的真实资料，能经得住推敲。

2) 及时性。索赔证据的取得应当及时，它能够客观反映工程施工过程中发生的索赔事件，同时这种获取索赔证据的及时性也反映了承包人的经营管理水平。

3) 全面性。所提供的证据应能说明事件的全部内容。索赔报告中涉及的索赔理由、事件过程、影响程度、索赔值等都应有相应证据，不能零乱和支离破碎。

4) 关联性。索赔的证据应当与索赔事件有必然联系，并能够互相说明、符合逻辑，不能互相矛盾。

5) 有效性。索赔证据必须具有法律效力。一般要求证据必须是书面文件，有关记录、协议、纪要必须是双方签署的，工程中重大事件、特殊情况的记录、统计资料必须由监理人签证认可。

(2) 索赔证据的种类。在工程项目的实施过程中，会产生大量的工程信息和资料，这些信息和资料是开展索赔的重要依据。如果项目资料不完整，索赔就难以顺利进行。因此在施工过程中应始终做好资料积累工作，建立完善的资料记录和科学管理制度，认真系统地积累和管理合同文件、质量、进度及财务收支等方面的资料。对于可能会发生索赔的工程项目，从开始施工时就要有目的地收集证据资料，系统地拍摄现场，妥善保管开支收据，有意识地为索赔积累必要的证据材料。常见的索赔证据主要有：

1) 各种工程合同文件，包括工程合同及附件、中标通知书、投标书、标准和技术规范、图纸、工程量清单、工程报价单或预算书、有关技术资料和要求等。如发包人提供的水文地质、地下管网资料，施工所需的证件、批件、临时用地占地证明手续、坐标控制点资料等。

2) 经监理人批准的各种文书，包括经监理人批准的施工进度计划、施工方案、施工项目管理规划和现场的实施情况记录，以及各种施工报表等。

3) 各种施工记录，包括施工日志及工长工作日志、备忘录等。施工中发生的影响工期或工程资金的所有重大事情均应写入备忘录存档，备忘录应按年、月、日顺序编号，以便查阅。

4) 工程形象进度照片，包括工程有关施工部位的照片及录像等。保存完整的工程照片和录像能有效地显示工程进度。因而除了标书上规定需要定期拍摄的工程照片和录像外，承包人自己应经常注意拍摄工程照片和录像，注明日期，作为自己查阅的资料。

5）工程项目有关各方往来文书，包括工程各项往来信件、电话记录、指令、信函、通知、答复等。

6）工程各项会议纪要，包括工程各项会议纪要、协议及其他各种签约、定期与业主代表的谈话资料等。在施工合同的履行过程中，业主、监理人和承包人定期或不定期的会谈所作出的决定或决议，是施工合同的补充，应作为施工合同的组成部分，但会谈纪要只有经过各方签署后方可作为索赔的依据。业主与承包人、承包人与分包人之间定期或临时召开的现场会议讨论工程情况的会议记录，能被用来追溯项目的执行情况，查阅业主签发工程内容变动通知的背景和签发通知的日期，也能查阅在施工中最早发现某一重大情况的确切时间。另外，这些记录也能反映承包人对有关情况采取的行动。

7）业主（监理人）发布的各种书面指令书和确认书，包括业主或监理人发布的各种书面指令书和确认书，以及承包人要求、请求、通知书。

8）气象报告和资料，如有关天气的温度、风力、雨雪资料等。

9）投标前业主提供的参考资料和现场资料。

10）施工现场记录，包括工程各项有关设计交底记录、变更图纸、变更施工指令等，以及这些资料的送达份数和日期记录，工程材料和机械设备的采购、订货、运输、进场、验收、使用等方面的凭据及材料供应清单、合格证书，工程送电、送水、道路开通、封闭的日期及数量记录，工程停电、停水和干扰事件影响的日期及恢复施工的日期等。

11）业主或监理人签认的签证，包括工程实施过程中各项经业主或监理人签认的签证。如承包人要求预付通知、工程量核实确认单等。

12）工程财务资料，包括工程结算资料和有关财务报告，如工程预付款、进度款拨付的数额及日期记录、工程结算书、保修单等。

13）各种检查验收报告和技术鉴定报告。由监理人签字的工程检查和验收报告反映出某一单项工程在某一特定阶段竣工的程度，并记录了该单项工程竣工的时间和验收的日期，应该妥为保管，如质量验收单、隐蔽工程验收单、验收记录、竣工验收资料、竣工图。

14）各类财务凭证。需要收集和保存的工程基本会计资料包括工资单、工资报表、工程款账单，各种收付款原始凭证，总分类账、管理费用报表，工程成本报表等。

15）其他。包括分包合同、官方的物价指数、汇率变化表以及国家、省、市有关影响工程造价、工期的文件、规定等。

9.4.3 索赔工作程序与索赔技巧

1. 索赔工作程序

索赔工作程序是指从索赔事件发生到索赔事件最终处理全过程所包括的工作内容和工作步骤。由于索赔工作实质上是承包人和业主在分担工程风险方面的重新分配过程，涉及双方的众多经济利益，因而是一项烦琐、细致、耗费精力和时间的过程。因此，合同双方必须严格按照合同规定办事，按合同规定的索赔程序工作，才能获得成功的索赔。

（1）承包人的索赔（见图 9-7）。不同的施工合同条件对索赔程序的规定会有所不同。但在工程实践中，比较详细的索赔工作程序主要由以下步骤组成：

1）索赔意向通知。索赔意向通知是一种维护自身索赔权利的文件。在工程实施过程中，

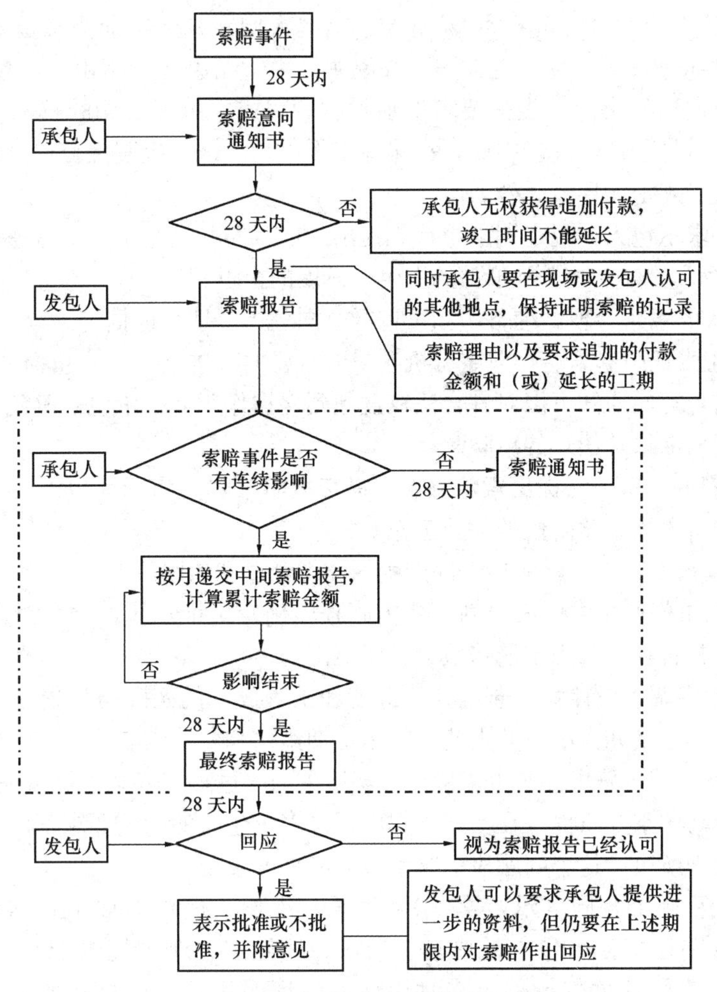

图 9-7　承包人的索赔程序

一旦发生索赔事件，承包人就应在合同规定的时间内，及时以书面形式向监理人提出索赔意向，亦即向监理人就某一个或若干个索赔事件表示索赔愿望、要求或声明保留索赔的权利。索赔意向的提出是索赔工作程序中的第一步，其关键是要抓住索赔机会，及时提出索赔意向。

索赔意向通知，一般仅仅是向业主或监理人表明索赔意向，所以应当简明扼要。索赔通知书的一般格式如下：

索 赔 通 知 书

第×××号

尊敬的　　先生：

根据合同第×条第×款规定：(具体条款规定的内容)，我特此向您通知，我方对×年×月×日实施的××工程所发生的额外费用及展延工期，保留取得补偿的权利，该项额外费用的数额与展延工期的天数，我将按合同第×条的规定，以月报表的形式向您报送。

报送人：×××

报送日前：　年

《建设工程施工合同（示范文本）》规定：承包人应在知道或应当知道索赔事件发生后28天内，向监理人递交索赔意向通知书，并说明发生索赔事件的事由；承包人未在前述28天内发出索赔意向通知书的，丧失要求追加付款和（或）延长工期的权利。这是索赔成立的、有效的、必备的条件之一。因此，在实际工作中，承包人应避免合理的索赔要求由于未能遵守索赔时限的规定而导致无效。

施工合同要求承包人在规定期限内首先提出索赔意向，是基于以下考虑：

① 提醒监理人及时关注索赔事件的发生、发展的全过程。

② 为监理人的索赔管理做准备，如可进行合同分析、搜集证据等。

③ 如属业主责任引起索赔，业主有机会采取必要的改进措施，防止损失的进一步扩大。对于承包人来讲，意向通知可以对其合法权益起到保护作用，使承包人避免“因被称为‘志愿放弃者’而无权取得补偿”的风险。

2）索赔资料的准备。从提出索赔意向到提交索赔报告，属于承包人索赔的内部处理阶段和索赔资料准备阶段。此阶段的主要工作有：

① 跟踪和调查索赔事件，掌握事件产生的详细经过和前因后果。

② 分析索赔事件产生的原因，划清各方责任，确定由谁承担，并分析索赔事件是否违反了合同规定，是否在合同规定的赔偿或补偿范围内。

③ 损失或损害调查或计算。通过施工进度和工程成本的实际与计划的对比，分析经济损失或权利损害的范围和大小，并由此计算出工期索赔和费用索赔值。

④ 搜集证据。从索赔事件产生、持续直至结束的全过程，都必须保留完整的同期记录，这是索赔能否成功的重要条件。在实际工作中，许多承包人的索赔要求都因没有或缺少书面证据而得不到合理解决，这个问题应引起承包人的高度重视。

从《建设工程施工合同（示范文本）》来看，承包人应注意以下资料的积累和准备：业主的指令书和确认书；承包人的要求、请求、通知书；业主提供的水文地质、地下管网资料，施工所需的证件、批件、临时用地占地证明手续、坐标控制点资料、图纸等；经监理人批准、认可的年、季、月施工计划，施工方案，施工项目管理规划等；施工规范、质量验收单、隐蔽工程验收单、验收记录；承包人要求预付通知，工程量核实确认单；业主与承包人的材料供应清单、合格证书；竣工验收资料、竣工图；工程结算书、保修单等。

⑤ 起草索赔报告。按照索赔报告的格式和要求，将上述各项内容系统地反映在索赔报告中。索赔报告的具体内容见本节“2”的有关内容。

索赔的成功很大程度上取决于承包人对索赔作出的解释和真实可信的证明材料。即使抓住合同履行中的索赔机会，如果拿不出索赔证据或证据不充分，其索赔要求也往往难以成功或被大打折扣。因此，承包人在正式提交索赔报告前的资料准备工作极为重要。

3）索赔报告的提交。承包人应在合同规定的索赔时限内向监理人提交正式的书面索赔报告，否则，承包人将失去该项事件请求补偿的索赔权利。此时他所受到损害的补偿，将不超过监理人认为应主动给予的补偿额。

《建设工程施工合同（示范文本）》规定：承包人应在发出索赔意向通知书后28天内，向监理人正式递交索赔报告；索赔报告应详细说明索赔理由以及要求追加的付款金额和（或）延长的工期，并附必要的记录和证明材料；如果索赔事件对工程的影响持续时间长，承包人则应按监理人要求的合理时间间隔（一般为 28 天），提交每一时间段内的索赔证据资料和索赔要求，即中间索赔报告。在索赔事件影响结束后的 28 天内提交一份最终索赔报告。

4）监理人审查索赔报告。监理人审查承包人提出的索赔报告需从以下几个方面进行：

① 监理人审查承包人的索赔申请。监理人接到承包人的索赔意向通知后，应当建立自己的索赔档案，密切关注事件的影响，检查承包人的同期记录，随时就记录内容提出他的不同意见或他希望应予以增加的记录项目。在接到正式索赔报告以后，应认真研究承包人报送的索赔资料。在不确认责任归属的情况下，客观分析事件发生的原因，详细了解合同的有关条款，认真研究承包人的索赔证据，并检查他的同期记录。通过对事件的分析，监理人再依据合同条款划清责任界限，必要时还要求承包人进一步提供补充资料。尤其涉及承包人、发包人、监理人都有一定责任的事件，更应确定出各方应该承担合同责任的比例。监理人还要审查承包人提出的补偿要求是否合理，拟定自己计算的合理索赔款额和工期顺延天数。

② 判定索赔成立的条件。监理人判定索赔成立的条件包括如下四个方面：

第一：与合同对照，事件已造成了承包人实际费用的额外支出或总工期延误；

第二：造成费用增加或工期延误的原因，不是由于承包人自身的责任所造成；

第三：这种经济损失或权利损害也不是由承包人应承担的风险所造成；

第四：承包人在合同规定的期限内提交了索赔意向通知和索赔报告。

上述四个条件没有先后主次之分，并且必须同时具备，承包人的索赔才能成立。

③ 对索赔报告的审查。监理人对承包人提出的索赔报告的审查，主要包括以下几点：一是进行事态调查。分析了解事件经过、前因后果、掌握事态的详细情况。二是对损害事件原因进行分析。分析索赔事件是由何原因引起，责任应由谁来承担。三是分析索赔理由。主要依据合同文件判明索赔事件是否属于未履行合同规定义务或未正确履行合同义务所致，是否在合同规定的赔偿范围内。四是对实际损失进行分析。对索赔事件的影响，主要体现在工期的延长与费用的增加。五是对证据资料进行分析。主要分析证据资料的有效性、合理性、正确性。

5）监理人提出索赔处理意见并报送发包人。监理人经过对索赔报告的认真评审后，应提出自己的索赔处理决定，并报送发包人。

我国《建设工程施工合同（示范文本）》规定：监理人应在收到索赔报告后 14 天内完成审查并报送发包人。监理人对索赔报告存在异议的，有权要求承包人提交全部原始记录副本。

6）发包人审查索赔处理。发包人应在合同规定的期限内完成索赔处理审查。发包人审查索赔处理意见时，首先根据事件发生的原因、责任范围、合同条款审核承包人的索赔报告和监理人的处理决定，再依据工程建设的目的、投资控制、竣工投产日期要求以及针对承包人在施工中的缺陷或违反合同规定等的有关情况，决定是否批准监理人的处理决定。例如，承包人某项索赔理由成立，监理人根据相应条款的规定，既同意给予一定的费用补偿，也批准延展相应的工期，但发包人权衡了施工的实际情况和外部条件的要求后，可能不同意延展工期，而宁愿给承包人增加费用补偿额，要求其采取赶工措施，按期或提前完工，这样的决定只有法人才有权作出。索赔报告经发包人批准后，监理人即可签发有关证书。

我国《建设工程施工合同（示范文本）》规定：发包人应在监理人收到索赔报告或有关索赔的进一步证明材料后的28天内，由监理人向承包人出具经发包人签认的索赔处理结果。发包人逾期答复的，则视为认可承包人的索赔要求。

7）承包人提出仲裁或诉讼。如果承包人同意接受最终的处理决定，索赔事件的处理即告结束。如果承包人不同意，则可按照争议解决的约定处理。

（2）发包人的索赔。根据《建设工程施工合同（示范文本）》规定，因承包人违约，或因承包人原因引起的质量问题，承包人原因引起的延误，发包人也应按合同约定的索赔时限要求，向承包人提出索赔。

2. 索赔报告

（1）索赔报告的一般内容。索赔报告是合同一方向对方提出索赔的书面文件，它全面反映了一方当事人对一个或若干个索赔事件的所有要求和主张。对方当事人也是通过对索赔报告的审核、分析和评价来做认可、要求修改、反驳甚至拒绝的回答。索赔报告也是双方进行索赔谈判或调解、仲裁、诉讼的依据，因此索赔报告的表达与内容对索赔的解决有重大影响，索赔方必须认真编写索赔报告。

索赔报告的内容组成目前没有统一的格式要求，但对于单项索赔来讲，索赔报告最好能设计成一个统一的格式，见表9-7。

表9-7　　索赔报告的一般格式

序号	索赔报告组成	索赔报告包含的内容	要　求
1	题目	关于××事件的索赔	标题应该能够简要准确地概括索赔的中心内容
2	事件	详细描述事件过程；双方信件交往、会谈，并指出对方如何违约、证据的编号等	主要应描述事件发生的工程部位、发生的时间、原因和经过、影响的范围以及承包人当时采取的防止事件扩大的措施、事件持续时间、承包人已经向业主或监理人报告的次数及日期、最终结束影响的时间、事件处置过程中的有关主要人员办理的有关事项等
3	理由	主要是法律依据和合同条款的规定	要合理引用法律和合同的有关规定，建立事实与损失之间的因果关系，说明索赔的合理、合法性
4	结论	指出事件造成的损失或损害及其大小	这部分只需列举各项明细数字及汇总数据即可
5	详细计算书	包括损失估价和延期计算两部分	应列出损失费用、工期延长的计算基础、计算方法、计算公式及详细的计算过程及计算结果
6	附件	各种已编号的证明文件和证据、图表	仅指索赔报告中所列举事实、理由、影响等各种已编号的证明文件和证据、图表等

对于综合索赔，其格式比较灵活，它实质上是将许多未解决的单项索赔加以分类和综合整理。综合索赔报告往往需要很大的篇幅来描述其细节。综合索赔报告的主要组成部分见表9-8。

表 9-8　**综合索赔报告的组成**

序号	索赔报告组成	序号	索赔报告组成
1	索赔致函和要点	5	上述事件结论
2	总的情况介绍（主要叙述施工过程、对方失误等）	6	合同细节和事实情况
3	索赔总表（将索赔总数细分、编号，每一条目写明索赔内容的名称和索赔额）	7	分包人索赔
		8	工期延长的计算和损失费用的估算
4	上述事件详述	9	各种证据材料等

（2）索赔报告编写要求。索赔报告编写的完善与否，对索赔要求的成功与否关系甚大。索赔报告如果起草不当，会失去索赔方的有利地位和条件，使正当的索赔要求得不到合理解决，因此编写索赔报告需要实际工作经验。对于重大索赔或综合索赔，最好能在律师或索赔专家的指导下进行。编写索赔报告有以下基本要求：

1）符合实际。索赔事件要真实、证据确凿。索赔的根据和款额应符合实际情况，不能虚构和扩大，更不能无中生有，这是整个索赔的基本要求。这既关系到索赔的成败，也关系到承包人的信誉。一个符合实际的索赔报告，可使审阅者审阅后，感到是合情合理，不会立即予以拒绝。相反，如果索赔要求缺乏根据，不合情理，漫天要价，使审阅者一看就极为反感，甚至连其中有道理的索赔部分也会被置之不理，不利于索赔问题的最终解决。

2）说服力强。编写索赔报告时要注意如下三个方面：

① 符合实际的索赔要求，本身就具有说服力，但除此之外索赔报告中责任分析应清楚、准确。一般索赔所针对的事件都是由于非承包人责任而引起的，因此，在索赔报告中要善于引用法律和合同中的有关条款，详细、准确地分析并明确指出对方应负的全部责任，并附上有关证据材料，不可在责任分析上模棱两可、含糊不清。对事件叙述要清楚明确，不应包含任何估计或猜测；也不可用估计和猜测式的语言，诸如“可能”、“大概”、“也许”等，这会使索赔要求苍白无力。

② 强调事件的不可预见性和突发性。说明即使一个有经验的承包人对它不可能有预见或有准备，也无法制止，并且承包人为了避免和减轻该事件的影响和损失已尽了最大的努力，采取了能够采取的措施，从而使索赔理由更加充分，更易于对方接受。

③ 论述要有逻辑。明确阐述由于索赔事件的发生和影响，使承包人的工程施工受到严重干扰，并为此增加了费用支出，拖延了工期。在论述时应强调索赔事件、对方责任、工程受到的影响和索赔之间有直接的因果关系。

3）计算准确。索赔报告中应完整列入索赔值的详细计算资料，指明计算依据、计算原则、计算方法、计算过程及计算结果的合理性，必要的地方应做详细说明。计算结果要反复校核，做到准确无误。计算上的错误，尤其是扩大索赔款的计算错误，会给对方留下恶劣的印象，同时对方会认为提出的索赔要求太不严肃，其中必有多处弄虚作假，会直接影响索赔的成功。

4）简明扼要。索赔报告在内容上应组织合理、条理清楚，各种定义、论述、结论正确，逻辑性强，既能完整地反映索赔要求，又要简明扼要，使对方很快地理解索赔的本质。索赔报告最好采用活页装订，印刷清晰。同时，用语应尽量婉转，避免使用强硬、不客气的语言。

3. 索赔技巧

索赔既是一项科学严谨的工作，同时又是讲求策略与技巧的工作。对于一个确定的索赔事件往往没有可预定、可确定的解，它受双方签订的合同文件、各自的工程管理水平和索赔能力以及处理问题的公正性、合理性等因素的制约。因此索赔成功不仅需要令人信服的法律依据、充足的理由和正确的计算方法，而且索赔的策略、技巧也是相当重要。如何看待和对待索赔，实际上是个经营战略问题，是承包人对利益、关系、信誉等方面的综合权衡。

(1) 开展索赔工作，承包人应防止两种极端倾向。

1) 只讲关系、义气和情意，忽视应有的合理索赔，致使企业遭受不应有的经济损失。

2) 不顾关系，过分注重索赔，斤斤计较，缺乏长远和战略目光，以致影响合同关系、企业信誉和长远利益。

(2) 索赔的技巧主要体现在以下几点：

1) 要正确把握提出索赔的时机。索赔过早提出，往往容易遭到对方反驳或在其他方面可能施加的挑剔、报复等；过迟提出，则容易留给对方借口，索赔要求遭到拒绝。因此索赔方必须在索赔时效范围内适时提出。如果总是担心或害怕影响双方合作关系，有意将索赔要求拖到工程结束时才正式提出，可能会事与愿违，适得其反。

2) 要掌握索赔谈判方式方法。合同一方向对方提出索赔要求，进行索赔谈判时，措词要尽量婉转，以理服人，尽量避免使用过激的语言，采用抗议式提法。一般情况下，不宜用诸如“你方违反合同”、“使我方受到严重损害”等类词句，宜采用“请求贵方作出公平合理的调整”、“请在×××合同条款下加以考虑”等，这样既可以正确表达自己的索赔要求，又不伤害双方的和气和感情，以达到索赔的良好效果。当然，对于合同一方一次次合理的索赔要求，对方置之不理，并严重影响工程的正常进行，索赔方可以采取较为严厉的措辞和切实可行的手段，以实现自己的索赔目标。

3) 要学会作出适当与必要的让步。在索赔谈判和处理时应根据情况作出必要的让步，可以放弃金额小的项目索赔，坚持大项目索赔。这样使对方容易作出让步，达到索赔的最终目的。

4) 要注意发挥公关能力。除了进行书信往来和谈判桌上的交涉外，有时还要发挥索赔人员的公关能力，采用合法的手段和方式，营造适合索赔争议解决的良好环境和氛围，促使索赔问题的早日和圆满解决。

9.4.4 工期索赔

1. 工程延误的合同规定及要求

(1) 工期延误的含义。工期延误是指工程实施过程中任何一项或多项工作实际完成日期迟于计划规定的完成日期，从而可能导致整个合同工期的延长。工程工期是施工合同中的重要条款之一，涉及发包人和承包人多方面的权利和义务关系。工期延误对合同双方一般都会造成损失。发包人因工期延误不能及时交付使用、投入生产，就不能按计划实现投资效果，失去赢利机会，损失市场利润；承包人因工期延误会增加工程成本，生产效率降低，企业信誉受到影响，最终还可能导致合同规定的误期损害赔偿费处罚。因此，工期延误的后果是形式上的时间损失、实质上的经济损失，无论是业主还是承包人，都不愿意无缘无故地承担由工期延误给自己造成的经济损失。

工程工期是发包人和承包人经常发生争议的问题之一，工期索赔在整个索赔中占据了很高的比例，也是承包人索赔的重要内容之一。

(2) 关于工期延误的合同规定。

1) 关于工期延误的合同一般规定。对由于非承包人自身原因造成的工程延期，在工程施工合同中，通常都规定承包人有权向发包人提出工期延长的索赔要求，如果能证实因此造成了额外的损失或开支，承包人还可以要求经济赔偿，这是工程施工合同赋予承包人要求延长工期的正当权利。

《建设工程施工合同（示范文本)》对工期可以相应顺延进行了规定（参见本单元项目1)。

2) 关于误期损害赔偿费的合同规定。如果由于承包人自身原因未能在原定的或监理人同意延长的合同工期内竣工时，承包人则应承担误期损害赔偿费，这是工程施工合同赋予发包人的正当权利。

(3) 承包人要求延长工期的目的。在正常情况下，承包人要求延长工期的目的主要是：第一，根据合同条款的规定，免去或推卸自己承担误期损害赔偿费的责任。第二，确定新的工程竣工日期及其相应的保修期。第三，确定与工期延长有关的赔偿费用，如由于工期延长而产生的人工费、材料费、机械费、分包费、现场管理费、总部管理费、利息、利润等额外费用。

2. 工期延误的分类与处理原则

(1) 工期延误的分类（见图 9-8)。

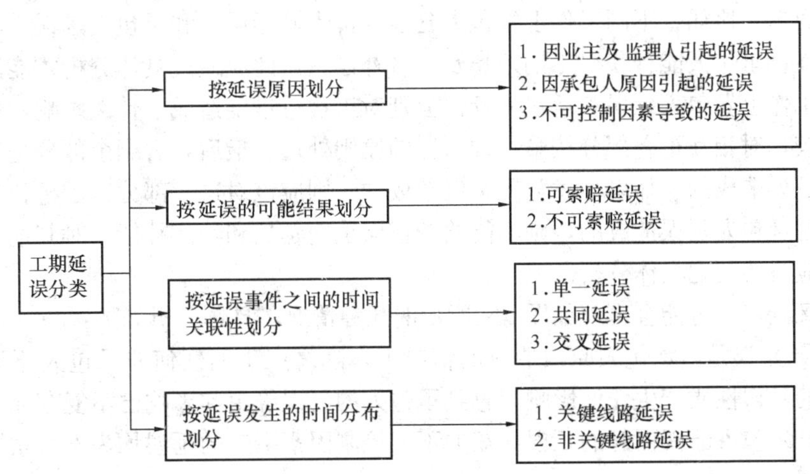

图 9-8　工期延误分类图

(2) 工期延误的处理原则。

1) 一般处理原则。工期延误的影响因素可以归纳为三大类：第一类是合同双方均无过错的原因或因素而引起的延误，主要指不可抗力事件和恶劣气候条件等；第二类是由于发包人或监理人原因造成的延误；第三类是因承包人原因造成的延误。

一般来说，根据工程惯例，对于第一类原因造成的工期延误，承包人只能要求延长工期，很难或不能要求发包人赔偿费用损失；而对于第二类原因，假如发包人的延误已影响了关键线路上的工作，承包人既可要求延长工期，又可要求相应的费用赔偿；如果发包人的延误仅影响非关键线路上非关键的工作，且延误后的工作仍属非关键线路，而承包人能证明因此（如劳动窝工、机械停滞费用等）引起了损失或额外开支，则承包人不能要求延长工期，但完全有可能要求费用赔偿。

2）共同和交叉延误的处理原则。按以下情况作出相应处理。对于共同延误，可分为两种情况：第一种是在同一项工作上同时发生两项或两项以上延误；第二种是在不同的工作上同时发生两项或两项以上延误。

第一种情况主要有以下几种基本组合：

① 可索赔延误与不可索赔延误同时存在。在这种情况下，承包人无权要求延长工期和费用补偿。可索赔延误与不可索赔延误同时发生时，则可索赔延误就变成不可索赔延误，这是工程索赔的惯例之一。

② 两项或两项以上可索赔工期的延误同时存在，承包人只能得到一项工期补偿。

③ 可索赔工期的延误与可索赔工期和费用的延误同时存在，承包人可获得一项工期和费用补偿。

④ 两项只可索赔费用的延误同时存在，承包人可得两项费用补偿。

⑤ 一项可索赔工期的延误与两项可索赔工期和费用的延误同时存在，承包人可获得一项工期和两项费用补偿。即对于多项可索赔延误同时存在时，费用补偿可以叠加，工期补偿不能叠加。

第二种情况比较复杂。由于各项工作在工程总进度表中所处的地位和重要性不同，同等时间的相应延误对工程进度所产生的影响也就不同，所以对这种共同延误的分析就不像第一种情况那样简单。比如，不同工作上发包人延误（可索赔延误）和承包人延误（不可索赔延误）同时存在，承包人能否获得工期延长及经济补偿，对此应通过具体分析才能回答。首先要分析不同工作上发包人延误和承包人延误分别对工程总进度造成了什么影响，然后将两种影响进行比较，对相互重叠部分按第一种情况的原则处理。最后，看剩余部分是发包人延误还是承包人延误造成的。如果是发包人延误造成的，则应该对这一部分给予延长工期和经济补偿；如果是承包人延误造成的，则不能给予任何工期延长和经济补偿。对其他几种组合的共同延误也应具体问题具体分析。

对于交叉延误，可能会出现如图 9-9 所示的几种情况，具体分析如下：

① 在初始延误是由承包人原因造成的情况下，随之产生的任何非承包人原因的延误都不会对最初的延误性质产生任何影响，直到承包人的延误缘由和影响已不复存在。因而在该延误时间内，发包人原因引起的延误和双方不可控制因素引起的延误均为不可索赔延误。见图 9-9 中的（1）～（4）。

② 如果在承包人的初始延误已解除后，发包人原因的延误或双方不可控制因素造成的延误依然在起作用，那么承包人可以对超出部分的时间进行索赔。在图 9-9 中（2）和（3）的情况下，承包人可以获得所示时段的工期延长，并且在图 9-9 中（4）等情况下还能得到费用补偿。

③ 如果初始延误是由于发包人或监理人原因引起的，那么其后由承包人造成的延误将不会使业主摆脱（尽管有时或许可以减轻）其责任，此时承包人将有权获得从发包人延误开始到延误结束期间的工期延长及相应的合理费用补偿，如图 9-9（5）～（8）所示。

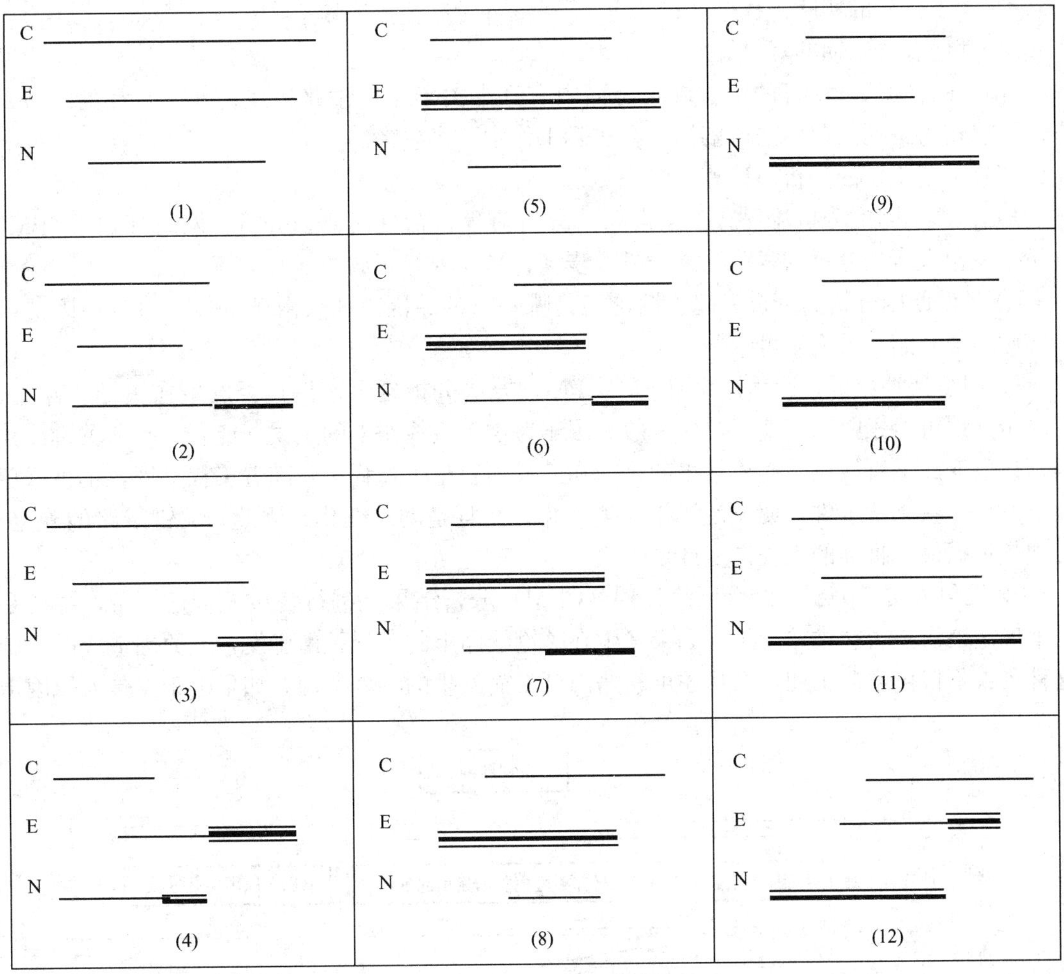

C E N (1)	C E N (5)	C E N (9)
C E N (2)	C E N (6)	C E N (10)
C E N (3)	C E N (7)	C E N (11)
C E N (4)	C E N (8)	C E N (12)

注：C为承包商原因造成的延误；E为业主或工程师原因造成的延误；N为双方不可控制因素造成的延误；——为不可得到补偿的延期；═══为可以得到时间补偿的延期；≡≡≡为可以得到时间和费用补偿的延期

图9-9　工程延误的交叉与补偿分析图

④ 如果初始延误是由双方不可控制因素引起的，那么在该延误时间内，承包人只可索赔工期，而不能索赔费用，见图9-9中的（9）～（12）。只有在该延误结束后，承包人才能对由发包人或监理人原因造成的延误进行工期和费用索赔，如图9-9中的（12）所示。

3．工期索赔的分析与计算方法

（1）工期索赔的依据。

1）合同约定的工程总进度计划；

2）合同双方共同认可的详细进度计划，如网络图、横道图等；

3）合同双方共同认可的季、月、旬进度实施计划；

4）合同双方共同认可的对工期的修改文件，如会谈纪要、来往信件、确认信等；

5）施工日志、气象资料；

6）监理人的变更指令；

7）影响工期的干扰事件；

8）受干扰后的实际工程进度；

9）其他有关工期的资料等。

此外在合同双方签订的工程施工合同中有许多关于工期索赔的规定（见本章第二节），它们可以作为工期索赔的法律依据，在实际工作中可供参考。

（2）工期索赔的分析与计算方法。

1）工期索赔的分析流程。工期索赔的分析流程包括延误原因分析、网络计划（CPM）分析、发包人责任分析和索赔结果分析等步骤，具体内容可如图 9-10 所示。

① 延误原因分析。分析引起工期延误是哪一方的原因，如果由于承包人自身原因造成的，则不能索赔，反之则可索赔。

② 网络计划分析。运用网络计划（CPM）方法分析延误事件是否发生在关键线路上，以决定延误可否索赔。工期索赔中一般只限于考虑关键线路上的延误，或者一条非关键线路因延误已变成关键线路。需要指出的是，在工程项目施工过程中，随着工程进展，不可避免地要发生一些干扰事件，使关键线路发生变化，而且是动态变化。因此，关键线路的确定，必须是依据最新批准的工程进度计划。

③ 发包人责任分析。结合网络计划（CPM）分析结果，进行发包人责任分析，主要是为了确定延误是否能索赔费用。如果发生在关键线路上的延误是由于发包人原因造成的，则这种延误不仅可索赔工期，而且还可索赔因延误而发生的额外费用。如果由于发包人原因造

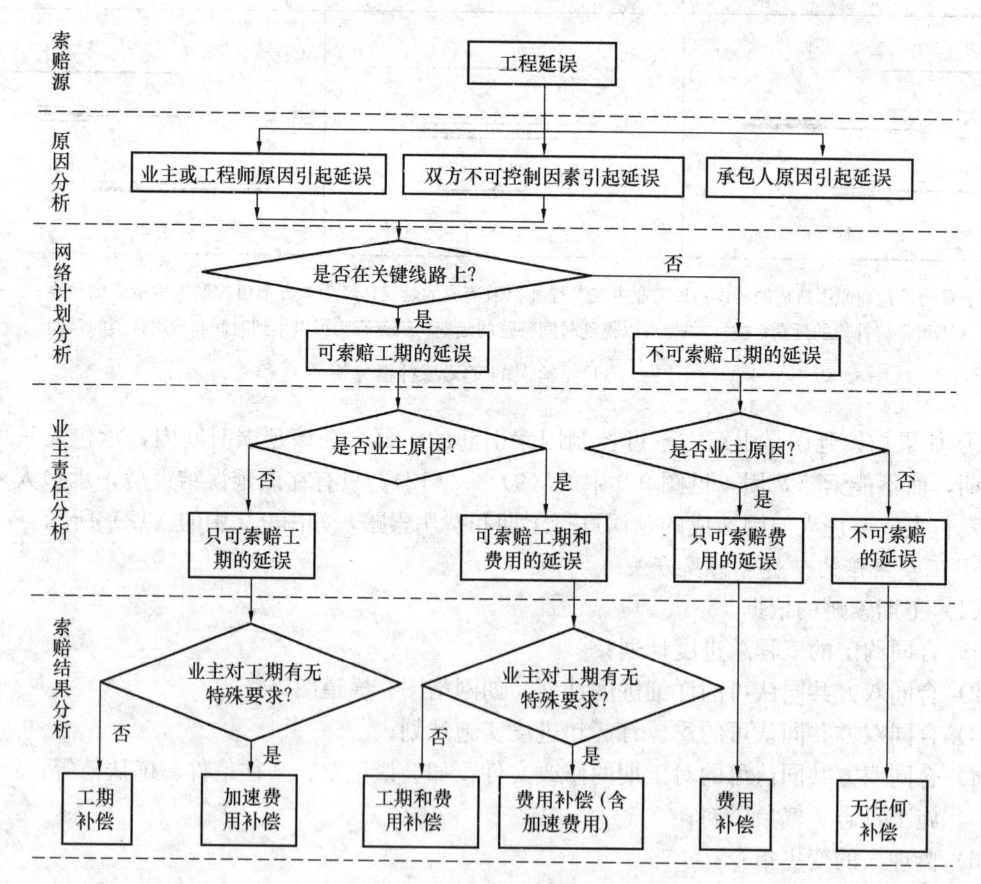

图 9-10　工期索赔分析流程图

成的延误发生在非关键线路上，则只可能索赔费用。

④ 索赔结果分析。在承包人索赔已经成立的情况下，根据发包人是否对工期有特殊要求，分析工期索赔的可能结果。如果由于某种特殊原因，工程竣工日期客观上不能改变，即对索赔工期的延误，发包人也可以不给予工期延长。这时，发包人的行为已实质上构成隐含指令加速施工。因而，发包人应当支付承包人因采取加速施工措施而额外增加的费用，即加速费用补偿。这里所讲的费用补偿是指因发包人原因引起的延误时间因素造成承包人负担了额外的费用而得到的合理补偿。

2）工期索赔的计算方法。

① 网络分析法。承包人提出工期索赔，必须确定干扰事件对工期的影响值，即工期索赔值。工期索赔分析的一般思路是：假设工程一直按原网络计划确定的施工顺序和时间施工，当一个或一些干扰事件发生后，使网络中的某个或某些活动受到干扰而延长施工持续时间。将这些活动受干扰后的新的持续时间代入网络中，重新进行网络分析和计算，即会得到一个新工期。新工期与原工期之差即为干扰事件对总工期的影响，即为承包人的工期索赔值。

网络分析是一种科学、合理的计算方法，它是通过分析干扰事件发生前、后网络计划之间的差异而计算工期索赔值的，通常适用于各种干扰事件引起的工期索赔。但对于大型、复杂的工程，手工计算比较困难，需借助于计算机来完成。

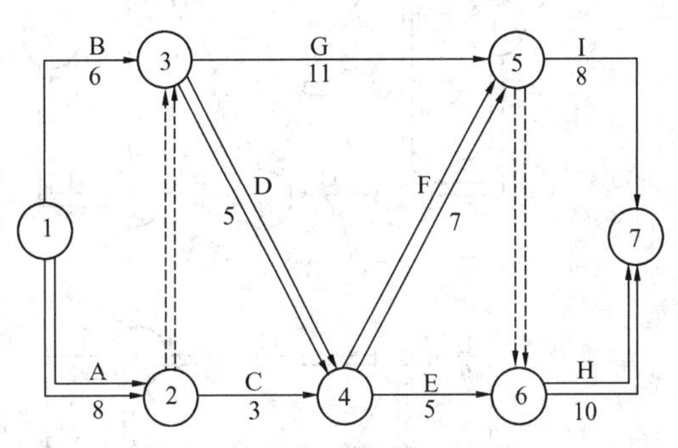

图 9-11　原网络计划图（$t_1=30d$）

【案例 9-1】　某工程项目的分部工程网络计划如图 9-11 所示，其工期满足合同条款所规定的工期要求，并经监理人认可批准。在工程实施过程中，各工作的持续时间因不同原因有所延长，具体变化及原因见表 9-9。该分部工程即将完工时，承包人提出了 16d 的工期索赔要求和经济索赔要求，并符合索赔程序。

表 9-9　**各工序实际发生延期时间**

工作代号	持续时间及延误原因			总延误时间
	发包人	不可抗力	承包人	
A	1	0	2	3
B	0	2	0	2
C	1	1	1	3
D	0	0	2	2
E	2	1	1	4
F	0	1	1	2
G	2	2	0	4
H	0	1	1	2
I	1	1	1	3
合计	7	9	9	25

【案例分析】

1. 背景分析

根据背景材料，引起该分部工程延期的原因有三方面，即发包人、不可抗力和承包人。为了准确分析和处理工期索赔，将各种延期因素进行不同组合，分析不同组合情况下的计算工期及延期的差异，进而得出公正、合理的处理方案。图 9-11 为原网络计划图。图 9-12 为各种原因引起的工期延期网络计划图。其中各网络计划图的计算工期时间分别为 t_1、t_2、t_3、t_4、t_5、t_6，并标注于各网络计划图的关键线路上。

2. 各网络计划图基本情况分析

(1) 根据图 9-11，该分部工程计划工期为 $t_1=30$d，其网络计划的关键线路为①→②→③→④→⑤→⑥→⑦。

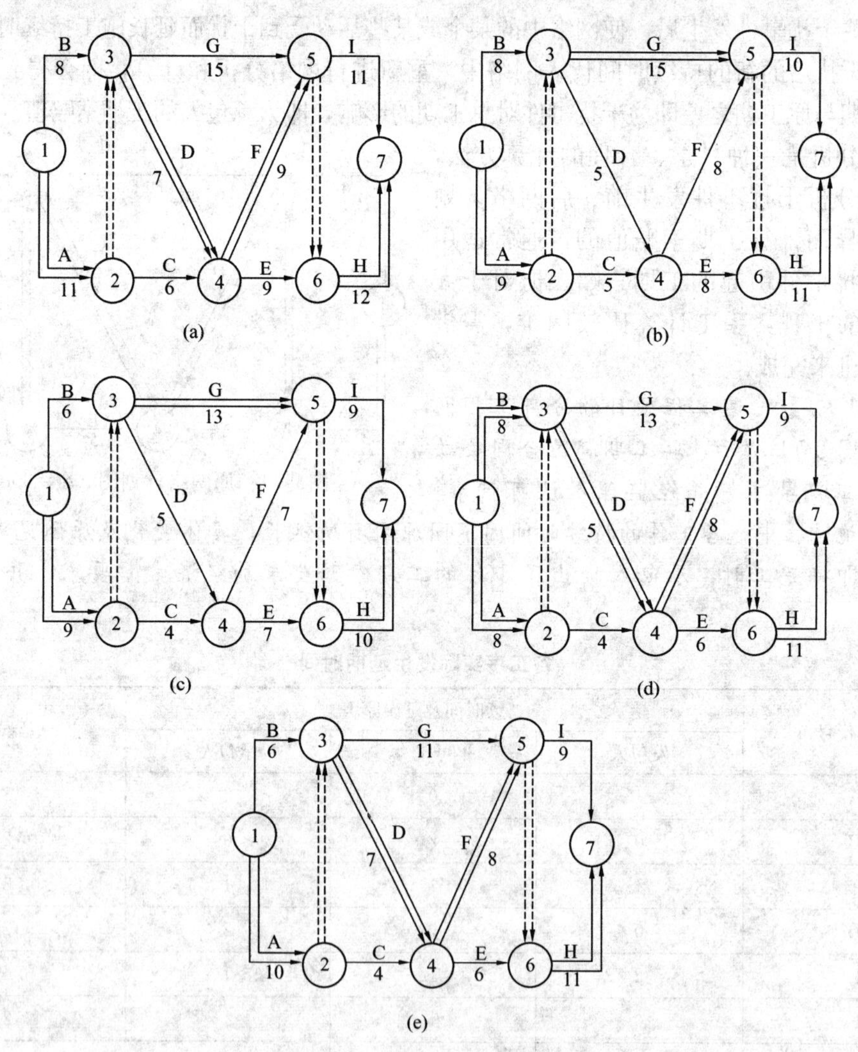

图 9-12 各种原因引起的工期延期网络计划图

(a) 全部延期 ($t_2=39$d)；(b) 非承包人延期 ($t_3=35$d)；(c) 业主延期 ($t_4=32$d)；

(d) 不可抗力延期 ($t_5=36$d)；(e) 承包人延期 ($t_6=36$d)

(2) 根据图 9-12 (a)，考虑全部延期原因影响下的实际网络计划计算工期为 $t_2=39$d，实际工程延期为 $\Delta t_2=t_2-t_1=39-30=9$d。其网络计划的关键线路有 2 条：①→②→③→④→⑤→⑥→⑦和①→②→③→④→⑥→⑦。

(3) 根据图 9-12 (b)，考虑非承包人延期原因影响下的网络计划计算工期为 $t_3=35$d。按此图分析，则可索赔延期为 $\Delta t_3=t_3-t_1=35-30=5$d。该网络计划的关键线路为：①→②→③→⑤→⑥→⑦。

(4) 根据图 9-12 (c)，只考虑发包人延期原因影响下的网络计划图的计算工期为 $t_4=32$d。按此图分析，则可索赔且可得到经济补偿的延期为 $\Delta t_4=t_4-t_1=32-30=2$d。该网络计划的关键线路为：①→②→③→⑤→⑥→⑦。

(5) 根据图 9-12 (d)，只考虑不可抗力延期原因影响下的网络计划图的计算工期为 $t_5=32$d。按此图分析，则可原谅但不给予补偿的延期为 $\Delta t_5=t_5-t_1=32-30=2$d。该网络计划的关键线路有 4 条，分别为：①→②→③→⑤→⑥→⑦，①→③→⑤→⑥→⑦，①→③→④→⑤→⑥→⑦和①→②→③→④→⑤→⑥→⑦。

(6) 根据图 9-12 (e)，只考虑承包人延期原因影响下的网络计划图的计算工期为 $t_6=36$d。按此图分析，则不可索赔延期为 $\Delta t_6=t_6-t_1=36-30=6$d。该网络计划的关键线路为：①→②→③→④→⑤→⑥→⑦。

3. 各种网络计划组合比较分析

(1) 图 9-12 (b) 是非承包人延期原因的网络计划，包括了图 9-12 (c) 发包人延期原因和图 9-12 (d) 不可抗力延期原因。但其分别考虑和综合考虑的延期计算值不同，即 $\Delta t_4+\Delta t_5=4\text{d}\neq\Delta t_3=5$d，这说明利用网络计划技术分析工期延期时，考虑单个因素影响和综合多因素影响会出现不同的计算结果，有叠加效应。

(2) 图 9-12 (c) ～图 9-12 (e) 分别是单独考虑发包人、不可抗力和承包人延期原因影响下的网络计划与考虑全部延期因素的图 9-12 (a) 计算的延期值不等，即 $\Delta t_2=9\text{d}\neq\Delta t_4+\Delta t_5+\Delta t_6=2+2+6=10$d。同时图 9-12 (b) ～9-12 (e) 组合考虑下与图 9-12 (a) 的计算结果也不等，即 $\Delta t_2=9\text{d}\neq\Delta t_3+\Delta t_6=5+6=11$d。这两个数据说明：分别考虑各延期原因的组合与综合考虑全部延期原因下的工期延期的时间计算结果不同，存在着发散效应。

4. 全部延期原因下网络计划综合分析

(1) 根据图 9-12 (a)，由于与原网络计划图 9-11 相比没有转移关键线路，因此图 9-12 (a) 与图 9-11 具有直接可比性，也就是该分部工程工期的总延期 $\Delta t=\Delta t_1=9$d。引起此延期的各工序有 A、D、F、H4 个。4 个工序的延期如表 9-9 所示，分别为 $\Delta t_A=3$d，$\Delta t_D=2$d，$\Delta t_F=2$d，$\Delta t_H=2$d。

(2) 根据表 9-9，对各工序延期原因再分析：$\Delta t_A=3$d，其中业主延期 1d，承包人延期 2d；$\Delta t_D=2$d，承包人延期 2d；$\Delta t_F=2$d，不可抗力原因延期 1d，承包人延期 1d；$\Delta t_H=2$d，不可抗力原因延期 1d，承包人延期 1d。由此可得引起工期总延期为 9d，其中不可索赔的延期为 6d，可索赔的延期为 3d（可原谅延期中可原谅但不予费用补偿的延期为 2d，可索赔且可得到费用补偿的延期为 1d）。

(3) 根据上述分析结果与网络计划图基本情况分析各项分析计算结果的比较，图 9-12 (a)、图 9-12 (d)、图 9-12 (e) 所考虑延期原因组合下的网络计划图与原网络计划图相比，都未转移关键线路。因此，分开考虑和综合考虑具有计算结果一致性的特征。图 9-12 (b)、

图 9-12（c）所考虑延期原因下的网络计划图与原网络计划图相比，转移了关键线路，因此引起了计算结果的“叠加效应”和“发散效应”。

（4）若全部考虑各因素的网络计划图转移了原网络计划图的关键线路，其计算结果存在不准确性。因为关键线路不同没有直接可比性，需要做进一步分析，应把所有的潜力都挖掘出来，以最准确可靠的数据处理工程项目的工期索赔，使双方满意。

5. 工期索赔处理结果

根据以上工期索赔分析，本案例由于表 9-9 所示延期原因引起的工期总延期为 9d，其中不可索赔延期为 6d，可索赔延期为 3d。在这 3d 中承包人可得到经济补偿的延期仅为 1d，可索赔且不予费用补偿的延期为 2d。若监理人不是基于对网络计划的分析，就没有足够的理由将承包人提出的 16d 费用补偿、工期索赔的要求降到仅为 1d，使发包人和承包人双方都心服口服，这种处理既可避免双方因工期索赔产生纠纷，又使得发包人在处理工期索赔时所受的经济损失最小。

基于网络计划技术的索赔分析，为监理人处理工期索赔提供了科学可靠的依据。进行网络计划分析时，监理人应对各种因素进行分解、综合分析，最大程度上消除了网络分析中的“叠加效应”和“发散效应"，尽可能使网络计划分析具有直接可比性，即保持网络计划关键线路不变，公正、合理地提出引起工期索赔各类延期天数，使双方都能接受，有效地维护双方的合法利益。

② 比例类推法。前述的网络分析法是最科学的，也是最合理的。但它需要的前提是，对于较大的工程，它必须有计算机的网络分析程序，否则分析极为困难，甚至不可能。因为稍微复杂的工程，网络活动可能有几百个，甚至几千个，人工分析几乎不可能。

在实际工程中，干扰事件常常仅影响某些单项工程、单位工程或分部分项工程的工期，要分析它们对总工期的影响，可采用较简单的比例类推法。比例类推法可分为两种情况：

a. 按工程量进行比例类推。当计算出某一分部分项工程的工期延长后，还要把局部工期转变为整体工期，这可以用局部工程的工作量占整个工程工作量的比例来折算。

【案例 9-2】 某工程基础施工中，出现了不利的地质障碍，发包人指令承包人进行处理，土方工程量由原来的 $2760m^3$ 增至 $3280m^3$，原定工期为 45d。因此承包人可提出工期索赔值为：

$$\text{工期索赔值} = \text{原工期} \times \text{额外或新增加工程量} / \text{原工程量}$$
$$= 45 \times (3280 - 2760)/2760 = 8.5(d)$$

若本案例中合同规定 10%范围内的工程量增加为承包人应承担的风险，则工期索赔值为

$$\text{工期索赔值} = 45 \times (3280 - 2760 \times 110\%)/2760 = 4(d)$$

【案例分析】 以工程量进行比例类推来推算工期拖延的计算法，一般仅适用于工程内容单一的情况，若不顾适用条件而去套用，将会出现不尽科学、合理的现象，甚至有时会发生不符合工程实际的情况。

b. 按造价进行比例类推。若施工中出现了很多大小不等的工期索赔事由，较难准确地单独计算且又麻烦时，可经双方协商，采用造价比较法确定工期补偿天数。

【案例 9-3】 某工程合同总价为 1000 万元，总工期为 24 个月，现发包人指令增加额外工程 90 万元，则承包人提出工期索赔为

$$工期索赔值 = 原合同工期 \times 额外或新增加工程量价格 / 原合同价格 = 24 \times 90/1000 = 2.16(月)$$

【案例分析】　当发包人指令工程变更，使得因此而造成的工期索赔的详细计算变得不可能或没有必要时，采用按造价进行比例类推法计算不失为一个合适的方法。

比例类推法简单、方便，易于被人们理解和接受，但不尽科学、合理，有时不符合工程实际情况，且对有些情况如业主变更施工次序等情况不适用，甚至会得出错误的结果，在实际工作中应予以注意，正确掌握其适用范围。

③ 直接法。有时干扰事件直接发生在关键线路上或一次性地发生在一个项目上，造成总工期的延误，这时可通过查看施工日志、变更指令等资料，直接将这些资料中记载的延误时间作为工期索赔值。如承包人按监理人的书面工程变更指令，完成变更工程所用的实际工时即为工期索赔值。

④ 工时分析法。某一工种的分项工程项目延误事件发生后，按实际施工的程序统计出所用的工时总量，然后按延误期间承担该分项工程工种的全部人员投入来计算要延长的工期。

9.4.5　费用索赔

1. 费用索赔的原因

（1）费用索赔的含义及特点。费用索赔是指承包人在非自身因素影响下而遭受经济损失时向发包人提出补偿其额外费用损失的要求。因此费用索赔应是承包人根据合同条款的有关规定，向发包人索取合同价款以外的费用。

索赔费用不应被视为承包人的意外收入，也不应被视为发包人的不必要开支。实际上，索赔费用的存在是由于签订合同时还无法确定的某些应由发包人承担的风险因素导致的结果。承包人的投标报价中一般不考虑应由发包人承担的风险对报价的影响，因此一旦这类风险发生并影响承包人的工程成本时，承包人提出费用索赔是一种正常现象和合情合理的行为。

费用索赔是工程索赔的重要组成部分，是承包人进行索赔的主要目标。与工期索赔相比，费用索赔有以下一些特点：

1）费用索赔的成败及其索赔数额大小事关承包人的盈亏，也影响发包人工程项目的建设成本，因而费用索赔常常是最困难、也是双方分歧最大的索赔。特别是对于发生亏损或接近亏损的承包人和财务状况不佳的发包人，情况更是如此。

2）索赔费用的计算比索赔资格或权利的确认更为复杂。索赔费用的计算不仅要依据合同条款与合同规定的计算原则和方法，而且还可能要依据承包人投标时采用的计算基础和方法，以及承包人的历史资料等。索赔费用的计算没有统一的、合同双方共同认可的标准方法，因此索赔费用的确定及认可是费用索赔中一项十分困难的工作。

3）在工程实践中，常常是许多索赔事件交织在一起，承包人成本的增加或工期延长的发生时间及其原因也常常相互交织在一起，很难清楚、准确地划分开，尤其是对于诸如生产率降低损失及工程延误引起的承包人利润和企业管理费损失等费用的确定，很难准确计算出来，双方往往有很大的分歧。

（2）费用索赔的原因。引起费用索赔的原因是由于合同环境发生变化使承包人遭受了额外的经济损失。归纳起来，费用索赔常常有以下原因引起。

1）业主违约。

【案例 9-4】 我国云南鲁布革水电站引水系统工程，在合同实施后，日本大成建设株式会社（承包人）提出了一项业主违约索赔。合同规定，业主要为承包人提供三级路面标准的现场交通公路；但由于发包人指定的工程局（指定分包人）在修路中存在问题，现场交通道路在相当长的一段时间内未达到合同标准，使得承包人的运输车辆只能在块石垫层路面上行驶，造成轮胎严重的非正常消耗。承包人提出费用索赔，要求发包人给予 400 多条超耗轮胎的补偿，最后发包人批准了 208 条轮胎及其他零配件的费用补偿，共计 1900 万日元。

【案例分析】 云南鲁布革引水系统工程的实施对我国工程界来说，无疑是一次洗礼和震撼，对“一字千金”有了切身体会。合同是维系工程实施双方关系的最高法律，合同要严谨，合同中所涉及的技术指标或标准应该有严格的定义、含义。合同中的承诺非同儿戏。

2）工程变更。

【案例 9-5】 某工程项目施工中，发包人对原定的施工方案进行变更，尽管采用改进后的方案使工程投资大为节省，但同时也引发了索赔事件。在基础施工方案专家论证过程中，发包人确认使用钢栈桥配合挖土施工，承包人根据设计图纸等报价 139 万人民币。在报价的同时，承包人为了不影响总工期，即开始下料加工。后来发包人推荐租用组合钢栈桥施工方案，费用为 72 万元，节约费用 67 万元。但施工方案变更造成承包人材料运输、工料等损失，承包人即向发包人提出费用索赔。后经双方友好协商，承包人获得 12.5 万元的补偿。

【案例分析】 一旦承包人的投标书为业主接受，经过评审，发包人认为承包人响应了招标人的条件，技术（如施工方案）、商务均能够满足招标人的要求，发包人即可授标承包人。此时，承包人的投标书即构成合同有效内容之一，对合同双方均具有约束力。承包人的报价文件建立在其制订的工程施工方案基础之上，当业主指令改变施工方案，承包人由此而提出索赔，索赔理由成立。在工程实践中，尤其是单价合同中（如 FIDIC 土木工程合同条件），承包人对工程施工方案的适用性、合同单价的齐备性负完全责任，发包人或监理人若执意改变承包人的施工方案，一般情况下，承包人会由此而提出索赔的。

3）业主拖延支付工程款或预付款。

【案例 9-6】 某工程发生发包人拖欠工程款和预付款情况。业主从 1995 年 1 月 1 日至 2 月底应付给承包人以下款项：

① 1994 年 12 月底工程款累计欠款 49.669 7 万元
② 1995 年工程预付款 1250.0 万元
③ 1995 年 1 月份工程款 328.807 6 万元
④ 1995 年 2 月份工程款 367.096 3 万元
⑤ 1994 年商品混凝土材料款 369.0 万元

业主在 1995 年 3 月 15 日时的已支付情况为：

① 1995 年 1 月份预付款 200.00 万元
② 1995 年 2 月份预付款 300.00 万元
③1995 年 1 月份工程款 328.807 6 万元

两者相抵，发包人拖欠工程款和预付款共计 1535.766 万元。

双方签订的施工合同规定：预付款于每年 1 月 15 日前支付，拖欠工程款的月利率为 1%，同时承包人同意给予发包人 15 天的付款缓冲期，即业发包人在规定付款日期之后 15

天内不需支付欠款利息。

于是承包人提出拖欠工程款的利息索赔（截至1995年3月15日）。具体计算见表9-10。

表9-10　　工程款利息索赔计算

序号	拖欠款项		金额（万元）	拖欠时间（月）	计息时间（月）	拖欠利息额（万元）
1	1994年12月底工程款积欠		49.6697	3.5	3	$49.6697\times[(1+1\%)^{3}-1]=1.5050$
2	1995年工程预付款	1月底已付	200.00	0.5	0	
		2月底已付	300.00	1.5	1	$300\times[(1+1\%)^{1}-1]=3.0$
		尚未支付部分	750.00	3	2.5	$750\times[(1+1\%)^{2.5}-1]=18.8909$
3	1995年2月份工程款		367.0963	0.5	0	
4	1994年商品混凝土材料款		369.0	3.5	3	$369\times[(1+1\%)^{3}-1]=11.811$
5	合　计					35.2069

承包人提出工程款拖欠和利息索赔总计为：1535.7660+35.2069=1570.9729万元

4)工程加速。

【案例9-7】 某工程基础施工中，发现有残余的古建筑基础，按规定报知有关部门。有关部门在现场对所出现的古建筑基础进行了研究处理，然后由承包人继续施工。其间共延误工期50天。该事件后，发包人要求承包人加速施工，赶回延误损失。因此承包人向发包人提出工程加速索赔累计达131万人民币。

【案例分析】 施工现场发现古文物或有价值的古建筑基础，无论是我国施工合同范本还是国际工程施工合同条件，均规定应属发包人承担的风险。承包人有责任积极配合有关部门处理有关事项，但由此而造成的承包人费用增加和工期拖延发包人应承担完全责任。

5)发包人或监理人责任造成的可索赔费用的延误。

6)非承包人原因的工程中断或终止。

【案例9-8】 某项水利工程，要求进行河流拓宽，修建2座小型水坝。工程于1990年11月签订合同，合同价为4000万美元，工期为2年。该河流的上游有一个大湖泊，这是一个自然保护区，大量的动植物在这块潮湿地生活、生长，河流拓宽后，将会导致湖泊水位下降，对生态环境造成不良影响，所以国际绿色和平组织不断向该国政府及有关人员施加压力，要求取消合同。最后发包人于1991年1月解除了合同，承包人对此提出索赔，要求发包人补偿这2个月所发生的所有费用，外加完成全部工程所应得的利润。经过谈判，发包人支付了1200万美元的补偿。

【案例分析】 因工程所在国家或地区的政治原因导致合同中断或失效，这个风险在各种国际工程承包合同中，都属于发包人承担的风险。

7)工程量增加(不含发包人失误)。

【案例9-9】 某工程采用FIDIC(1999年第一版)施工合同条件，约定土方单价为20元/m^3。在基础工程施工中，因地质条件与合同规定不符，工程量增大。原工程量清单为4500m^3，实际达到5780m^3，合同(FIDIC1999年第一版)规定承包人应承担10%的工程量变化的风险。因此，承包人提出如下费用索赔：

承包人应承担的土方量　　4500×(1+10%)=4950m³

发包人应承担的土方量　　5780−4950=830m³

土方挖、运、回填直接费　　830×20=16 600(元)

管理费(综合)20%　　16 600元×20%=3320(元)

合计：　　16 600+3320=19 920(元)

承包人提出费用索赔　　25 320元。

【案例分析】 工程施工中场地地质条件与由发包人提供的场地工程地质勘探报告有出入，这在工程实践中经常发生。工程地质勘探报告无论多么详细，总不会完全反映场地地下条件，这是工程地质勘探方法和技术条件所决定的。承包人因此而提出的索赔是否能被监理人或业主认可，其关键是要证明实际工程地质条件是否为一个有经验的承包人所能够预见，或者，要证明实际工程地质条件是否与发包人提供的场地工程地质勘探报告有实质出入，而正是由此出入导致承包人的费用大量增加，这是该索赔能否被认可的关键。

在我国施工合同范本中明确要求，发包人向承包人提供施工场地的工程资料和地下管线资料，对资料的真实准确性负责，但FIDIC（1999年第一版）关于该问题的表述则稍有区别，规定：承包人施工过程中遇到的不利于施工的、招标文件未提供或与提供资料不一致的地表以下的地质和水文条件属发包人承担的风险和义务，但“承包人对发包人提供资料的理解和适宜性负责”。

另外，按FIDIC（1999年第一版）施工合同条件，当工程量清单中的工程量变化超过±10%时，工程量单价应该予以适当调整。

8）其他。如发包人指定分包商违约、合同缺陷、国家政策及法律、法令变更等。

2. 索赔费用的构成

索赔费用构成的内容与建筑安装工程造价的组成内容基本一致，即包括直接费、间接费、利润与税金。但不同原因引起的索赔，索赔费用内容是不相同的，因此承包人应根据索赔事件的性质、条件以及各项费用的特点，分析其索赔的费用项目。

不同的索赔事件有不同的索赔费用构成。表9-11列出了延误索赔、工程范围变更索赔、加速施工索赔和现场条件变更索赔可能的费用项目。

表9-11　　索赔种类与索赔费用的构成关系表

序号	索赔费用项目	索赔种类			
		延误索赔	工程范围变更索赔	加速施工索赔	现场条件变更索赔
1	人工工时增加费	×	√	×	√
2	生产率降低引起人工损失	√	○	√	○
3	人工单价上涨费	√	○	√	○
4	材料用量增加费	×	√	○	○
5	材料单价上涨费	√	√	○	○
6	新增的分包工程量	×	√	×	○

续表

序号	索赔费用项目	索赔种类			
		延误索赔	工程范围变更索赔	加速施工索赔	现场条件变更索赔
7	新增的分包工程单价上涨费用	√	○	○	√
8	租赁设备费	○	√	√	√
9	自有机械设备使用费	√	√	○	√
10	自有机械台班费率上涨费	○	×	○	○
11	现场管理费（可变）	○	√	○	√
12	现场管理费（固定）	√	×	×	○
13	总部管理费（可变）	○	○	○	○
14	总部管理费（固定）	√	○	×	○
15	融资成本（利息）	√		○	○
16	利润	○	√	○	√
17	机会利润损失	○	○	○	○

注　√表示一般情况下应包含；×表示不包含；○表示可含可不含，视具体情况而定。

3. 索赔费用的计算方法

索赔费用（索赔值）的计算没有统一的标准方法，但计算方法的选择却对最终索赔金额影响很大，估算方法选用不合理容易被对方驳回，这就要求索赔人员具备丰富的工程估价经验和索赔经验。

对于索赔事件的费用计算，一般是先计算与索赔事件有关的直接费用，如人工费、材料费、机械费、分包费等，然后计算应分摊在此事件上的管理费、利润等。每一项费用的具体计算方法基本上与工程项目报价计算相似。

（1）费用索赔的计算方法。对于有许多单项索赔事件组成的综合费用索赔，可索赔的费用构成往往很多，可能包括直接费用和间接费用。从总体思路上讲，综合费用索赔主要有以下计算方法。

1）分项法。分项法是以每个索赔事件为对象，按其所引起的损失的费用项目分别计算索赔值的方法。该方法是在明确责任的前提下，将需索赔的费用分别列出，并提供相应的工程记录、收据、发票等证据资料。这样可以在较短时间内给以分析、核实，确定索赔费用，顺利解决索赔事宜。由于该方法较合理、清晰，能反映实际情况，且可为索赔文件的分析、评价及其最终索赔谈判和解决提供方便，是承包人广泛采用的方法。

分项法计算通常分三步：

第一步：分析每个或每类索赔事件所影响的费用项目，不得有遗漏。这些费用项目通常应与合同报价中的费用项目一致。

第二步：计算每个费用项目受索赔事件影响后的数值，通过与合同价中的费用值进行比较，得出该项费用的索赔值。

第三步：将各费用项目的索赔值汇总，得到总费用索赔值。

分项法中索赔费用主要包括该项工程施工过程中所发生的额外人工费、材料费、施工机械使用费、管理费，以及应得利润。

2）总费用法。总费用法就是当发生多次索赔事件以后，重新计算出该工程项目的实际总费用，再从这个实际总费用中减去合同价中的估算总费用，即得出要求补偿的索赔金额，即

索赔金额＝实际总费用－合同价中的总费用

采用总费用法时应注意以下几点：①在合同实施过程中所发生的总费用是准确的，工程成本核算符合普遍认可的会计原则，实际总成本与合同价中的总成本的内容是一致的；②承包人对工程项目的报价是合理的，符合实际情况，不能是采取低价中标策略后过低的标价；③费用损失或者索赔事件的责任不属于承包人的行为责任，也不属于承包人承担的风险；④由于该项索赔事件或者是几项索赔事件在施工时的特殊性质，不可能逐项精确计算出承包人损失的款额。

在应用总费用法时要注意，管理费的计算一般要考虑实际损失，所以理论上应该按照实际的管理费率进行计算与核实。但是鉴于具体计算的困难，通常都采用合同价中的管理费率或者双方商定的费率。由于实际工程成本的增加导致承包人支出的增加，必然增加承包人的融资成本，所以承包人可以在索赔中计算利息支出。

需要指出的是，只有在难以采用分项法时才应用总费用法。

3）修正的总费用法。修正的总费用法是对总费用法的改进，即在总费用计算的原则上，去掉一些不合理的因素，使其更合理。修正的内容如下：①将计算索赔款的时段局限于受到外界影响的时间，而不是整个施工期。②只计算受影响时段内的某项工作所受影响的损失，而不是计算该时段内所有施工工作所受的损失。③与该项工作无关的费用不列入总费用中。④对承包人投标报价费用重新进行核算。按受影响时段内该项工作的实际单价进行核算，乘以实际完成的该项工作的工程量，得出调整后的报价费用。

按修正后的总费用计算索赔金额的公式如下：

索赔金额＝某项工作调整后的实际总费用－该项工作调整后的报价费用（含变更款）

修正的总费用法与总费用法相比，有了实质性的改进，已相当准确地反映出实际增加的费用。

(2) 基本索赔费用的计算方法。

1）人工费。人工费是可索赔费用中的重要组成部分，其计算方法为：

$$C(L)=CL_1+CL_2+CL_3$$

式中 $C(L)$——索赔的人工费；

CL_1——人工单价上涨引起的增加费用；

CL_2——人工工时增加引起的费用；

CL_3——劳动生产率降低引起的人工损失费用。

可以提出人工费索赔的主要情况有：一是因发包人增加额外工程，或因发包人或监理人原因造成工程延误，导致承包人人工单价的上涨和工作时间的延长。二是工程所在国法律、法规、政策等变化而导致承包人的人工费的额外增加，如提高当地工人的工资标准、福利待遇或增加保险费用等。三是由于发包人或监理人原因造成的延误或对工程不合理干预打乱了承包人的施工计划，致使承包人劳动生产率降低，导致人工工时增加的损失，承包人有权向发包人提出生产率降低损失的赔偿。

2）材料费。材料费也是重要的可索赔费用。材料费索赔包括材料耗用量增加和材料单位成本上涨两个方面。其计算方法为

$$C(M) = CM_1 + CM_2$$

式中　$C(M)$——可索赔的材料费；

CM_1——材料用量增加费；

CM_2——材料单价上涨导致的材料费增加。

可以提出材料费索赔的情况有：一是由于发包人或监理人要求追加额外工作、变更工作性质、改变施工方法等，造成承包人的材料耗用量增加，包括使用数量的增加和材料品种或种类的改变。二是在工程变更或发包人延误时，可能会造成承包人材料库存时间延长、材料采购滞后或采用现代材料等，从而引起材料单位成本的增加。三是由于客观原因造成材料价格大幅度上涨（在可调价格合同下）。

3）施工机械使用费。施工机械使用费包括承包人在施工过程中使用自有施工机械所发生的机械使用费，使用外单位施工机械的租赁费，以及按照规定支付的施工机械进出场费用等。索赔施工机械使用费的计算方法为

$$C(E) = CE_1 + CE_2 + CE_3 + CE_4$$

式中　$C(E)$——可索赔的施工机械使用费；

CE_1——承包人自有施工机械工作时间额外增加费用；

CE_2——自有施工机械台班费率上涨费；

CE_3——外来施工机械租赁费(包括必要的施工机械进出场费)；

CE_4——施工机械设备闲置损失费用(一般为折旧费)。

可以提出施工机械使用费索赔的情况有：一是由于完成监理人指示的，超出合同范围的工作所增加的施工机械使用费；二是非承包人的责任导致的施工效率降低增加的施工机械使用费；三是由于发包人或监理人原因导致的机械停工的窝工费。

4）分包费。发包人或监理人原因造成分包人的额外损失，分包人首先应向承包人提出索赔要求和索赔报告，然后以承包人的名义向发包人提出分包工程增加费及相应管理费用索赔。分包索赔的计算公式为

$$C(SC) = CS_1 + CS_2$$

式中　$C(SC)$——索赔的分包费；

CS_1——分包工程增加费用；

CS_2——分包工程增加费用的相应管理费(有时可包含相应利润)。

5）利息。利息又称融资资本或资金资本，是企业取得和使用资金所付出的代价。融资成本有两种：一是额外贷款的利息支出；二是使用自有资金引起的机会损失。只要因发包人违约或其他合法索赔事项直接引起了额外贷款，承包人有权向发包人就相关的利息支出提出索赔。利息索赔额的计算方法可按复利计算，利率可采用不同标准，主要有以下三种情况：按承包人在正常情况下的当时银行贷款利率；按当时的银行透支利率；按合同双方协议的利率。

6）利润。索赔利润的款额计算通常是与原报价单中的利润百分率保持一致，即在索赔款直接费的基础上，乘以原报价单中的利润率，即为该项索赔款中的利润额。

可以提出利润索赔的情况有：一是因设计变更引起的工程量增加；二是施工条件变化导致的索赔；三是施工范围变更导致的索赔；四是合同延期导致机会利润损失；五是合同终止带来预期利润损失等。

（3）管理费索赔的计算方法。在确定索赔事件的直接费用以后，还应提出应分摊的管理费。由于管理费金额较大，其确认和计算都比较困难和复杂，常常会引起双方争议。管理费属于工程成本的组成部分，包括企业总部管理费和现场管理费。我国现行建筑工程造价构成中，将现场管理费和企业总部管理费都纳入到间接费中。一般的费用索赔中都可以包括现场管理费和总部管理费。

1）现场管理费。现场管理费的索赔计算方法一般有如下两种情况。

第一种情况：直接成本的现场管理费索赔。对于发生直接成本的索赔事件，其现场管理费索赔额一般可按下式计算

$$\text{现场管理费索赔额} = \text{索赔事件直接费} \times \text{现场管理费费率}$$

$$\text{现场管理费费率} = \frac{\text{合同工程现场管理费总额}}{\text{合同工程直接成本总额}} \times 100\%$$

第二种情况：工程延期的现场管理费索赔。如果某项工程延误索赔不涉及直接费的增加，或由于工期延误时间较长，按直接成本的现场管理费索赔方法计算的金额不足以补偿工期延误所造成的实际现场管理费支出，则可按 Hudson 公式法计算，即

$$\text{现场管理费索赔额} = \text{单位时间现场管理费费率} \times \text{索赔的延期时间}$$

$$\text{单位时间现场管理费费率} = \frac{\text{实际(或合同) 现场管理费总额}}{\text{实际(或合同) 工期}} \times 100\%$$

对于在可索赔延误时间内发生的变更令或其他索赔中已支付的现场管理费，应从中扣除。

2）总部管理费。总部管理费是企业总部发生的、为整个企业的经营运作提供支持和服务所发生的管理费用，一般包括总部管理人员费用、企业经营活动费用、差旅交通费、办公费、固定资产折旧、修理费、职工教育培训费、保险费、税金等。一般约占企业总营业额的3%～10%。对于索赔事件来讲，总部管理费金额较大，常常会引起双方的争议，因此总部管理费索赔的方法主要采用分摊方法。分摊方法主要有两种：

第一方法：总直接工程费（人工、材料、机械费）分摊法。总部管理费一般首先在企业的所有合同工程之间分摊，然后再在每一个合同工程的各个具体项目之间分摊，即可以将总部管理费总额除以企业全部工程的直接成本（或合同价）之和，据此比例即可确定每项直接工程费索赔中应包括的总部管理费。

总直接工程费分摊法是将直接工程费（人工、材料、机械费）作为比较基础来分摊总部管理费。它简单易行，说服力强，运用面较宽。其计算公式为

$$\text{单位直接工程费的总部管理费费率} = \frac{\text{总部管理费总额}}{\text{合同期承包人完成的总直接工程费}} \times 100\%$$

$$\text{总部管理费索赔额} = \text{单位直接工程费的总部管理费费率} \times \text{争议合同直接工程费}$$

【案例 9-10】 某工程争议合同的实际直接工程费为 40 万元，在争议合同执行期间，承包人同时完成的其他合同的直接工程费为 160 万元，该阶段承包人总部管理费总额为 20 万元，则

$$单位直接工程费的总部管理费费率 = \frac{20}{(40+160)} \times 100\% = 10\%$$

总部管理费索赔额＝10%×40＝4（万元）

【案例分析】 这种分摊方法也有它的局限：①它适用于承包人在此期间承担的各工程项目的主要费用比例变化不大的情况，否则明显不合理，而且误差会很大。如材料费、设备费所占比重比较大的工程，分配的管理费比较多，则不能反映实际情况。②如果工程受到干扰而延期，且合同期较长，在延期过程中又无其他工程可以替代，则该工程实际直接工程费较小，按这种分摊方式分摊到的管理费也较小，使承包人蒙受损失。

第二种方法：日费率分摊法。又称 Eichleay 公式法，其基本思路是按合同额分配总部管理费，再用日费率法计算应分摊的总部管理费索赔值。其计算公式为

$$争议合同应分摊的总部管理费 = \frac{争议合同额}{合同期承包人完成的合同总额} \times 同期总部管理费总额$$

$$日总部管理费费率 = \frac{争议合同应分摊的总部管理费}{合同履行天数}$$

总部管理费索赔额＝日总部管理费率×合同延误天数

【案例 9-11】 某承包人承包某工程，合同价为 1500 万，合同履行天数为 720 天，该合同实施过程中因业主原因拖延了 90 天。在这 720 天中，承包人承包其他工程的合同总额为 3000 万，总部管理费总额为 270 万元。则

$$争议合同应分摊的总部管理费 = \frac{1500}{1500+3000} \times 270 = 90(万元)$$

$$日总部管理费费率 = \frac{90}{720} = 0.125(万元/天)$$

总部管理费索赔额＝0.125×90＝11.25（万元）

【案例分析】 该方法虽然简单、实用，易于理解，在实际运用中也得到一定程度的认可。但是，它与总直接费分摊法比较，一是总部管理费按工程成本分摊比按合同额分摊在会计核算和实际工作中更容易被人理解；二是“合同履行天数”中包括了“合同延误天数”，降低了日总部管理费率及承包人的总部管理费索赔值。

通过上述案例分析，不难看出，总部管理费的分摊标准是灵活的，在实践中要以能反映实际情况，既合理，又有利为前提来选用分摊方法。

4. 费用索赔案例分析

【案例 9-12】 某国际承包工程是由一条公路和跨越公路的人行天桥构成。合同总价为 400 万美元，合同工期为 20 个月。施工过程中由于图纸出现错误，监理人指示一部分工程暂停 1.5 月，承包人只能等待图纸修改后再继续施工。后来又由于原有的高压线需等待电力部门迁移后才能施工，造成工程延误 2 个月。另外又因增加额外工程 12 万美元（已得到支付），经监理人批准延期 1.5 个月。承包人对此三项延误除要求延期外，还提出了费用索赔。承包人的费用索赔计算如下。

1. 因图纸错误的延误，造成三台设备停工损失 1.5 个月

汽车吊 45 美元/台班×2 台班/日×37 工作日＝3330（美元）

空压机 30 美元/台班×2 台班/日×37 工作日＝2220（美元）

其他辅助设备 10 美元/台班×2 台班/日×37 工作日＝740（美元）

小计 6290 美元。

现场管理费（12%）754.8 美元。

公司管理费分摊（7%）440.3 美元。

利润（5%）314.5 美元。

合计 7799.6 美元。

2. 高压线迁移损失两个月的管理费和利润

$$每月管理费 = \frac{400 \times 12\%}{20} = 2.4\,万(美元/月)$$

现场管理费增加　24 000 美元/月×2 月=48 000（美元）

公司管理费和利润　48 000×（7%+5%）=5760（美元）

合计 53 760 美元。

3. 新增额外工程使工期延长 1.5 个月，要求补偿现场管理费

现场管理费增加 24 000 美元/月×1.5 月=36 000（美元）

承包人的费用索赔汇总见表 9-12。

表 9-12　　承包人的费用索赔汇总表

序号	索赔事件	金额（美元）	序号	索赔事件	金额（美元）
1	图纸错误延误	7799.6	3	额外工程使工期延长	36 000
2	高压线迁移延误	53 760	4	索赔总额	97 559.6

经过监理人和计量人员的检查和核实，监理人原则上同意该三项费用索赔成立，但对承包人的费用计算有分歧。监理人的计算和分析介绍如下：

(1) 图纸错误造成工程延误，有监理人暂停施工的指令，承包人仅计算受到影响的设备停工损失（而非全部设备）是正确的，但监理人认为不能按台班费计算，而应按租赁费或折旧率计算，故该项费用核减为 5200 美元（具体计算过程略）。

(2) 因高压线迁移而导致的延误损失中，监理人认为每月管理费的计算是错误的，不能按总标价计算，应按直接成本计算，即

扣除利润后总价　4 000 000/(1+5%)=3 809 524(美元)

扣除公司管理费后的总成本　3 809 524/(1+7%)=3 560 303(美元)

扣除现场管理费后的直接成本　3 560 303/(1+12%)=3 178 842(美元)

每月现场管理费　3 178 842×12%÷20 月=19 073(美元/月)

两个月延误损失现场管理费　19 073×2=38 146(美元)

监理人认为，尽管由于发包人或其他方面的原因，造成了工程延误，但承包人采取了有力措施使工程仍在原定的工期内完成。因此承包人仍有权获得现场管理费的补偿，但不能获得利润和公司管理费的补偿。因此监理人同意补偿现场管理费损失 38 146 美元。

(3) 对于新增额外工程，监理人认为虽然是在批准延期的 1.5 个月内完成，但新增工程量与原合同中相应工程量和工期相比应为 0.6 个月，(12 万/400 万)×20 月=0.6 月，也就是说新增额外工程与原合同相比应在 0.6 个月内即可完成。而新增工程量已按工程量表中的单价付款，按标书的计算方法，这个单价中已包括了现场管理费、公司管理费和利润，亦即 0.6 个月中的上述三项费用已经支付给承包人。承包人只能获得其余 0.9 个月的附加费

用，即

每月现场管理费　19 073 美元/月

现场管理费补偿　0.9×19 073=17 165.7 美元

公司管理费补偿　17 165.7×7%=1201.6 美元

利润　(17 165.7+1201.6)×5%=918.4 美元

合计 19 285.7 美元。

经过监理人审核，总共应付给承包人 62 631.7 美元，比承包人的计算减少 34 927.9 美元。考虑到监理人计算的合理性，承包人也同意了监理人计算的结果，并为自己获得 6 万多美元的补偿感到基本满意，这是一桩比较成功的索赔。

项目 5　《建设工程施工专业分包合同（示范文本）》主要内容

专业工程分包，是指施工承包单位（即专业分包工程的发包人）将其所承包工程中的专业工程发包给具有相应资质的其他建筑业企业（即专业分包工程的承包人）完成的活动。

针对各种工程中普遍存在专业工程分包的实际情况，为了规范管理，减少或避免纠纷，原建设部和国家工商行政管理总局于 2003 年发布了《建设工程施工专业分包合同（示范文本）》（GF—2003—0213）（简称《专业分包合同》）。

专业分包合同与施工合同所依据的法律法规和遵循的原则相同。在合同条款的内容和结构上非常接近，专业分包合同以施工合同的基本框架为基础，根据分包与承包的具体特点，对施工合同条文适当增删或变换表述口气，即为专业分包合同（示范文本）。

专业分包合同仍然包括协议书、通用条款和专用条款三部分，专用条款与通用条款条目相对应，是通用条款在具体工程上的落实。与施工合同所不同的是，专业分包合同中的分包工程发包人是承包人（通常被称为总承包单位或施工承包单位），而分包工程承包人则是分包人；而原来应由承包人承担的权利、责任和义务依据分包合同部分地转移给了分包人，但对发包人来讲，不能解除承包人的义务和责任。

专业分包合同包括词语定义及合同文件，双方一般权利和义务，工期，质量与安全，合同价款与支付，工程变更，竣工验收及结算，违约、索赔及争议，保障、保险及担保及其他共 10 个部分 38 条。现将专业分包合同的主要内容介绍如下。

9.5.1　工程承包人（总承包单位）的主要责任和义务

（1）承包人应提供总包合同（有关承包工程的价格内容除外）供分包人查阅。

（2）项目经理应按分包合同的约定，及时向分包人提供所需的指令、批准、图纸并履行其他约定的义务，否则分包人应在约定时间后 24 小时内将具体要求、需要的理由及延误的后果通知承包人，项目经理在收到通知后 48 小时内不予答复，应承担因延误造成的损失。

（3）承包人的工作。

1）向分包人提供根据总包合同由发包人办理的与分包工程相关的各种证件、批件、各种相关资料，向分包人提供具备施工条件的施工场地；

2）组织分包人参加发包人组织的图纸会审，向分包人进行设计图纸交底；

3）提供分包合同专用条款中约定的设备和设施，并承担因此发生的费用；

4）随时为分包人提供确保分包工程的施工所要求的施工场地和通道等，满足施工运输的需要，保证施工期间的畅通；

5）负责整个施工场地的管理工作，协调分包人与同一施工场地的其他分包人之间的交叉配合，确保分包人按照经批准的施工组织设计进行施工；

6）承包人应做的其他工作，双方在本合同专用条款内约定。

承包人未履行上述各项义务，导致工期延误或给分包人造成损失的，承包人赔偿分包人的相应损失，顺延延误的工期。

9.5.2 专业工程分包人的主要责任和义务

1. 分包人对有关分包工程的责任

除本合同条款另有约定，分包人应履行并承担总包合同中与分包工程有关的承包人的所有义务与责任，同时应避免因分包人自身行为或疏漏造成承包人违反总包合同中约定的承包人义务的情况发生。

2. 分包人与发包人的关系

分包人须服从承包人转发的发包人或工程师与分包工程有关的指令。未经承包人允许，分包人不得以任何理由与发包人或工程师发生直接工作联系，分包人不得直接致函发包人或工程师，也不得直接接受发包人或工程师的指令。如分包人与发包人或工程师发生直接工作联系，将被视为违约，并承担违约责任。

3. 承包人、发包人或工程师指令

就分包工程范围内的有关工作，承包人随时可以向分包人发出指令，分包人应执行承包人根据分包合同所发出的所有指令。分包人拒不执行指令，承包人可委托其他施工单位完成该指令事项，发生的费用从应付给分包人的相应款项中扣除。

就分包工程范围内的有关工作，分包人应执行经承包人确认和转发的发包人或工程师发出的所有指令和决定。

4. 分包人的工作

（1）按照分包合同的约定，对分包工程进行设计（分包合同有约定时）、施工、竣工和保修。分包人在审阅分包合同和（或）总包合同时，或在分包合同的施工中，如发现分包工程的设计或工程建设标准、技术要求存在错误、遗漏、失误或其他缺陷，应立即通知承包人。

（2）在合同专用条款约定的时间内，完成规定的设计内容，报承包人确认后在分包工程中使用。承包人承担由此发生的费用。

（3）在合同专用条款约定的时间内，向承包人提供年、季、月度工程进度计划及相应进度统计报表。分包人不能按承包人批准的进度计划施工时，应根据承包人的要求提交一份修订的进度计划，以保证分包工程如期竣工。

（4）在专用条款约定的时间内，向承包人提交一份详细施工组织设计，承包人应在专用条款约定的时间内批准，分包人方可执行。

（5）遵守政府有关主管部门对施工场地交通、施工噪声以及环境保护和安全文明生产等的管理规定，按规定办理有关手续，并以书面形式通知承包人，承包人承担由此发生的费用，因分包人责任造成的罚款除外。

（6）分包人应允许承包人、发包人、工程师及其三方中任何一方授权的人员在工作时间内，合理进入分包工程施工场地或材料存放的地点，以及施工场地以外与分包合同有关的分包人的任何工作或准备的地点，分包人应提供方便。

（7）已竣工工程未交付承包人之前，分包人应负责已完分包工程的成品保护工作，保护期间发生损坏，分包人自费予以修复；承包人要求分包人采取特殊措施保护的工程部位和相应的追加合同价款，双方在本合同专用条款内约定。

分包人未履行上述各项义务，造成承包人损失的，分包人赔偿承包人有关损失。

9.5.3　专业工程分包合同价款与支付

1. 专业工程分包合同价款与调整

（1）专业工程分包合同价款的确定。

双方可在《专业分包合同》专用条款内约定，采用下列三种方式中的一种（应与总包合同约定的方式一致）：

1）固定价格。双方在合同专用条款内约定合同价款包含的风险范围和风险费用的计算方法，在约定的风险范围内合同价款不再调整。

2）可调价格。合同价款可根据双方的约定而调整，双方在合同专用条款内约定合同价款调整方法。当可调情况发生后，分包人在10天内，将调整原因、金额以书面形式通知承包人，承包人确认调整金额后作为追加合同价款，与工程价款同期支付。承包人收到通知后10天内不予确认也不提出修改意见，视为已经同意该项调整。

3）成本加酬金。合同价款包括成本和酬金两部分，双方在合同专用条款内约定成本构成和酬金的计算方法。

（2）分包合同价款与总包合同相应部分价款无任何连带关系。

2. 工程量的确认

（1）分包人应按合同专用条款约定的时间向承包人提交已完工程量报告，承包人接到报告后7天内自行按设计图纸计量或报经工程师计量。承包人在自行计量或由工程师计量前24小时应通知分包人，分包人为计量提供便利条件并派人参加。分包人收到通知后不参加计量，计量结果有效，作为工程价款支付的依据；承包人不按约定时间通知分包人，致使分包人未能参加计量，计量结果无效。

（2）承包人在收到分包人报告后7天内未进行计量或因工程师的原因未计量的，从第8天起，分包人报告中开列的工程量即视为被确认，作为工程价款支付的依据。

（3）分包人未按本合同专用条款约定的时间向承包人提交已完工程量报告，或其所提交的报告不符合承包人要求且未做整改的，承包人不予计量。

（4）对分包人自行超出设计图纸范围和因分包人原因造成返工的工程量，承包人不予计量。

3. 合同价款的支付

（1）实行工程预付款的，双方应在合同专用条款内约定承包人向分包人预付工程款的时间和数额，开工后按约定的时间和比例逐次扣回。

（2）在确认计量结果后10天内，承包人应按专用条款约定的时间和方式，向分包人支付工程款（进度款），按约定时间承包人应扣回的预付款，与工程款（进度款）同期结算。

（3）分包合同约定的工程变更调整的合同价款、合同价款的调整、索赔的价款或费用以及其他约定的追加合同价款，应与工程进度款同期调整支付。

（4）承包人超过约定的支付时间不支付工程款（预付款、进度款），分包人可向承包人发出要求付款的通知。

(5) 承包人不按分包合同约定支付工程款(预付款、进度款),导致施工无法进行,分包人可停止施工,由承包人承担违约责任。

(6) 承包人收到分包工程竣工结算报告及结算资料后28天内无正当理由不支付工程竣工结算价款,从第29天起按分包人同期向银行贷款利率支付拖欠工程价款的利息,并承担违约责任。

9.5.4 转包与分包

分包人不得将其承包的分包工程转包给他人,也不得将其承包的工程的全部或部分再分包给他人,否则将被视为违约,并承担违约责任。分包人经承包人同意可以将劳务作业再分包给具有相应劳务分包资质的劳务分包企业。分包人应对再分包的劳务作业的质量等相关事宜进行督促和检查,并承担相关连带责任。

项目6 《建设工程施工劳务分包合同(示范文本)》主要内容

劳务作业分包,是指施工承包单位或者专业分包单位(均可作为劳务作业的发包人)将其承包工程中的劳务作业发包给劳务分包单位(即劳务作业承包人)完成的活动。

《建设工程施工劳务分包合同(示范文本)》(GF—2003—0214)(简称《劳务分包合同》)与施工合同一样,是为配合工程施工合同而制定的分包合同。劳务分包合同是以发包人与工程承包人已经签订施工总包合同或专业承(分)包合同为前提条件,所依照法律法规与遵循原则与施工合同或专业分包合同相同。由于劳务分包合同所含的工作规模小,合同总价低,涉及的技术规范和法律概念在施工总包合同或专业承(分)包合同文本中已有明确规定,所以本合同文本较之更为简单明了。

劳务分包合同采用了较简化的表达方式,将协议书、通用条款和专用条款合为一体。共列35条,前9条相当于专业分包合同中的协议书和通用条款中的词语定义及合同文件。最后5条为合同解除、合同终止、合同份数、补充条款、合同生效等,是双方的约定和解除、终止的定义与要求。其内容与施工合同、专业分包合同相近或定义与施工合同中的定义相同的条款有:安全施工与检查、安全防护、事故处理、保险、施工变更、索赔、争议、不可抗力、文物和地下障碍物等。此外,针对劳务分包的特点,劳务分包合同给出了若干重要而又详尽的条款,现分别简要介绍如下。

9.6.1 工程承包人的主要任务

(1) 组建与工程相适应的项目管理班子,全面履行总(分)包合同,组织实施施工管理的各项工作,对工程的工期和质量向发包人负责。

(2) 除非本合同另有约定,工程承包人完成劳务分包人施工前期的下列工作并承担相应费用:

1) 向劳务分包人交付具备本合同项下劳务作业开工条件的施工场地,具备开工条件的施工场地;

2) 完成水、电、热、电信等施工管线和施工道路,并满足完成本合同劳务作业所需的能源供应、通信及施工道路畅通的时间和质量要求;

3) 向劳务分包人提供相应的工程地质和地下管网线路资料;

4）完成办理包括各种证件、批件、规费等工作手续；

5）向劳务分包人提供相应的水准点与坐标控制点位置；

6）向劳务分包人提供生产、生活临时设施。

（3）负责编制施工组织设计，统一制订各项管理目标，组织编制年、季、月施工计划，物资需用量计划表，实施对工程质量、工期、安全生产、文明施工，计量检测、实验化验的控制、监督、检查和验收。

（4）负责工程测量定位、沉降观测、技术交底，组织图纸会审，统一安排技术档案资料的收集整理及交工验收。

（5）统筹安排、协调解决非劳务分包人独立使用的生产、生活临时设施、工作用水、用电及施工场地。

（6）按时提供图纸，及时交付应供材料、设备，所提供的施工机械设备、周转材料、安全设施保证施工需要。

（7）按合同约定，向劳务分包人支付劳动报酬。

（8）负责与发包人、监理、设计及有关部门联系，协调现场工作关系。

9.6.2　劳务分包人义务

（1）对劳务分包范围内的工程质量向工程承包人负责，组织具有相应资格证书的熟练工人投入工作；未经工程承包人授权或允许，不得擅自与发包人及有关部门建立工作联系；自觉遵守法律法规及有关规章制度。

（2）劳务分包人根据施工组织设计总进度计划的要求，在每月底（双方商定时间）前提交下月施工计划，有阶段工期要求的提交阶段施工计划，必要时按工程承包人要求提交旬、周施工计划，以及与完成上述阶段、时段施工计划相应的劳动力安排计划，经工程承包人批准后严格实施。

（3）严格按照设计图纸、施工验收规范、有关技术要求及施工组织设计精心组织施工，确保工程质量达到约定的标准；科学安排作业计划，投入足够的人力、物力，保证工期；加强安全教育，认真执行安全技术规范，严格遵守安全制度，落实安全措施，确保施工安全；加强现场管理，严格执行建设主管部门及环保、消防、环卫等有关部门对施工现场的管理规定，做到文明施工；承担由于自身责任造成的质量修改、返工、工期拖延、安全事故、现场脏乱造成的损失及各种罚款。

（4）自觉接受工程承包人及有关部门的管理、监督和检查；接受工程承包人随时检查其设备、材料保管、使用情况，及其操作人员的有效证件、持证上岗情况；与现场其他单位协调配合，照顾全局。

（5）按工程承包人统一规划堆放材料、机具，按工程承包人标准化工地要求设置标牌，搞好生活区的管理，做好自身责任区的治安保卫工作。

（6）按时提交报表、完整的原始技术经济资料，配合工程承包人办理交工验收。

（7）做好施工场地周围建筑物、构筑物和地下管线和已完工程部分的成品保护工作，因劳务分包人责任发生损坏，劳务分包人自行承担由此引起的一切经济损失及各种罚款。

（8）妥善保管、合理使用工程承包人提供或租赁给劳务分包人使用的机具、周转材料及其他设施。

（9）劳务分包人须服从工程承包人转发的发包人及工程师的指令。

(10) 除非合同另有约定，劳务分包人应对其作业内容的实施、完工负责，劳务分包人应承担并履行总（分）包合同约定的、与劳务作业有关的所有义务及工作程序。

9.6.3 保险

(1) 劳务分包人施工开始前，工程承包人应获得发包人为施工场地内的自有人员及第三人人员生命财产办理的保险，且不需劳务分包人支付保险费用。

(2) 运至施工场地用于劳务施工的材料和待安装设备，由工程承包人办理或获得保险，且不需劳务分包人支付保险费用。

(3) 工程承包人必须为租赁或提供给劳务分包人使用的施工机械设备办理保险，并支付保险费用。

(4) 劳务分包人必须为从事危险作业的职工办理意外伤害保险，并为施工场地内自有人员生命财产和施工机械设备办理保险，支付保险费用。

(5) 保险事故发生时，劳务分包人和工程承包人有责任采取必要的措施，防止或减少损失。

9.6.4 材料、设备供应

(1) 劳务分包人应在接到图纸后双方商定的时间内，向工程承包人提交材料、设备、构配件供应计划；经确认后，工程承包人应按供应计划要求的质量、品种、规格、型号、数量和供应时间等组织货源并及时交付；需要劳务分包人运输、卸车的，劳务分包人必须及时进行，费用另行约定。如质量、品种、规格、型号不符合要求，劳务分包人应在验收时提出，工程承包人负责处理。

(2) 劳务分包人应妥善保管、合理使用工程承包人供应的材料、设备。因保管不善发生丢失、损坏，劳务分包人应赔偿，并承担因此造成的工期延误等发生的一切经济损失。

(3) 工程承包人委托劳务分包人采购低值易耗性材料时，应列明名称、规格、数量、质量或其他要求。

(4) 工程承包人委托劳务分包人采购低值易耗性材料的费用，由劳务分包人凭采购凭证，另加双方商定的管理费向工程承包人报销。

9.6.5 劳务报酬

(1) 劳务报酬的计算。

劳务报酬采用下列任何一种方式计算：

1) 固定劳务报酬（含管理费）；

2) 约定不同工种劳务的计时单价（含管理费），按确认的工时计算；

3) 约定不同工作成果的计件单价（含管理费），按确认的工程量计算。

(2) 劳务报酬，可以采用固定价格或可调价格，采用固定价格的，除合同约定或法律政策变化导致劳务价格变化外，均为一次包死，不再调整。

(3) 固定劳务报酬或单价的调整。

在下列情况下，固定劳务报酬或单价可以调整：

1) 以本合同约定价格为基准，市场人工价格的变化幅度如果超过双方约定比例时，按变化前后价格的差额予以调整；

2) 后续法律及政策变化，导致劳务价格变化的，按变化前后价格的差额予以调整；

3) 双方约定的其他情形。

9.6.6 工时及工程量的确认

(1) 采用固定劳务报酬方式的，施工过程中不计算工时和工程量。

(2) 采用按确定的工时计算劳务报酬的，由劳务分包人每日将提供劳务人数报工程承包人，由工程承包人确认。

(3) 采用按确认的工程量计算劳务报酬的，由劳务分包人按月（或旬、日）将完成的工程量报工程承包人，由工程承包人确认。对劳务分包人未经工程承包人认可，超出设计图纸范围和因劳务分包人原因造成返工的工程量，工程承包人不予计量。

9.6.7 劳务报酬的中间支付及最终支付

(1) 无论是采用固定劳务报酬方式，还是采用计时单价或计件单价方式支付劳务报酬，都可以采用中间支付，但双方必须在合同中约定支付的具体时间。

(2) 全部工作完成，经工程承包人认可后 14 天内，劳务分包人向工程承包人递交完整的结算资料，双方按照合同约定的计价方式，进行劳务报酬的最终支付。

(3) 工程承包人收到劳务分包人递交的结算资料后 14 天内进行核实，给予确认或者提出修改意见。工程承包人确认结算资料后 14 天内向劳务分包人支付劳务报酬尾款。

(4) 劳务分包人和工程承包人对劳务报酬结算价款发生争议时，按合同约定处理。

9.6.8 禁止转包或再分包

劳务分包人不得将合同项下的劳务作业转包或再分包给他人，否则，劳务分包人将依法承担责任。

1. 解释概念：建设工程施工合同、发包人、承包人、监理人、分包人、工期、缺陷责任期、保修期、基准日期、质量保证金、签约合同价、索赔、签证、工期延误、费用索赔。
2. 简述《建设工程施工合同（示范文本）》的基本内容。
3. 简述施工合同文件的组成内容。
4. 简述发包人、承包人的主要工作。
5. 简述开工的一般规定。
6. 简述暂停施工的原因。
7. 简述隐蔽工程验收的一般程序。
8. 简述工程竣工验收的一般程序。
9. 简述合同价款的确定方式。
10. 简述预付款、工程进度款和工程竣工结算款给付的一般程序。
11. 简述工程变更价款的确定方法。
12. 简述发包人与承包人的违约行为与承担违约责任的方式。
13. 简述专业分包合同的主要内容。
14. 简述劳务分包合同的主要内容。
15. 如何对建设工程合同效力进行审查？
16. 简述建设工程施工合同审查的重点及审查的内容。
17. 简述建设工程施工合同谈判的一般程序。

18. 简述建设工程施工合同谈判的原则和内容。
19. 简述建设工程施工合同履约的含义和原则。
20. 简述建设工程施工合同交底的程序和内容。
21. 简述合同变更的起因、范围和程序。
22. 如何对合同变更进行管理?
23. 简述工程合同常见争议及解决的方式。
24. 索赔具有哪些特征?
25. 简述索赔与签证、违约责任的区别。
26. 简述索赔的原则与作用。
27. 简述工程索赔的分类。
28. 索赔的证据与依据包括哪些方面?
29. 简述索赔的程序。
30. 简述工期索赔的依据与工作流程。
31. 简述引起费用索赔的原因。
32. 简述索赔费用的组成。

实训题

1. 按照单元3和单元4的实训题中编写的招标文件和投标文件，请以五人为一个小组，以两组为一个单元，展开合同谈判，拟定一份完整的工程施工合同文件。

2. 【背景资料】某建设单位（甲方）拟建造一栋职工住宅，采用招标方式由某施工单位（乙方）承建。甲乙双方签订的施工合同摘要如下：

一、协议书中的部分条款

（一）工程概况

工程名称：职工住宅楼

工程地点：市区

工程规模：建筑面积7850m²，共15层，其中地下1层，地上14层

结构类型：剪力墙结构

（二）工程承包范围

承包范围：某市建筑设计院设计的施工图所包括的全部土建，照明配电（含通信、路埋管），给排水（计算至出墙1.5m）工程施工。

（三）合同工期

开工日期：2006年2月1日

竣工日期：2006年9月30日

合同工期总日历天数：240天（扣除5月1～3日）

（四）质量标准

工程质量标准：达到甲方规定的质量标准

（五）合同价款

合同总价为：陆佰叁拾玖万元人民币

……

（八）乙方承诺的质量保修

在该项目设计规定的使用年限（50年）内，乙方承担全部保修责任。

（九）甲方承诺的合同价款支付期限与方式

本工程没有预付款，工程款按月进度支付，施工单位应在每月25日前，向建设单位及监理单位报送当月工作量报表，经建设单位代表和监理工程师就质量和工程量进行确认，报建设单位认可后支付，每次支付完成量的80%，累计支付到工程合同价款的75%时停止拨付，工程基本竣工后一个月内再付5%，办理完审计一个月内再付15%，其余5%待保修期满后10日内一次付清。为确保工程如期竣工，乙方不得因甲方资金的暂时不到位而停工和拖延工期。

（十）合同生效

合同订立时间：2006年1月15日

合同订立地点：××市××区××街××号

本合同双方约定：经双方主管部门批准及公证后生效

二、专用条款

（一）甲方责任

（1）办理土地征用、房屋拆迁等工作，使施工现场具备施工条件。

（2）向乙方提供工程地质和地下管网线路资料。

（3）负责编制工程总进度计划，对各专业分包的进度进行全面统一安排，统一协调。

（4）采取积极措施做好施工现场地下管线和邻近建筑物、构筑物的保护工作。

（二）乙方责任

（1）负责办理投资许可证、建设规划许可证、委托质量监督、施工许可证等手续。

（2）按工程需要提供和维修一切与工程有关的照明、围栏、看守、警卫、消防、安全等设施。

（3）组织承包方、设计单位、监理单位和质量监督部门进行图纸交底与会审，并整理图纸会审和交底纪要。

（4）在施工中尽量采取措施减少噪声及震动，不干扰居民。

（三）合同价款与支付

本合同价款采用固定价格合同方式确定。

合同价款包括的风险范围：

（1）工程变更事件发生导致工程造价增减不超过合同总价10%；

（2）政策性规定以外的材料价格涨落等因素造成工程成本变化。

风险费用的计算方法：风险费用已包括在合同总价中。

风险范围以外合同价款调整方法：按实际竣工建筑面积950元/m^2调整合同价款。

三、补充协议条款

钢筋、商品混凝土的计价方式按当地造价信息价格下浮5%计算。

问题：

（1）上述合同属于哪种计价方式合同类型？

（2）该合同签订的条款有哪些不妥当之处？应如何修改？

(3) 对合同中未规定的承包商义务，合同实施过程中又必须进行的工程内容，承包商应如何处理？

3.【背景资料】2007年2月28日某工程项目的建设方A与中标方B就中标合同的签署进行谈判，双方因对合同文本理解、认识不同，使合同谈判受阻。双方谈判争执焦点如下。

中标单位B在2月25日的投标书报了一个总价，但在投标截止时间前一小时又书面承诺：总承包价以2月25日报价为基础下浮4.9‰包干。在合同谈判中，建设方提出为保证工程质量，三大材由建设方组织实物供应，中标单位同意。但双方对包干下浮价格范围引起争议——建设方认为其供应的三大材价格，应列为下浮范围。

在合同谈判中，建设方A提出，招标文件中明确提出“工程必须建成优良工程”，而中标方投标书提出质量标准为优质工程（应另外增加优质工程奖），因此，工程建成验收被评为优良工程，不应给予奖励。

建设方认为，为保证工程的使用，工程合同工期定为200天，若能按期完成已属创造了奇迹，同时，该工程项目不可能提前使用。因此，建设方不要求工期提前，但延期应受罚。承包方提出合同内容应体现奖罚对等，要求提前有奖，延期受罚。

问题：

(1) 招标投标活动中，招标人和投（中）标人之间是否应该进行谈判？

(2) 本案例中涉及的几个问题双方如何解决比较合理？

4.【背景资料】某住宅工程位于某市五一路与光明街交汇（东北角）处，建筑面积28000m^2，24层框架剪力墙结构。该工程由该市某房地产开发公司投资兴建，合同承包范围为土建、安装等项目内容，中标单位为该市一大型建筑企业，该工程中标价格为8000万元。双方参照1999年建设部和国家工商行政管理总局制定的《建设工程施工合同（示范文本）》的合同条款格式签订了工程承包合同。双方约定的合同价款支付方式如下：付款方式中没有预付款，付款方式按阶段支付工程进度款，进度付款80%，在工程通过竣工验收合格后六个月内结算完毕，在竣工结算后3个月内支付到结算总价的95%，扣留5%作为质量保修金，待缺陷责任期满后一次付清。

在本合同实施前，承包单位对该合同内容进行了必要的分析。

问题：

(1) 在合同分析时，对于合同约定的承包人的主要任务方面，承包人应掌握哪些内容？

(2) 承包人进行合同分析时，在合同价格方面应注意哪些问题？

5.【背景资料】某施工单位根据领取的某2000m^2两层厂房工程项目招标文件和全套施工图纸，采用低报价策略编制了投标文件，并获得中标。该施工单位（乙方）于某年某月某日与建设单位（甲方）签订了该工程项目的固定价格施工合同。合同工期为8个月。甲方在乙方进入施工现场后，因资金紧缺，口头要求乙方暂停施工一个月。乙方亦口头答应。工程按合同规定期限验收时，甲方发现工程质量有问题，要求返工。两个月后，返工完毕。结算时甲方认为乙方迟延交付工程，应按合同约定偿付逾期违约金。乙方认为临时停工是甲方要求的。乙方为抢工期，加快施工进度才出现了质量问题，因此迟延交付的责任不在乙方。甲方则认为临时停工和不顺延工期是当时乙方答应的。乙方应履行承诺，承担违约责任。

问题：

(1) 该工程采用固定价格合同是否合适？

（2）该施工合同的变更形式是否妥当？此合同争议依据合同法律规范应如何处理？

6.【背景资料】某施工单位（以下称乙方）与某建设单位（以下称甲方）签订一项施工合同。施工地点位于郊外，施工现场的场地情况恶劣。甲方迟迟未按合同约定提供三级路面标准的现场公路，致使乙方运输车辆的轮胎磨损严重、耗油明显增加。此外，现场施工生产率降低，经测算影响工期2个月。乙方据此提出索赔。

问题：

（1）乙方该项施工索赔能否成立？为什么？索赔成立的条件有哪些？

（2）在工程施工中，通常可以提供的索赔证据有哪些？

（3）在该索赔事件中，乙方应提出的索赔内容包括哪两方面？

（4）乙方应提供的索赔文件有哪些？

7.【背景资料】某工程共15层，采用框架结构，由于技术难度大，业主采用邀请招标，择优选择了其中一家作为中标单位，并与其签订了工程施工承包合同，承包工作范围包括土建、机电安装和装修工程。该工程开工日期为2003年4月1日，合同工期为18个月。在施工过程中，有以下情况：

（1）2003年5月施工单位为保证施工质量，扩大基础地面，开挖量增加，导致费用增加3.0万元，相应工序持续时间增加了3天。

（2）2003年8月份，恰逢连降7天罕见大雨，造成停工损失2.5万元，工期增加了4天。

（3）2004年2月份，在主体砌筑工程中，因施工图设计有误，实际工程量增加，导致费用增加3.8万元，相应工序持续时间增加了2天。

（4）外墙装修抹灰阶段，一抹灰工在五层贴抹灰用的分格条时，脚手板滑脱，发生坠落事故，坠落过程中将首层防护网冲开，撞在一层脚手架小横杆上，抢救无效死亡；

上述事件中，除第（2）项外，其他工序时间的延误未超过工作的总时差。

问题：

（1）简述索赔成立的条件。

（2）施工单位对施工过程中发生的事件1、事件2、事件3可否索赔？为什么？

（3）如果在工程保修期间发生了由于施工单位原因引起的屋顶漏水、墙面剥落等问题，业主在多次催促施工单位修理，而施工单位一再拖延的情况下，另请其他施工单位维修，所发生的维修费用该如何处理？

8.【背景资料】某施工单位与建设单位按《建设工程施工合同（示范文本）》签订了固定总价施工承包合同，合同工期390天，合同总价5000万元。合同中约定按建标［2003］206号文综合单价法计价程序计价，其中间接费费率为20%，规费费率为5%，取费基数为：人工费和机械费之和。

施工前施工单位向监理人提交了施工组织设计和施工进度计划（见图9-13）。

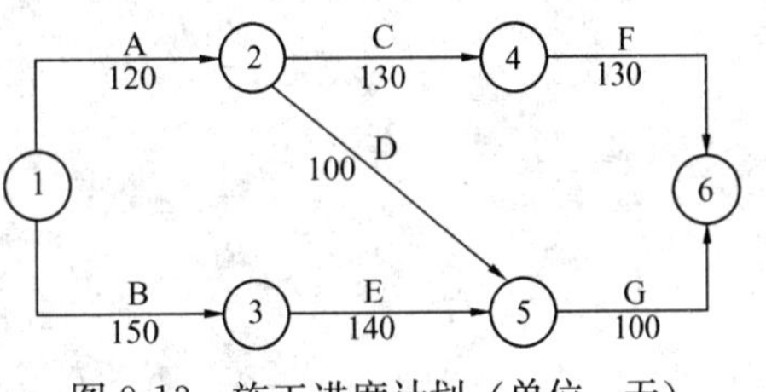

图9-13　施工进度计划（单位：天）

该工程在施工过程中出现了如下事件：

（1）因地质勘探报告不详，出现图纸中未标明的地下障碍物，处理该障碍物导致工作A持续时间延长10天，增加人工费2万元、材料费4万元、机械费 3 万元。

(2) 基坑开挖时因边坡支撑失稳坍塌，造成工作 B 持续时间延长 15 天，增加人工费 1 万元、材料费 1 万元、机械费 2 万元。

(3) 因不可抗力而引起施工单位的供电设施发生火灾，使工作 C 持续时间延长 10 天，增加人工费 1.5 万元、其他损失费用 5 万元。

(4) 结构施工阶段因建设单位提出工程变更，导致施工单位增加人工费 4 万元、材料费 6 万元、机械费 5 万元，工作 E 持续时间延长 30 天。

(5) 因施工期间钢材涨价而增加材料费 7 万元。

针对上述事件，施工单位按程序提出了工期和费用索赔。

问题：

(1) 按照图 9-13 的施工进度计划，确定该工程的关键线路和计算工期，并说明按此计划该工程是否能按合同工期要求完工？

(2) 对于施工过程中发生的事件，施工单位是否可以获得工期和费用补偿？分别说明理由。

(3) 施工单位可以获得的工期补偿是多少天？说明理由。

(4) 施工单位租赁土方施工机械用于工作 A、B，日租金为 1500 元/天，则施工单位可以得到的土方租赁机械的租金补偿费用是多少？为什么？

(5) 施工单位可得到的企业管理费是多少？

参 考 文 献

[1] 中华人民共和国合同法. 北京：法制出版社，1990.
[2] 全国人大常委会法工委研究室. 中华人民共和国合同法释义[M]. 北京：人民法院出版社，1999.
[3] 成虎. 建筑工程合同管理与索赔[M]. 3版. 南京：东南大学出版社，2000.
[4] 雷胜强. 建设工程招标投标实舞与法规惯例全书[M]. 北京：中国建筑工业出版社，2001.
[5] 李启明，朱树英，黄文杰. 工程建设合同与索赔管理[M]. 北京：科学出版社，2001.
[6] 李启明. 土木工程合同管理[M]. 南京：东南大学出版社，2002.
[7] 梁槛. 国际工程施工索赔[M]. 2版. 北京：中国建筑工业出版社，2002.
[8] 黄景瑗. 土木工程施工招投标与合同管理[M]. 北京：知识产权出版社，2002.
[9] 雷俊卿，杨平. 土木工程合同管理与索赔[M]. 武汉：武汉理工大学出版社，2003.
[10] 国际咨询工程师联合会，中国工程咨询协会. 菲迪克(FIDIC)合同指南[M]. 北京：机械工业出版社，2003.
[11] 王俊安. 招标投标与合同管理[M]. 北京：中国建材工业出版社，2003.
[12] 宁素莹. 建筑工程招标投标与合同管理[M]. 北京：中国建材工业出版社，2003.
[13] 建设工程工程量清单计价规范(GB 50500—2013). 北京：中国计划出版社，2013.
[14] 许崇禄，董红海. 建设工程施工合同系列文本应用[M]. 北京：中国计划出版社，2003.
[15] 白思俊. 现代项目管理(上册)[M]. 北京：机械工业出版社，2003.
[16] 卢谦. 建筑工程招标投标与合同管理[M]. 2版. 北京：中国水利水电出版社，2005.
[17] 李建设，吕胜普. 土木工程索赔方法与实例[M]. 北京：人民交通出版社，2005.
[18] 何红锋. 建设工程合同管理[M]. 北京：机械工业出版社，2006.
[19] 王平，李克坚. 招投标·合同管理·索赔[M]. 北京：中国电力出版社，2006.
[20] 朱宏亮，成虎. 工程合同管理[M]. 北京：中国建筑工业出版社，2006.
[21] 全国二级建造师执业资格考试用书编写委员会. 建筑工程管理与实务[M]. 北京：中国建筑工业出版社，2012.
[22] 高群，张索菲. 建设工程招投标与合同管理[M]. 北京：机械工业出版社，2008.
[23] 住房和城乡建设部，国家工商行政管理总局. 建设工程施工合同(示范文本)(GF-2013-0201)[M]. 2013.
[24] 中华人民共和国2007年标准施工招标文件使用指南. 北京：中国计划出版社，2008.